"十三五"规划教材

13th Five-Year Plan Textbooks
of Software Engineering

# 软件设计模式

## （慕课版）

朱洪军 ◎ 编著

人民邮电出版社
北京

**图书在版编目（CIP）数据**

软件设计模式 : 慕课版 / 朱洪军编著. -- 北京 : 人民邮电出版社, 2018.10
普通高等教育软件工程“十三五”规划教材
ISBN 978-7-115-48976-0

Ⅰ. ①软… Ⅱ. ①朱… Ⅲ. ①JAVA语言－软件设计－高等学校－教材 Ⅳ. ①TP312.8

中国版本图书馆CIP数据核字(2018)第169656号

## 内 容 提 要

本书全面介绍了软件设计模式的基本概念、应用方法和行业案例，内容有：学习基础—包括软件工程基础知识、UML、面向对象软件开发方法等；面向对象软件设计—主要是 SOLID 设计原则、GRASP 设计模式、简单工厂设计模式等；GoF 设计模式—包括 23 种 GoF 经典设计模式的意图、结构和使用案例等。书中涉及的开源工程有 Struts、Spring MVC、Hibernate、MyBatis、JSF、Eclipse、Gson、Event Bus、Apache Tika、Android 等。此外，本书还提供开放免费的配套 MOOC 和案例源码。

本书可作为高等院校计算机、软件工程等相关专业本科生或研究生的教材或参考书，也可供从事软件开发行业的相关人员参考。

◆ 编　　著　朱洪军
　责任编辑　刘　博
　责任印制　彭志环
◆ 人民邮电出版社出版发行　　北京市丰台区成寿寺路 11 号
　邮编　100164　　电子邮件　315@ptpress.com.cn
　网址　http://www.ptpress.com.cn
　北京七彩京通数码快印有限公司印刷
◆ 开本：787×1092　1/16
　印张：16.75　　　　2018 年 10 月第 1 版
　字数：435 千字　　　2024 年 7 月北京第 8 次印刷

定价：49.80 元

**读者服务热线：(010)81055256　印装质量热线：(010)81055316**
**反盗版热线：(010)81055315**

献给：

我的家人

# 序

软件是现代各类信息系统的灵魂。当今软件系统越来越庞大，功能越来越丰富，设计越来越复杂，维护越来越困难。软件工程作为一门独立的学科已发展多年，软件生命周期模型、面向对象技术、软件体系结构和设计模式方法等概念逐步构成其核心理论和技术方法。

设计模式提供了一种抽象的软件实现方法论。其所包含的各种设计模式源自众多软件开发人员长期成功或失败经验的总结，是软件开发过程中所面临的一般性问题的解决方案。不同的设计模式展示了专业工作者思考和解决真实问题的过程，隐含于实践中的认识历程和行动逻辑更为重要。

对于高级软件开发人员而言，深入理解和熟练应用设计模式这一独特的软件设计方法非常关键。一方面，使用设计模式可以重用大量程序代码，使得复杂的代码更容易被他人理解，有效地提升软件系统的可靠性和可维护性。更重要的是，使用设计模式可以超越简单的代码复用而实现软件方案复用，以一种简便的方式复用成功的设计方案和体系结构，提升复杂系统的设计能力。另一方面，设计模式作为一种讨论软件设计的公共语言，使得熟练设计者的经验可以被初学者和其他设计者掌握。对于经验丰富的开发人员，学习设计模式有助于了解在软件开发过程中所面临问题的最佳解决方案；对于经验不足的开发人员，学习设计模式有助于通过一种简单快捷的方式理解软件设计。

据我们所知，中科大软件学院是国内最早开设“设计模式”软件工程硕士课程的。大约 2010 年，我们有幸邀请到美国德州阿灵顿大学软件工程教授龚振和老师为软件工程硕士研究生讲授高级软件工程相关课程。在与龚老师的交流中我们了解了设计模式的概念，认为它是构建软件工程硕士知识体系不可或缺的重要内容，便决定邀请龚老师开设“设计模式”课程。朱洪军老师从课程设置开始就作为龚老师的助教参与课程的教学辅导工作。经过深入学习和研究实践，朱老师自 2013 年起逐步独立地多次开设了该课程，取得了非常好的教学效果。历届选课学生的实习反馈也充分证明了这一课程的成功。

本书的形成源于朱老师多年的教学实践，强调使用模式解决代码设计问题的具体方法，而非抽象的软件工程理论，利于读者理解。书中以经典开源软件工程项目为案例，展示设计模式的应用场景，有利于学习者理论联系实际，极具特色。另外，作为 MOOC 式教学的积极实践者，朱老师还开发了与本书配套的线上课程，顺应了当前“互联网+”时代的线上线下相结合的学习模式，相信读者会有很好的收获。

中国科学技术大学软件学院

常务副院长　李曦

# 前言

软件设计模式是从业人员应具备的最重要的知识或技能之一。从 GoF（Gang of Four，四人组）出版经典图书 *Design Patterns: Elements of Reusable Object-Oriented Software* 起，人们陆续发起了若干设计模式的讨论，有的侧重软件架构，有的强调程序的并发性能，还有的作为编程准则或规范等。当前，市场上对软件设计模式进行知识阐述与传播的图书已经足够多，它们从不同视角，以不同展示手法向读者传达了丰富的信息，但是仍然存在瓶颈，包括缺乏真实技术案例，过于偏重理论，抽象且入门门槛高，学习资源单调，等等。

针对以上问题，笔者做了以下努力。

**1. 阅读大量开源技术的源码，抽取模式应用的真实案例**

笔者使用约 1/3 的篇幅呈现了 20 多个开源技术源码中设计模式的应用案例，包括 Struts、Spring、Hibernate、MyBatis、Event Bus、Dom4j 等，详见人邮教育社区（http://www.ryjiaoyu.com）所提供的资源。

开源技术源码中的模式应用案例不仅提供了实例参考，也向学习者展示了资深（或权威）开发人员是如何使用设计模式解决实际业务问题的，这些对未入门（或刚入门）的读者来说是十分宝贵的学习指引。此外，依托经典案例，读者应侧重解读模式抽象理论与具体实践的不同，从而突破形式化的理论思维，达到灵活且恰当使用模式的目的。

例如，在书的第 4.3 节中讲到 GoF 定义了构造器模式的 Director 角色类，其职责为向客户端提供构造产品对象的接口；而在大多开源技术中，开发人员为了简化设计方案，并不单独定义 Director 角色类。还有很多其他模式案例亦是如此，读者可以留意相关内容。

**2. 以解决具体设计问题为出发点，详细阐述模式的使用方法**

针对每个具体模式的阐述，笔者均用 COS 系统（见附录）代码设计问题作为切入点，按分析问题→设计方案→实现代码的思路描述如何恰当地使用模式解决目标问题。特别地，在使用相关模式时，开发人员要注意它们的设计代价（即成本）。

相比于现有图书，笔者弱化了模式的抽象概念，并未过多纠缠模式的抽象理论。比如，GoF 原著作中会显式地分析不同模式的异同及相互关联，而本书并没有提及。因为，在笔者访谈的学习者中，**有很多人会十分在意模式的形式正确性，而忽略了模式作为问题解决方案的本质**，他们经常纠结于某个模式与其他模式的异同，却无法恰当且正确地使用它们。这显然是错误地定位了模式学习的着眼点。

模式是以设计问题为支撑的，如果没有设计问题，就不存在模式应用，学习者更不能脱离设计问题空谈模式。笔者尤其建议学习者不要拘泥于某个形式或理论，完全可以在实践中创建属于自己的模式。实际上，GoF 当时也是这样做的，所以才有了 GoF 模式。

**3. 开发相配套的慕课（MOOC）视频和可运行源码等多维度学习资源**

现有图书向学习者提供的参考资源相对单调，除了书籍自身呈现的内容，并无太多辅助材料。为此，笔者特意在编写此书前，完成了软件设计模式 MOOC 视频的制作和 COS 案例源码的开发，并发布在公开平台上。读者可以访问人邮教育社区（http://www.ryjiaoyu.com）中提供的资源地址，按需获取开放的学习材料。

本书面向的读者为软件开发的从业人员，**适合编码人员、软件设计师、需求分析师、技术架构师、产品经理及项目经理等人群**。学习者在学习本书内容前，除应熟悉计算机及软件开发所需基础知识外，还需具备相关的领域知识，包括软件工程、Java 面向对象编程、UML、数据库系统应用等。本书采用 Java 编程语言展示示例代码，使用 UML 2.0 建模语言可视化设计模型。此外，读者应具备一定的项目（或代码）开发经验。

全书共 6 章内容，概括如下。

第 1 章为学习基础，主要内容包括软件生命周期、软件开发方法、面向对象的概念与特征、UML 使用等。学习者如已熟悉该内容，可略过。

第 2 章是面向对象设计原则，阐述了 SOLID 原则基本内涵、使用示例等。笔者建议读者着重关注 SOLID 原则的意图与使用注意事项。此外，常用的面向对象设计原则还有很多，限于篇幅，本书不能一一详述，还请学习者按需查阅相关资料以进一步了解。

第 3 章是设计模式入门，**介绍了模式定义、GRASP 模式和简单工厂模式**。模式存在于生活的各个方面，是人们已有经验的总结与抽象。更重要地，模式是针对具体业务问题的已被无数次验证过的可行的解决方案。因此，通过本章学习，读者能掌握恰当运用模式解决代码设计问题的方法，并能熟知模式给设计带来好处的同时也具有对应的代价（或成本）。

第 4 章是 GoF 创建型模式。**GoF 创建型模式为对象创建的设计问题提供了解决方案参考，包括单例、原型、构造器等 5 种模式**，每一种模式所适用的问题场景均不相同，也都有相应的设计代价。本章同时展示了 JDK、Android SDK、Struts 等开源技术或平台的模式案例，使读者感受真实且实用的知识实践体验。

第 5 章是 GoF 结构型模式，介绍了适配器、桥、组合等 7 种模式。**这些模式灵活地运用组合/聚合、继承、接口等类关系设计了针对具体代码问题（例如解耦合、保护目标代码等）的实践方案**。通过对 Spring MVC、MyBatis 等技术源码的剖析，本章从不同视角着力呈现了模式理论与具体实践之间的差异与联系。

第 6 章为 GoF 行为型模式，内容主要涉及责任链、命令、解释器等 11 种模式。业务行为是软件功能需求的实施，是受需求变化影响最大的软件元素，也是开发人员设计软件最重要的内容之一。**GoF 行为型模式展示了 11 种面向对象行为设计问题的通用实践方案**。OGNL、Event Bus、NetBeans 等案例也会让读者领会到资深开发人员是如何恰当且灵活地运用模式解决代码设计问题的。

本书编撰得到了如下项目资助：“教育部 2017 第一批产学合作协同育人”项目（名称：软件设计模式 MOOC 教材建设，编号：201701064015），“安徽省教育厅 2017 年度高等学校省级质量工程”教学研究项目（名称：软件工程硕士课程混合式教学模式研究——以《软件设计模式》为例，编号：2017jyxm0030），“安徽省教育厅 2017 年度高等学校省级质量工程”大规模在线开放课程（MOOC）示范项目（名称：软件设计模式，编号：2017mooc383）。

最后，感谢出版社刘博编辑和其他工作人员给予的建议与帮助！感谢我的学生在文字校验、图形绘制等方面给予的大力帮助，他们是胡杭、叶晓曦、陈灏、姚德义、龙海军、程起、王红钰、龚雨濛等！感谢欧开亮、韦宇轩、何林明、杜亚文等为 MOOC 视频制作提供的技术支持！感谢我的家人给予的关爱和鼓励！谢谢你们！

由于笔者自身的技术经验与知识视野有限，书中难免有疏漏之处，欢迎读者多指正！

朱洪军

2018 年 3 月于苏州独墅湖畔

# 目 录

# 第1章 学习基础

## 1.1 软件工程简介

从始至今的软件工程发展进程中，软件工程与计算机科学之间的领域边界一直模糊不清，甚至很多人认为软件工程并非独立领域，而是隶属于计算机科学的子领域。笔者认为，软件工程与计算机科学的关系，正如计算机科学与数学之间的关系。然而，现在绝大部分人不会将计算机科学作为数学的子领域进行定义或归属。

软件工程的定义在业界有不同的表述。如，IEEE（Institute of Electrical and Electronics Engineers，美国电气与电子工程协会）在“系统与软件工程”的词条中定义软件工程为“系统地运用科学技术的知识、方法和经验，设计、实现、测试和文档化软件产品”；而在IEEE的软件工程术语词条中，则将软件工程定义为“运用系统的、规范的、定量的方法，开发、操作和维护软件产品”。

在国内，推荐性国家标准2006（GB/T 2006）在“信息技术与软件工程”术语词条中，将软件工程定义为“应用计算机科学理论和技术以及工程管理原则和方法，按预算和进度，实现满足用户要求的软件产品定义、开发、发布和维护的工程或进行研究的学科”。

软件工程作为正式术语使用，最早可追溯至NATO（North Atlantic Treaty Organization，北大西洋公约组织）于1968年（部分文献标注为1969年）在德国举办的软件工程会议，此次会议邀请了来自企业届、学术届等领域的计算机科学家、编程人员共同讨论软件危机的应对策略。之后，随着操作系统、个人计算机以及面向对象语言的出现，软件开发过程模型在20世纪80年代被人们提出；到了20世纪90年代早期，开源软件逐步发展，给软件工程带来了巨大影响。Java编程语言的出现使得软件开发更加关注软件架构，而UML（Unified Modeling Language，统一建模语言）则统一了面向对象软件模型表达方式。同时，随着Internet、分布式计算、移动互联网等技术的发展，软件工程则演变成更加关注软件产品的成本、友好度、程序效率等问题的学科。

总体上，**软件工程关注或解决的软件产品开发问题包括生产率（Productivity）、质量（Quality）、成本（Costs）、时间（Time）**。国际标准ISO/IEC TR 19759归纳的软件工程知识体系（Software Engineering Body of Knowledge，SWEBOK）涉及软件需求、软件设计、软件构建、软件测试、软件维护、软件配置管理、软件工程管理、软件工程过程、软件工程模型与方法、软件质量、软件工程经济学、计算机基础、数学基础及工程学基础等。

### 1.1.1 软件生命周期

软件生命周期（Software Lifecycle）指从软件计划开始直至软件销毁的整个周期，一般用软件开发周期（Software Development Life Cycle，SDLC）进行表达。软件开发周期一般包括 6 个阶段，分别为计划（Planning）、分析（Analysis）、设计（Design）、实现（Implementation）、测试与集成（Testing and Integration）、维护（Maintenance）。

最早被提出的软件开发周期模型为瀑布模型（Waterfall Model）。很多文献资料中一般会将瀑布模型的提出者标注为美国计算机科学家 Winston W. Royce，因为，其在 1970 年发表的 IEEE 论文“Managing the Development of Large Software Systems”中，首次描述了瀑布模型。但是，瀑布模型作为软件工程术语正式使用要推迟至 1976 年。

瀑布模型的得名因其将软件开发过程从上至下分成 6 个阶段，每一阶段都衔接在上一阶段之后，如图 1.1 所示。

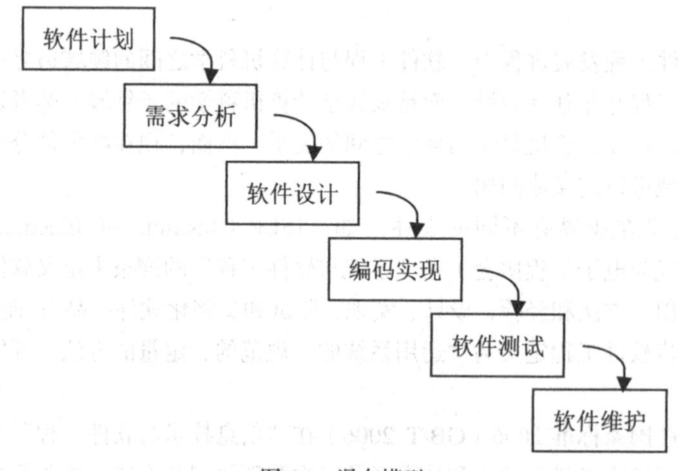


图 1.1 瀑布模型

图 1.1 中，从软件计划开始至软件维护阶段，自上而下形成了一个完整的软件开发周期。瀑布模型是一种理想软件开发周期模型。它假定软件需求是稳定不变的，要求下一阶段的软件开发活动必须在上一阶段活动完成后开始。然而，在实际的软件开发业务中，软件需求的易变特性往往会导致其他阶段活动在开展时反复实施，从而增加软件开发风险。

为了解决软件需求不明确或不稳定之类的问题，后来人提出了原型模型（Prototyping Model），如图 1.2 所示。

图 1.2 中，原型模型的软件开发阶段包括初步需求、原型设计、编码实现、原型测试、原型评估和软件交付。值得注意的是，由于软件需求不稳定，原型评估阶段需要决定是进行下一周期的原型优化，还是将软件交付给客户。如果需要进行下一周期的原型优化，软件开发人员会在原型评估的基础上继续进行原型设计、编码实现等，直到最终形成可交付的软件产品。

原型模型能够很好地解决软件需求不稳定或不明确可能造成的开发问题，但由于原型开发的成本不易控制，也会产生开发成本超支、需求分析不充分等问题。此外，在实践中，人们将原型模型分成快速原型（Rapid Prototyping）、增量原型（Incremental Prototyping）、迭代原型（Evolutionary Prototyping）和螺旋模型（Spiral Model）等。快速原型模型强调原型开发的时间短，主要是为了通过原型获取更精确的软件（用户）需求。根据快速原型模型所开发的软件原型一般都存在明显

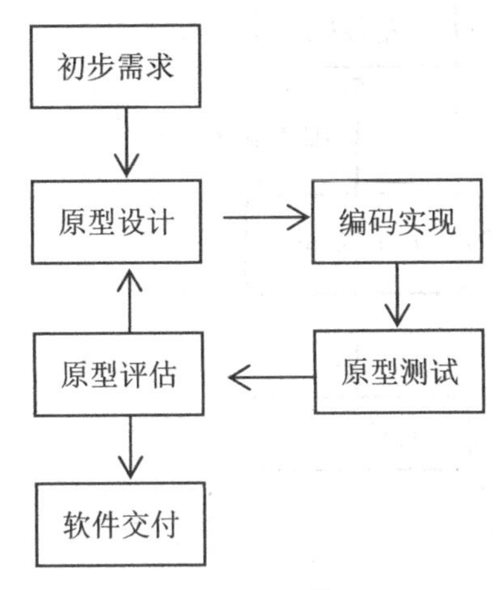


图 1.2 原型模型

的软件缺陷，最终一般都会被丢弃。增量原型则是在每个原型周期开发出最终软件产品的一部分功能子集，最终形成完整的软件产品。迭代原型与增量原型类似，只是更加注重在原型周期中开发出较为完整的软件，在不同的原型周期开发中优化和迭代上一周期的产品。螺旋模型是在原型模型的基础上加入了风险分析与控制的活动，使得原型产品开发的风险更加可控。

此外，还有一些软件开发周期模型，如 Rational 统一过程（Rational Unified Process，RUP）模型、敏捷过程（Agile Process）模型等，读者可以做进一步针对性了解和熟悉。

**软件开发周期模型指出了每个开发阶段的活动或任务，但没有明确地指出如何具体实施软件开发计划，包括实施步骤、成果规范、工具或环境、实现技术等。**因此，软件技术人员或学习者通过软件开发周期模型，仅仅形成了软件开发周期的概念模型，仍然需要进一步学习更多软件开发的实践方法或技术。

## 1.1.2 软件开发方法

**软件开发方法定义了如何实施软件开发周期模型的每个阶段任务，包括计划、构建和控制这些任务时所使用到的方法、工具及技术等。**常用的软件开发方法有结构化方法、面向对象方法、敏捷方法、可视化方法等。

结构化方法于 20 世纪 70 年代被提出，分为结构化分析（Structured Analysis，SA）方法和结构化设计（Structured Design，SD）方法。结构化分析采用自顶向下（Top Down）的方法，以数据流（Data Flows）的方式构建软件逻辑视图，将软件功能定义为数据流中的处理过程。结构化设计依据低耦合（Low Coupling）、高内聚（Hign Cohesion）的原则，使用结构图（Structure Chart，SC）、数据字典（Data Dictionary）等对软件模块结构及模块接口进行设计。

图 1.3 所示的是 COS 系统部分数据流图（Data Flow Diagram，DFD）示例。数据流图一般包括系统功能（加工/处理，用圆角矩形符号标识）、外部实体（用直角矩形标识）、数据存储（用开口矩形或平行线标识）和数据流向（用带箭头直线标识）。图 1.3 所示的数据流图中，客户向 COS（Cafeteria Ordering System，订餐系统）系统中输入订单信息，COS 系统生成订单并存储，COS 系统向配餐员发送配送指令。

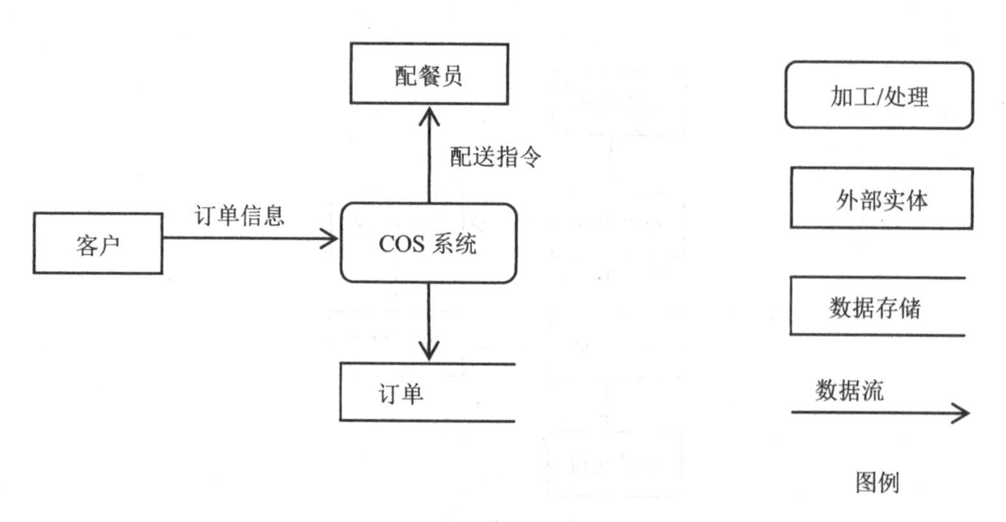


图 1.3　COS 系统部分数据流图示例
（注：COS 系统需求见附录 A）

结构图以“自顶向下”的视角对系统进行可视化建模。图 1.4 表达了 COS 系统中“下订单”“生成订单”“确认订单”“支付订单”等模块之间的逻辑关系结构图。图 1.4 中，“下订单”模块调用“生成订单模块”，并将“订单”数据发送至“确认订单”模块，最后调用“支付订单”模块获取支付结果。

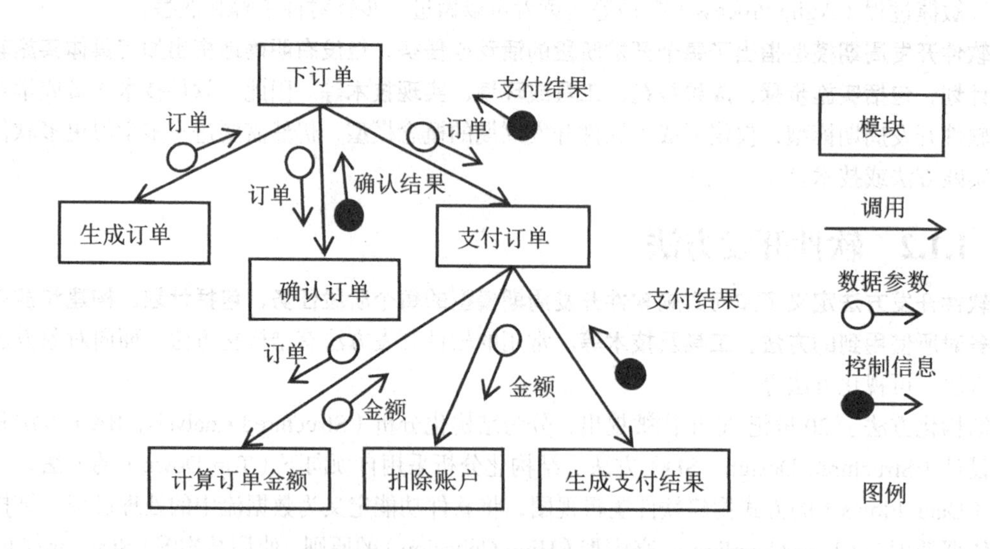


图 1.4　COS 系统订单模块部分结构图示例

使用面向结构（或过程）编程语言，如 Fortran、Basic、C 等，可以很好地实现结构化方法设计软件。

由于没有明确软件或程序设计的优化规范，也没有定义软件需求分析和设计文档标准；当软件系统规模或复杂度达到一定程度后，使用结构化方法进行软件开发会变得越来越困难。**“面向对象”提出了一种以对象为中心的软件系统分析、设计与实现的软件开发方法，能够在应对较大规模或较高复杂度的软件系统构建问题方面起到很好的作用。**

# 1.2 理解面向对象

对象以域（Field，也称为属性）的形式表达数据或状态，以方法（Method）的形式表达过程或行为；对象间可以相互访问或修改域，也可以调用行为；对象具有一定的生命周期（从初始化到最终消亡）；所有对象一起建立协作关系，向外部提供软件服务。如今，面向对象的编程语言已经成为应用最广的软件开发语言，如Java、C#等。

## 1.2.1 面向对象的特征

在面向对象的概念中，对象具有状态变化，一般使用类（Class）定义对象的类型（Type）。类是对象的泛化和抽象，是静态的，可以通过面向对象编程语言进行描述。类经实例化生成具体的对象。面向对象的编程语言具有封装（Encapsulation）、继承（Inheritance）和多态（Polymorphism）等特征，用于实现软件系统业务模型时，具有天然优势。

**1. 封装**

**封装是信息隐藏的一种形式。**如果某个类将域或方法定义为私有（Private），则能够避免外部程序的干扰或错误访问。封装也能让程序员将业务相关性较强的数据或行为定义在一个类中，形成内聚度较强的代码单元，为软件解耦或复用提供便利。

下面的Java示例代码定义了Employee作为COS系统的员工类，该类将用户名（userName）、密码（password）域定义为受保护的（protected），登录行为（login()）定义为公共（public）方法，验证密码行为（verifyPassword()）定义为私有方法。Employee类的封装避免了外部程序直接访问Employee类对象的用户名、密码等受保护的域和验证密码等私有行为，在一定程度上保护了数据和业务实现的安全；同时，登录行为和密码验证行为是具有强内聚特性的业务逻辑，Employee类将其封装为一个独立的代码单元，减少了软件耦合，并增加了代码的复用便利。

Employee类示例代码如下。

```
public class Employee{
    protected String userName;//用户名
    protected String password;//密码
        //其他域或行为
        /**
        * 登录行为
        */
    public boolean login() {
            //登录逻辑
         //return 语句
    }
        /**
         * 验证密码行为
         */
    private boolean verifyPassword() {
```

```
            //验证逻辑
        //return 语句
        }
}
```

**2. 继承**

**继承是面向对象的重要特征之一，允许类以层次结构实现代码定义和复用。**同时，继承也是物理世界中对象间关系的一种形式，能够使软件开发人员很容易地将目标领域的业务模型映射为技术模型。在继承关系中，被继承的类为父类，继承类为子类；子类可以继承父类的属性、行为和关系。

如下 Java 示例代码中定义了 Patron 作为 COS 系统的客户类，并且 Patron 类继承 Employee 类。程序员虽然没有在 Patron 类中定义登录行为，但 Patron 继承和复用了 Employee 类实现的登录行为，在一定程度上减少了代码开发成本。此外，这种复用方式还会为代码维护提供便利。如，当登录逻辑需求变更时，只需要修改父类 Employee 的 login()业务逻辑，即能实现所有 Employee 子类对象的登录行为修复。

Patron 类示例代码如下。

```
public class Patron extends Employee{
    private String name;//客户名称
    private PatronLevel level;//客户等级
        //其他域或行为
    //支付订单行为
    public void pay(){
        //支付订单逻辑
        //return 语句
    }
}
```

**3. 多态**

**多态允许将父类对象的引用指向不同的子类对象，从而使得父类对象依据指向的子类对象执行不同的行为。**多态也是一种抽象编程形式，可以向客户端屏蔽子类对象的差异，统一客户端对多态对象行为调用的形式，以达到客户端程序灵活适应需求变化的目的。

如下 Java 代码示例中的 PayOrder 类是 COS 系统的支付类，定义了支付订单行为（check ()）、抽象的支付费用行为（pay()）等。PayCard、PayRollDeduction 继承 PayOrder 父类，实现了卡和工资抵扣的支付费用行为 pay()。当客户端使用 PayOrder 类对象进行支付行为调用时，如果 PayOrder 对象引用指向 PayCard 类的对象，支付费用则为卡支付方式；如果 PayOrder 对象引用 PayRollDeduction 类的对象，支付费用即为工资抵扣支付方式。可见，对于调用 PayOrder 对象的客户端来说，支付行为表现为多态特性。

PayOrder 类示例代码如下。

```
public abstract class PayOrder {
    private Date payDate;//支付日期
    private float payAmount;//支付金额
```

```
    /**
     * 支付订单行为
     */
    public PayBill check(MealOrder o){
            //支付订单逻辑
        //return 语句
    }
    /**
     * 支付费用行为
     */
    protected abstract boolean pay(MealOrder o);
}
```

PayCard 类示例代码如下。

```
public class PayCard extends PayOrder {
    /**
     * 卡支付费用行为
     */
    @Override
    protected boolean pay(MealOrder o) {
        //卡支付费用逻辑
        // return 语句
    }
}
```

PayRollDeduction 类示例代码如下。

```
public class PayRollDeduction extends PayOrder {
    /**
     * 工资抵扣支付费用行为
     */
    @Override
    protected boolean pay(MealOrder o) {
        // 工资抵扣支付费用逻辑
        // return 语句
    }
}
```

假设，COS 系统升级时需要添加新的支付方式，则开发人员只需要在源码中增加 PayOrder 子类实现新支付方式的逻辑即可，而不用更改依赖于 PayOrder 支付行为的客户端代码，达到了灵活适应需求变化的目的。

**4. 其他特征**

当然，除了封装、继承和多态外，面向对象还具有组合（Composition）、委托（Delegation）、包装（Wrapping）等特征，能够向软件开发人员提供很好的业务支持。

### 1.2.2 使用面向对象

在 20 世纪 90 年代，美国软件工程专家（如 Grady Booch、Ivar Jacobson 等人）较早提出了面向对象软件开发。早期的面向对象软件开发方法包括 Booch 方法（Booch Method）、OMT（Object-Modeling Technique，对象建模技术）、OOSE（Object-Oriented Software Engineering，面向对象软件工程）等。

面向对象软件开发方法分为面向对象分析（Object-Oriented Analysis，OOA）和面向对象设计（Object-Oriented Design，OOD）。面向对象分析的目标是建立业务领域的概念模型；而面向对象设计则是利用抽象或结构优化机制解决业务模型实现的问题。尽管软件分析和设计的目标不同，但面向对象分析与面向对象设计之间的边界并不明确。

面向对象分析方法有很多，举例如下。

（1）行为分析（Behavior Analysis）：主要通过分析系统功能和动态行为抽取目标类或对象。

（2）领域分析（Domain Analysis）：通过咨询领域专家，抽取重要的领域类或对象以及它们之间的关联。

（3）用例分析（Use-Case Analysis）：以用例为中心，通过情景建模，抽取软件系统的类或对象。

面向对象设计是基于软硬件约束、性能需求、软件开发成本限制等条件，对软件系统概念模型进行架构设计、类或对象设计等活动的统称。面向对象设计的目标是建立软件业务逻辑的实现模型。

当前，**面向对象软件开发方法主要使用 UML 进行软件概念模型、设计模型和物理模型的可视化表达**，通过面向对象编程语言（如 Java、C++等）实施软件逻辑编码。

# 1.3 UML 的使用

## 1.3.1 UML 的概念

UML 统一了面向对象的 Booch、OMT 和 OOSE 等方法的建模语言，于 1997 年被 OMG（Object Management Group，对象管理组织）接纳为软件开发标准，并于 2005 年作为 ISO（International Organization for Standardization，国际标准化组织）标准发布。作为建模语言，UML 共包括 13 种图，分为结构图、行为图和交互图，分别用于表达软件结构（Structure）、行为（Behavior）和对象交互（Interaction）模型。

UML 结构图（Structure Diagrams）一般用于表达软件框架或架构，包括类图（Class Diagram）、对象图（Object Diagram）、包图（Package Diagram）、部署图（Deployment Diagram）等。其中，类图是面向对象分析和面向对象设计的核心，可用于表达概念模型和设计模型。

UML 行为图（Behavior Diagrams）一般用于可视化目标软件的行为或服务模型，包括用例图（Use Case Diagram）、活动图（Activity Diagram）、状态机图（State Machine Diagram）等。用例图是可视化软件（功能）服务模型的重要方式，对软件开发人员更好地捕捉或理解软件需求有很大的帮助。用例驱动开发（Use Case Driven Development）是很多迭代或增量软件过程模型采用的重要开发方法，如统一过程、敏捷开发等。

UML 交互图（Interaction Diagram）一般用来展示软件内部控制流或数据流模型，包括时序图（Sequence Diagram）、通信图（Communication Diagram）等。时序图通常作为对象交互模型的可视化手段，用于表达对象之间的协作关系。

### 1.3.2 使用用例图

**用例是目标系统业务过程（Business Process）的抽象，由参与者（Actor）与系统的交互步骤（或事件）组成，参与者通过用例完成具体的业务目标。**用例描述包括序号、用例名称、参与者、前置条件、后置条件、主业务流程及分支业务流程等，表 1.1 所示的是 COS 系统的注册用例描述示例。

表 1.1　COS 系统注册用例

| 用例编号 | UC02 |
|---|---|
| 用例名称 | 注册账户 |
| 开发优先级 | 高 |
| 参与者 | 客户（Patron） |
| 前置条件 | 无 |
| 用例功能描述 | 用于没有 COS 系统登录账户的客户注册新账户 |
| 主业务流程 | （1）客户在登录页面单击“注册”按钮，进入注册页面；（2）客户填写注册信息，并提交注册请求；（3）COS 系统保存客户注册信息，并返回注册结果 |
| 分支业务流程 | 注册信息格式不对，提示用户更改注册信息 |
| 后置条件 | COS 系统新建一条账户记录 |

系统用例模型通过 UML 用例图进行可视化。UML 用例图基本符号有用例（椭圆形标识）、参与者（人形标识）、系统边界（矩形标识）、关联（直线标识），如图 1.5 所示。

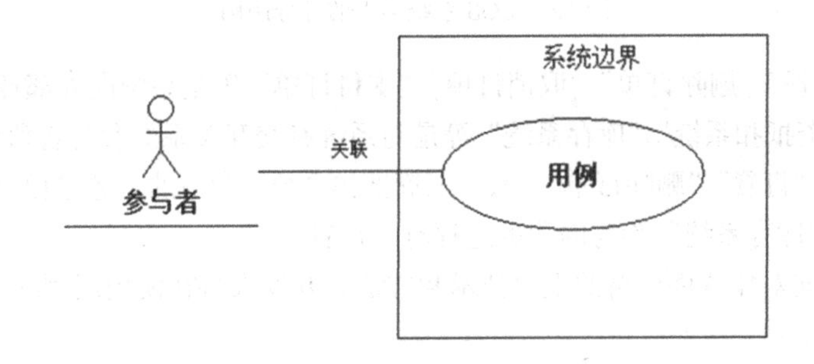


图 1.5　UML 用例图基本符号

在图 1.5 中，系统边界表达（子）系统的用例范围，用以界定该（子）系统向外部环境提供的功能（或服务）。一般地，用例名称用动词加宾语的形式定义；参与者与用例之间的关联用直线表示，所有用例都有参与者，参与者可以是系统用户或与当前系统有交互关系的第三方（子）系统。参与者触发用例的业务流程，用例的业务结果需要以消息或视图的方式向参与者反馈。

运用 UML 用例图进行用例建模的步骤如下。

（1）抽取抽象用例：依据客户（或用户）提供的系统需求，分析人员可以通过头脑风暴（Brainstorming）等方式对业务过程进行分类，从而确定目标系统提供的（功能）服务。

（2）识别用例参与者：针对步骤（1）中的业务过程，分析与系统有交互关系的外部对象，得到每个业务过程的参与者角色。

（3）定义（子）系统边界：根据（子）系统向外部环境提供的服务范围，确定其所包含的用例。

（4）绘制用例图：按照 UML 用例图规范，对用例模型进行可视化。

（5）审查和改进用例模型：根据系统（或用户）需求审查用例模型，提出改进建议或迭代用例模型。

用例模型能够表达目标系统向外部环境提供的（功能）服务，也可以作为技术人员沟通软件需求的语言，或用于指导软件设计、软件测试等。图 1.6 所示的是 COS 系统需求的部分用例图示。

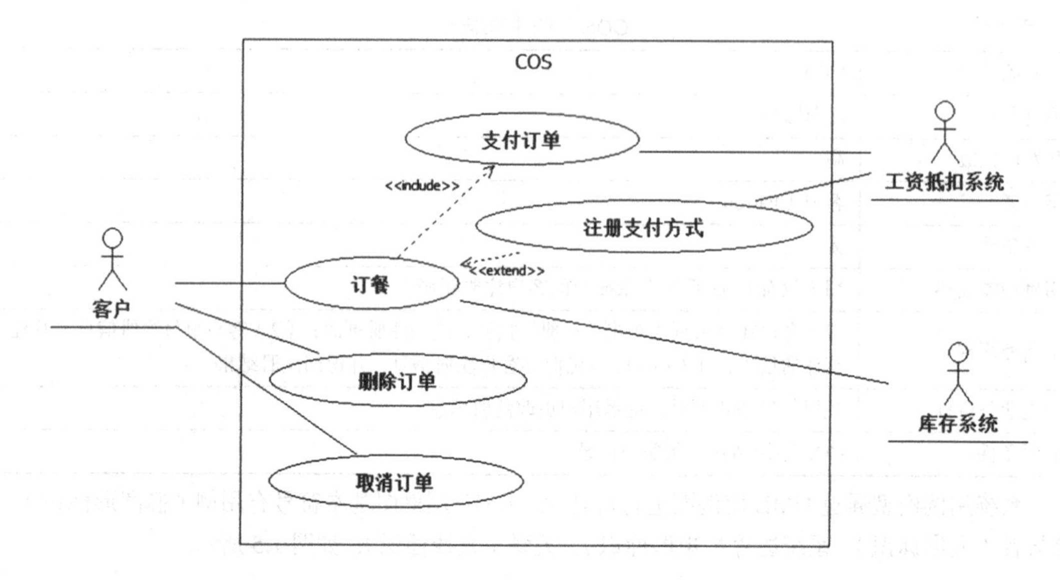


图 1.6　COS 系统需求的部分用例

图 1.6 中，“订餐”“删除订单”“取消订单”“支付订单”等是系统向外部环境提供的（功能）服务；“客户”“工资抵扣系统”“库存系统”等是与系统有交互关系的参与者角色。其中，“客户”参与的业务过程有“订餐”“删除订单”等，“工资抵扣系统”参与的业务过程有“支付订单”“注册支付方式”等，“库存系统”参与的业务过程有“订餐”等。

用例建模是面向对象软件分析的重要技术和方法，开发人员在使用用例图进行用例模型可视化时需要注意如下事项。

（1）用例图无法可视化非交互或非功能性的系统需求。

（2）用例的定义没有统一标准。

（3）复杂系统用例模型的全局可视化可能会降低用例图的可用性等。

### 1.3.3　使用时序图

**UML 时序图通过对象、消息、交互顺序等方式可视化软件业务过程中的控制流或数据流。**时序图中的对象通过发送消息和接收消息进行交互，消息具有先后顺序。UML 时序图基本符号有对象、消息、对象生命线、消息组合片段、终止符号等，如图 1.7 所示。

图 1.7 中，对象用矩形符号加垂直虚线标识，垂直虚线用于表示该对象的生命周期；消息使用带箭头的直线标识，箭头指向接收消息的对象；消息组合片段用矩形加组合类型标识，通过水平虚线进行消息分组。当对象需要销毁或生命周期终止时，在对象生命线的下方标注终止符号。

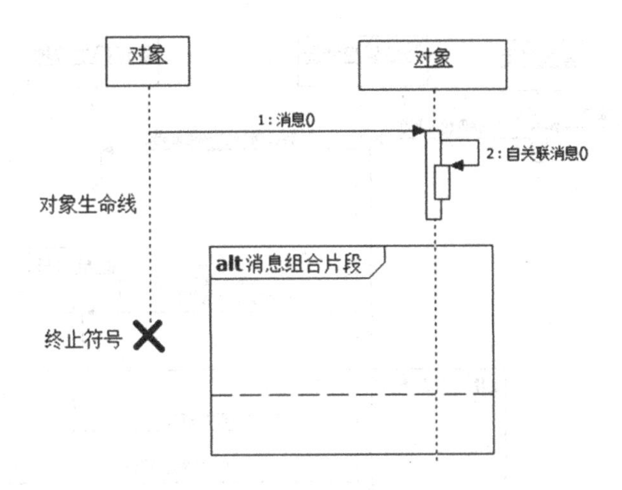


图 1.7 UML 时序图基本符号

时序图可用于可视化目标（子）系统内部对象的交互模型，以图形符号的形式表达对象之间的交互关系、交互顺序、对象生命周期等逻辑。软件技术人员利用时序图可以清晰地捕获业务场景中的对象、消息和对象交互方式，为软件设计或实现提供参考。

使用 UML 时序图进行目标（子）系统对象交互建模的步骤如下。

（1）找到需要进行对象交互建模的用例（或业务功能）步骤（或事件）。并不是所有用例（或业务功能）步骤都需要进行对象交互建模，开发人员可以依据“该步骤是否需要进行业务计算或数据管理”等逻辑判断需要建模的用例步骤。对于逻辑简单的用例（或业务功能）步骤，开发人员在熟悉业务需求的基础上，可以不进行对象交互建模。

（2）对目标步骤进行业务情景分析。由于开发人员对目标步骤不能清晰地知道“有哪些对象参与业务交互”，所以他们需要基于业务过程的需求分析，对该步骤进行情景建模，从而获取准确的业务过程情景模型。

（3）识别业务情景中的对象。业务过程情景模型中含有大量的对象、消息及对象交互关系，找出这些有用的信息对建模至关重要。

（4）识别业务情景中的消息。对象之间的协作关系依赖发送和接收消息建立，业务过程情景模型中的消息是模型可视化的必要元素。

（5）对象交互模型的可视化。使用对象、消息等图形元素将业务过程情景模型进行可视化表达。

（6）模型审查与优化。依据客户（或用户）需求，对建模结果进行分析，如果需要优化，则进入下一个模型迭代周期。

图 1.8 所示是 COS 系统中客户登录流程的获取验证码时序图。

首先，客户在登录界面输入“手机号码”，并提交“获取验证码”请求；“登录界面”向“验证码控制器”对象发送“获取验证码”消息；“验证码控制器”向“验证码生成器”对象发送“生成验证码”消息，结果返回为“验证码”；“验证码控制器”创建“结果消息”对象。然后“验证码控制器”判断“验证码”是否为空，如不为空，向“结果消息”中添加成功信息，并向“短信发送子系统”发出“发送验证码”消息；如为空，则向“结果消息”中添加失败消息。最后，“验证码控制器”向“登录界面”返回“结果消息”，“登录界面”向客户显示“结果消息”。

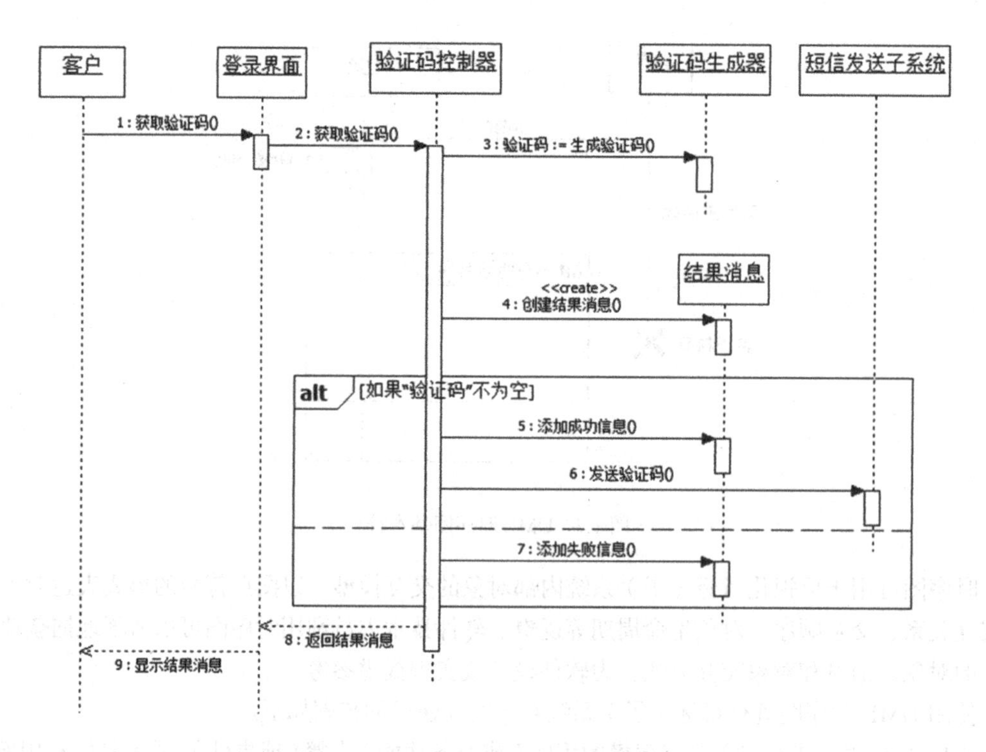


图 1.8　COS 系统中客户登录流程的获取验证码时序图

使用时序图进行对象交互模型可视化时，需要注意以下事项。

（1）消息类型有同步消息、异步消息、返回消息、自关联消息等。

（2）如果需要在时序图中标注对象生命周期终止，可以使用终止符号。

（3）可以对时序图标注对象类型（Type）和构造类型（Stereotype）。

（4）当系统内部对象需要和系统外部环境交互时，可以将外部环境（第三方系统或用户）标注为对象。

## 1.3.4　使用类图

类是面向对象软件分析和设计的核心目标。类定义了静态代码逻辑，是软件内部对象的泛化（Generalization）类型；对象是类的实例；类的关联是对象协作逻辑的静态表示。**采用面向对象方法实施软件编码活动的本质是定义类。**

UML 类图可用于表达软件系统的静态结构，基本符号包括类（矩形）、类关系（直线、带箭头直线、带菱形直线等）等，如图 1.9 所示。

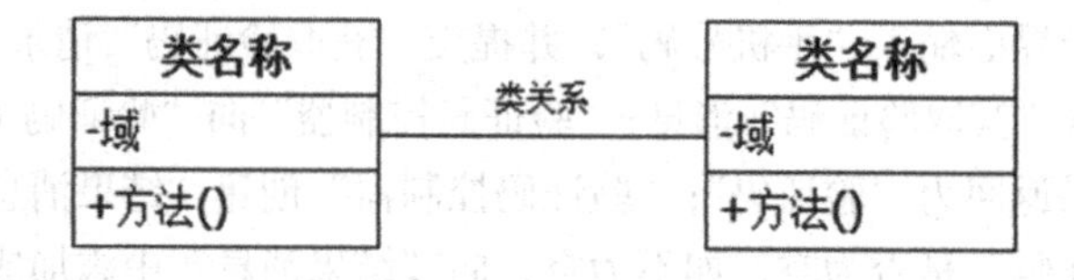


图 1.9　UML 类图基本符号

UML 类图可用于描述类的名称、域和方法等。类名称是对象泛化的结果，具有概括或抽象特性。一般使用对象在业务领域中的角色名称命名类，如学生、老师等。类的域是类属性（或特征）的定义，包括域名称、可见性、域类型等。类的方法是类行为（或服务）的定义，包括方法名称、可见性、方法参数、返回类型等。

面向对象编程语言 Java 支持的类（和对象）关系类型有关联（Association，分为单向关联和双向关联，用带箭头的直线标识，箭尾指向维护关联关系的类；双向关联省略箭头）、依赖（Dependency，用带箭头的虚线标识，箭头指向被依赖的类）、组合/聚合（Composition/Aggregation，用带菱形的直线标识，菱形指向聚合体类）、继承/实现（Inheritance/Realization，用带三角形的直线/虚线表示，三角形指向父类/接口）等。

需要指出的是，依赖是类或对象之间最普通的关系，关联、组合/聚合、继承等是依赖关系的一种业务类型。例如，类 A 的变化会引起类 B 的变化，则定义为类 B 依赖于类 A。在代码形式上的区别有以下 3 点。

（1）依赖对象可以将被依赖对象作为方法的传入参数、返回参数或局部变量；

（2）关联对象通常将被关联对象定义为成员变量或静态引用；

（3）聚合体对象通过设值（Setter）或构造方法初始化聚合元素对象；而组合对象则在其内部行为中创建或初始化聚合元素对象。

使用类图可以表达目标系统的领域模型或设计模型，一般步骤如下。

（1）识别类：可以通过对象业务角色或多个对象泛化（或抽象）角色筛选类信息。

（2）识别域和方法：域用于描述类的特征，业务含义依赖于目标类；方法是类的业务行为表达。

（3）抽取类关系：类关系大多是业务关联关系，包括多样性定义、关联名称等。

（4）模型可视化：将类、类关系通过类图的方式进行模型可视化展示。

（5）模型审查与优化：根据需求对可视化模型审查，如提出修改建议，则进入下一阶段模型迭代。

图 1.10 所示的是 COS 系统部分需求的领域模型示例。

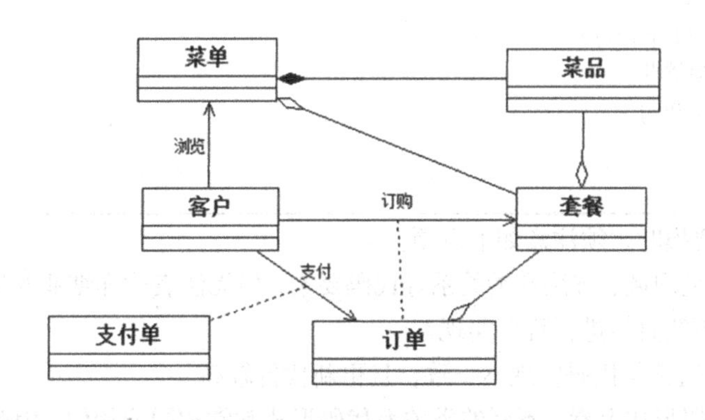


图 1.10　COS 系统部分需求的领域模型

在图 1.10 中，“客户”订购“套餐”、支付“订单”和浏览“菜单”；“套餐”包含若干“菜品”，“菜单”中包含“菜品”和“套餐”；“客户”支付“订单”的业务关联生成“支付单”；“客户”订购“套餐”的业务关联生成“订单”。

**类图不仅可以用于呈现需求的业务领域模型，也可以用于表达逻辑代码的设计模型**，如图 1.11 所示。

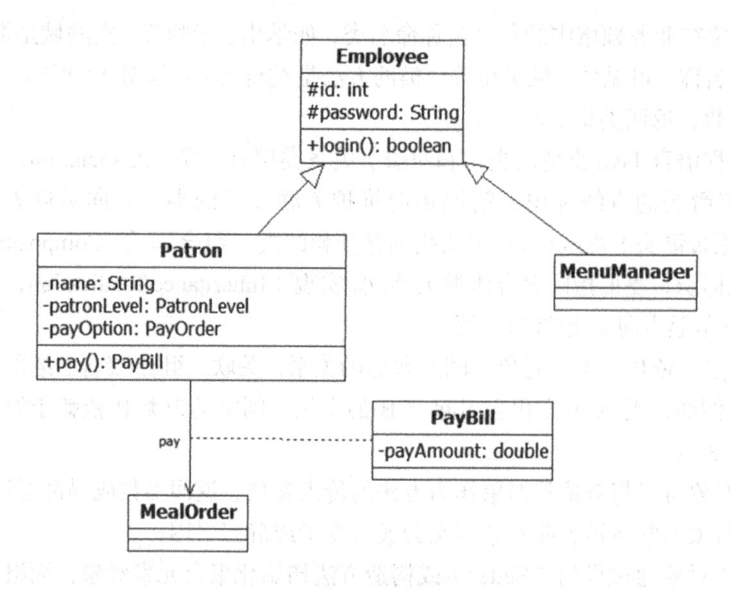


图 1.11　COS 系统部分设计类

（注：由于大多软件编程语言用英文编写，所以软件设计模型用英文标注更符合编程模型的表达习惯）

图 1.11 中的设计类可以直接通过 Java 语言翻译成框架代码，再辅以业务详细设计的程序流程（或算法），可以直接输出为软件业务实现代码，例如，Patron 类代码框架如下。

```
public class Patron extends Employee {
    private String name;//客户名称
    private PatronLevel level;//客户等级
    private PayOrder payOption;//支付方式
       /**
     * 支付订单行为，返回支付账单
     */
    public PayBill pay(){
        //支付订单逻辑
        //return 语句
    }
}
```

使用类图进行建模时，须注意如下事项。

（1）类图可以呈现域、方法和类关系等代码要素，但无法表达详细业务流程。因此，如果只有类图模型，则并不能直接进行程序实现。

（2）类图文档通常与代码实现不一致，且更新代价较高。

（3）从静态代码形式上看，不同的类关系代码形式常常相同或相似。因此，一般按系统对象的角色或业务职责区分类关系。

## 1.4　总　　结

本章作为学习基础，对软件工程、面向对象和 UML 等知识点进行了阐述，主要包括软件生命周期、软件开发方法、面向对象特征、UML 概述以及如何使用用例图、时序图、类图进行软件建模等。

软件开发方法是指导软件开发活动的实施方案，包括任务目标、执行环境、开发工具等。当前常用的软件开发方法包括面向对象方法、结构化方法等，每一种方法都有其优势和不足。此外，不同的软件开发方法具有一定的互补特性，而非互斥。因此，**在实践中，人们常常会综合使用不同的软件开发方法，以达到降低软件开发成本的目的。**

通过学习本章内容，读者可以对软件开发过程、方法及建模语言等有一定认识，能够明白软件设计，特别是面向对象设计的基本方法，为本书后续内容的学习做好准备。

## 1.5　习　题

一、选择题

1. 在瀑布模型中，软件开发过程不包括哪个阶段？（　　）

A. 需求分析

B. 软件设计

C. 风险分析

D. 编码实现

E. 软件维护

2. 关于 UML，以下哪些说法是不正确的？（　　）

A. UML 图分为三类，分别为结构图、行为图和交互图

B. 类图是行为图

C. 用例图是行为图

D. 时序图是行为图

3. 面向对象编程语言的哪些特征对软件复用有帮助？（　　）

A. 封装

B. 继承

C. 多态

D. 抽象

二、简答题

对比描述结构化与面向对象软件开发方法，并参阅相关资料，说明两种方法互补使用的方式。

# 第 2 章 面向对象程序设计原则

**程序设计原则是指导开发人员设计出高质量软件代码的规范与建议，是经过无数次实践项目检验后的技术经验总结或抽象。**面向对象程序设计原则强调“好的软件设计应该是易读的（Readable，指代码的可读性好，容易理解）、灵活的（Flexible，指软件的适应性好）和易维护的（Maintainable，指程序易于扩展或修改）”。美国知名软件开发人员 Robert Cecil Martin（网络上称其为 Bob 大叔）在其著作 *Agile Software Development: Principles, Patterns, and Practices*（《敏捷软件开发：原则、模式与实践》）中总结了十多个应用于面向对象软件开发的程序设计原则。其中，SOLID 原则在软件开发领域被广泛传播和采用。

SOLID 是 5 个面向对象设计原则的首字母缩写简称，包括单一职责原则（Single Responsibility Principle，SRP）、开放/闭合原则（Open/ Closed Principle，OCP）、Liskov 替换原则（Liskov Substitution Principle，LSP）、接口隔离原则（Interface Segregation Principle，ISP）和依赖倒置原则（Dependency Inversion Principle，DIP）。SOLID 原则在软件设计实践中具有很强的指导与实用意义，本章将详细介绍。

## 2.1 单一职责原则

**单一职责原则强调一个类或模块应仅有一个引起其变化的因素（职责）。**通俗地讲，一个类或模块应只承担一个（或一种类型的）业务职责，而不是将内聚度（指模块或类内部代码之间业务联系的紧密程度，是代码质量的重要特征；一般地，内聚度越高，代码质量越好）较弱的业务行为强行耦合（指模块或类与外部代码之间的关联方式，是代码质量的重要特征；一般地，耦合度越高，代码质量越差）在一起。因为，当类承担的业务职责较多时，该类中任何职责需求的变化都会引起静态实现的变化，导致其代码不稳定。无论是向目标类添加新的代码，还是修改已有的代码，都是对原有代码设计的破坏，导致程序开发人员花费巨大成本进行代码修复。

例如，COS 系统中客户角色具有的业务行为有登录系统、支付订单、查看菜单等，如图 2.1 所示，如果将所有业务行为实现在客户类 Patron 中，当这些业务行为中的任何一个需求发生变化时，如支付或登录行为需求发生变化，都需要修改 Patron 类。可见，影响 Patron 类的变化因素多于 1 个时，会导致 Patron 类的代码不稳定性增加。

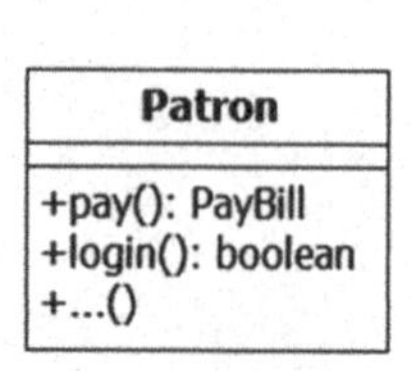

图 2.1　多个业务行为的 Patron 类

图 2.1 中 Patron 类的代码框架如下。

```
public class Patron {
    public boolean login(){
          //登录逻辑
    }
    public PayBill pay(){
         //支付订单逻辑
    }
    //public … (){} 其他业务行为
}
```

按照单一职责原则设计 Patron 类时，可以将登录系统、支付订单等业务职责分别单独地封装在其他类中，从而减少 Patron 类的业务职责。例如，可将登录行为封装在 Employee 类中，支付订单行为封装在 PayOrder 类中，如图 2.2 所示。

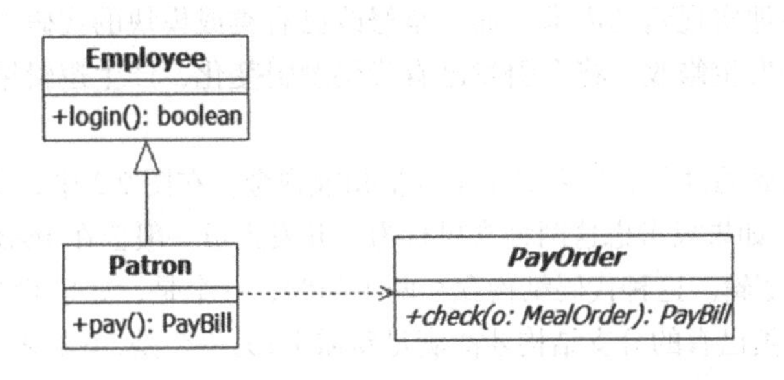


图 2.2　遵守单一职责原则设计的 Patron 类

此时，Patron 类继承 Employee 类，依赖 PayOrder 类，其代码框架如下。

```
public class Patron extends Employee {
    //其他代码
    public PayBill pay(){
        PayOrder payOption;//支付方式
           //payOption.check();调用 payOption 的 check()行为完成订单支付
           //return 语句
    }
    //其他业务行为
}
```

可以看到，将登录系统、支付订单等业务行为从 Patron 类中分离出去后，Patron 类的代码就不再受到这些业务需求变化的影响了。由于登录行为封装在 Employee 类中，所以，登录业务需求变化时只需要修改 Employee 类的代码，而不需要修改 Patron 类的代码。而且，Employee 类代码的变化只受到登录业务需求的影响；同样地，PayOrder 类封装了支付订单业务行为，也只受到支付订单需求变化的影响。因此，符合“单一职责”设计原则的图 2.2 所示的设计方案减少了影响 Patron 类的变化因素，代码更加稳定。

但是，开发人员在使用“单一职责”原则设计类时，也会产生如下问题。

**（1）设计类数量的增加。**如果一个庞大的业务系统的所有类都按单一职责设计，则有可能导致设计类数量的“爆炸（Explosion）”。此外，设计类数量的增加也会使设计方案的复杂度增大。

**（2）破坏类的封装特性。**由于数据域封装在目标（实体）类中，如果从目标类中将含有数据域访问逻辑的业务行为分离出去，则势必造成外部代码访问目标类私有域的问题，而最终破坏目标类的封装特性。

**（3）其他问题。**完全教条式地运用单一职责原则设计类，也可能会降低代码的内聚或增加代码的耦合。同时，类职责没有明确的定义，可以是具体业务功能或行为，也可以是抽象逻辑，其边界是模糊的，难以清晰地划定单一职责。

## 2.2 开放/闭合原则

**开放/闭合原则要求类或模块的代码“对扩展是开放的（Open for Extension），对修改是关闭的”（Close for Modification）。**这意味着，当软件需求发生变化时，目标类或模块的代码可以通过代码扩展很容易地实现新的需求，而不是修改已有类或模块的代码。软件代码业务逻辑充满了耦合，一处代码发生修改，将会引发已有代码逻辑变化，产生逻辑错误或制造出新的代码缺陷。

COS 系统需求提到的订单支付方式是工资抵扣或现金，在图 2.2 中，支付订单行为的实现封装在 PayOrder 类中。如果只考虑这两种支付行为，开发人员一般会在 PayOrder 类中使用分支结构直接实现支付业务逻辑。这种代码结构存在两个问题，一个是，如果 COS 支付需求发生变化，则必须修改 PayOrder 类已有的分支结构才能满足新需求；另一个是，由于 Patron 类依赖于 PayOrder 类，则 PayOrder 类代码的变化会直接影响到依赖者 Patron 类。要解决这两个问题，需要重新设计 PayOrder 类结构，具体方案如图 2.3 所示。

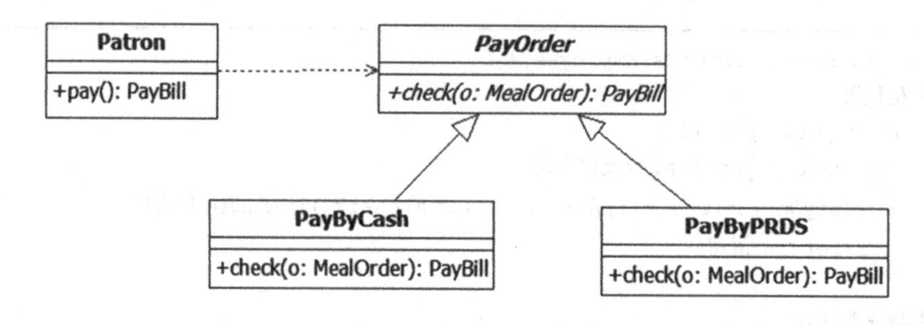


图 2.3 PayOrder 类可扩展性设计

图 2.3 中将 PayOrder 类泛化为一个接口或抽象类，它定义抽象的支付行为 check()；现金支付订单方式的业务逻辑由子类 PayByCash 实现，工资抵扣支付订单方式的业务逻辑由子类 PayByPRDS 实现，代码示例如下。

PayOrder 类结构如下。

```
public abstract class PayOrder {
    /**
     * 支付订单
     */
    public abstract PayBill check(MealOrder o);
}
```

PayByCash 类结构如下。

```
public class PayByCash extends PayOrder {
    /*
     * 现金支付订单
     */
    @Override
    protected PayBill check(MealOrder o) {
        //现金支付订单逻辑
        //return 语句
    }
}
```

PayByPRDS 类结构如下。

```
public class PayByPRDS extends PayOrder {
    /*
     * 工资抵扣支付订单
     */
    @Override
    protected PayBill check(MealOrder o) {
        //工资抵扣支付订单逻辑
        //return 语句
    }
}
```

那么，在图 2.3 所示的类设计方案中，当支付行为需求发生变化时，可以定义 PayOrder 新的子类实现新需求，而不需要修改已有的类（或接口）PayOrder、PayByCash、PayByPRDS 等。

例如，COS 系统升级时，新需求要添加电子银行支付订单方式，那么，开发人员可以直接定义 PayOrder 类的子类 PayByEBank 来实现该需求，如图 2.4 所示。

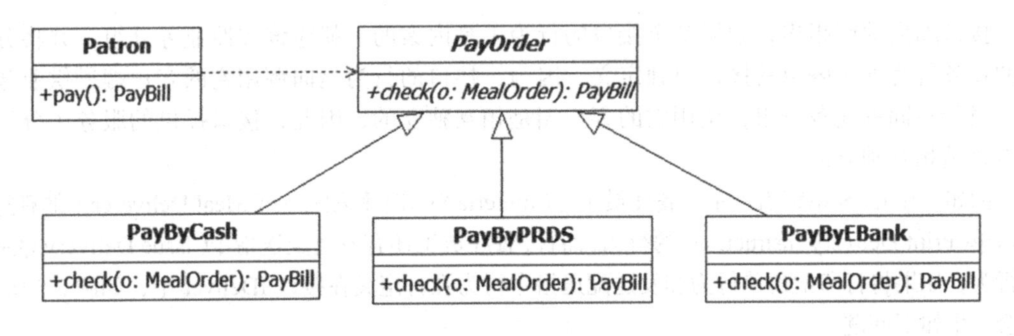


图 2.4　添加电子银行支付后的 PayOrder 类图

在图 2.4 中，PayByEBank 子类的添加并不会影响 PayByCash、PayByPRDS 等已有的类（或接口），且实现了新支付方式的扩展。

PayByBank 类结构如下。

```
public class PayByEBank extends PayOrder {
    /*
```

```
     * 电子银行支付订单
     */
    @Override
    protected PayBill check(MealOrder o) {
        //电子银行支付订单逻辑
        //return 语句
    }
}
```

那么，PayByEBank 类的添加对 Patron（客户）类是否会产生影响呢？图 2.3 和图 2.4 所示的设计方案中，Patron 类依赖于抽象类（或接口）PayOrder 的抽象行为 check()，这种依赖关系不受具体实现类型的影响。因此，PayByEBank 类的添加并不会影响到客户类 Patron。

从可扩展性和代码稳定性角度看，图 2.3 中 PayOrder 类的设计方案要优于图 2.2 中的方案，符合开放/闭合原则的设计思想。

用开放/闭合原则设计代码时，开发人员可以使用抽象、继承、组合等面向对象技术获得代码灵活性、可重用性、可扩展性等方面的好处。但也应看到，开放/闭合原则对代码还有如下不良影响。

**（1）代码可读性降低。**由于使用了抽象，代码设计逻辑与业务需求逻辑相比会产生变化，抽象代码层隐藏了具体的业务细节，大大降低了代码的可读性。

**（2）程序测试成本增加。**同样地，使用抽象设计会使测试人员无法静态确定具体对象的引用类型，必须等到程序运行时才能确定目标对象的具体类型。因此，代码缺陷可能会滞后到程序运行时才被发现；又或者，程序出现错误后，只有通过动态调试的方法才能有效地定位缺陷，最终，它们都会导致测试成本的增加。

# 2.3 接口隔离原则

接口隔离原则指出，如果某个接口的行为不是内聚的，就应该按照业务分组，并将分组后的业务行为通过隔离的接口单独定义。因为，接口的行为是向调用它的客户端提供业务服务，对于不同的业务分组，调用它的客户端是相互独立的，因此，接口提供的服务（分组）也应该是相互独立的。

例如，在 COS 系统需求中，餐厅员工（Cafeteria Staff）和配餐员（Meal Deliverer）都有打印配送单（Print Delivery Instruction）的行为；而且，餐厅员工还有发送配送指令（Issue Delivery Quest）的行为，如果将打印配送单行为和发送配送指令行为强行定义在接口 IDeliver 中，如图 2.5 所示，将会产生如下问题。

（1）子类（或实现类）可能会继承（或实现）冗余行为。配餐员 MealDeliverer 作为 IDeliver 的实现类，需要实现 issueDeliveryQuest()方法，然而，在 COS 系统的需求中，配餐员不具有该行为。

（2）子类（或实现类）的客户端受到不相干的业务行为干扰。假设餐厅员工 CafeteriaStaff 想要改变 issueDeliveryQuest()的行为定义，比如修改方法名称，则要修改接口 IDeliver。而 IDeliver 接口的变化会导致实现类 MealDeliverer 变化，最终影响到调用 MealDeliverer 类的所有客户端。

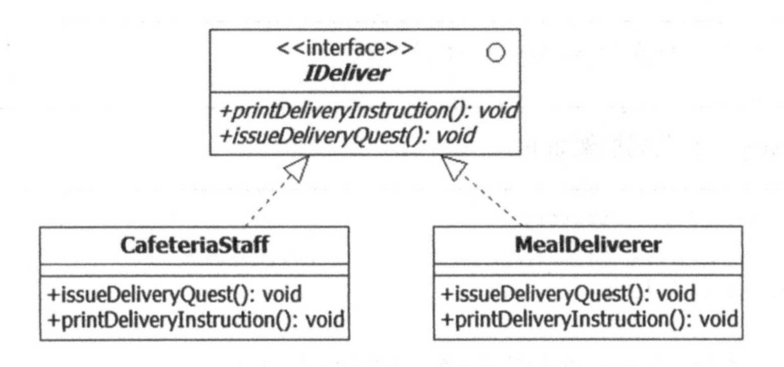


图 2.5　打印配送单和发送配送指令行为都定义在 IDeliver 接口中

要解决上述问题，开发人员可以按照接口隔离原则提供的建议将接口中的方法进行业务分组。由于打印配送单和发送配送指令是不同的业务行为，两者之间的内聚度很弱，分离它们可以降低相互影响的程度，因此将图 2.5 中的 IDeliver 接口行为 printDeliveryInstruction()和 issueDeliveryQuest()分别定义在接口 IPrintDelivery 和 IIssueDelivery 中，用于实现行为的隔离，如图 2.6 所示。

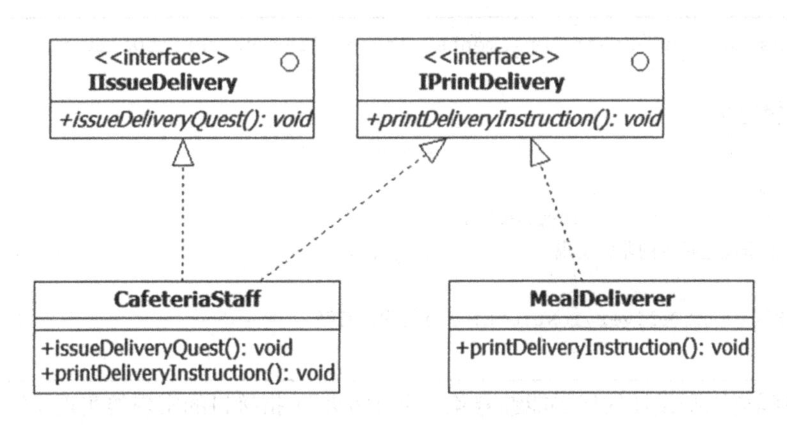


图 2.6　使用“接口隔离”原则设计打印配送单和发送配送指令行为

IIssueDelivery 接口定义了 issueDeliveryQuest()行为，IPrintDelivery 接口定义了 printDeliveryInstruction()行为，彼此独立，互不影响。CafeteriaStaff 类实现 IIssueDelivery、IPrintDelivery 接口，MealDeliverer 类实现 IPrintDelivery 接口。可以看到，MealDeliverer 类只实现了自身需要的业务行为 printDeliveryInstruction()，而不用实现冗余行为 issueDeliveryQuest()，保证了代码逻辑与需求的一致性。此外，IIssueDelivery 接口定义的变化只对其实现类 CafeteriaStaff 产生影响，而不会对 MealDeliverer 类造成任何影响。

图 2.6 所示的类图代码框架如下。

IIssueDelivery 接口代码框架如下。

```
public interface IIssueDelivery {
    /**
     * 发送配送指令
     */
```

```
    public void issueDeliveryQuest();
}
```

IPrintDelivery 接口代码框架如下。

```
public interface IPrintDelivery {
        /**
          * 打印配送单默认实现
          */
        public default void printDeliveryInstruction(){
           //根据具体的业务需求实现默认的打印配送单业务
           //或定义为空方法（或抽象方法）
        }
}
```

在 Java 编程语言中，IPrintDelivery 接口可以定义 printDeliveryInstruction()行为的默认实现，CafeteriaStaff、MealDeliverer 类根据需求选择重写或使用接口默认实现。以 CafeteriaStaff 类为例，其代码结构如下。

```
public class CafeteriaStaff implements IIssueDelivery, IPrintDelivery {
     /**
       * 发送配送指令
       */
     @Override
     public void issueDeliveryQuest() {
          //发送配送指令的业务实现
     }
     //可以重写printDeliveryInstruction()行为，省略
}
```

按照接口隔离原则设计的代码能够避免“接口污染”（指接口的实现类实现了冗余方法，使得代码质量下降），对软件维护或代码重构提供了很好地支持。在按照接口隔离原则设计代码时，开发人员需要注意以下问题。

**（1）接口数量“爆炸”。**按照接口隔离原则对目标系统的业务行为分组，将会产生巨大数量的细粒度接口定义；如同类“爆炸”概念一样，当接口过多时，也会导致软件开发或维护成本的急剧增加。

**（2）代码抽象度高。**抽象度高的代码具有稳定性、可复用性等优点，面向抽象编程较为推崇这种代码设计思维。但也应指出，代码抽象度越高，代码实现越复杂；代码抽象度越高，代码可读性（或可理解度）越差！

# 2.4 依赖倒置原则

**依赖倒置原则建议，高层模块不应依赖于低层模块，二者都应该依赖于抽象；抽象不应依赖于细节，细节应依赖于抽象。**

在分层的软件架构中，业务逻辑实现的模块为高层模块，数据或服务支持模块是低层模块，如图 2.7 所示。

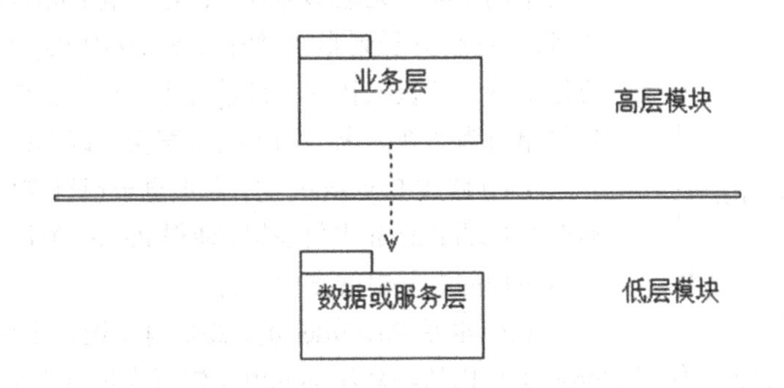


图 2.7 高层模块与低层模块的依赖关系

图 2.7 中，业务层依赖于数据或服务层，即高层模块依赖于低层模块。当低层模块发生变化时，高层模块则不可避免地受到影响。特别地，当目标系统分层较多时，最低层模块代码的变化，会影响到所有（包含直接依赖或间接依赖的）高层模块。

为了减少依赖或依赖传递对高层模块的影响，于是使高层模块依赖于稳定的抽象。将低层模块向高层模块提供服务定义为抽象，高层模块依赖于抽象。抽象是稳定的，其具体实现的变化不会影响到高层模块，如图 2.8 所示。

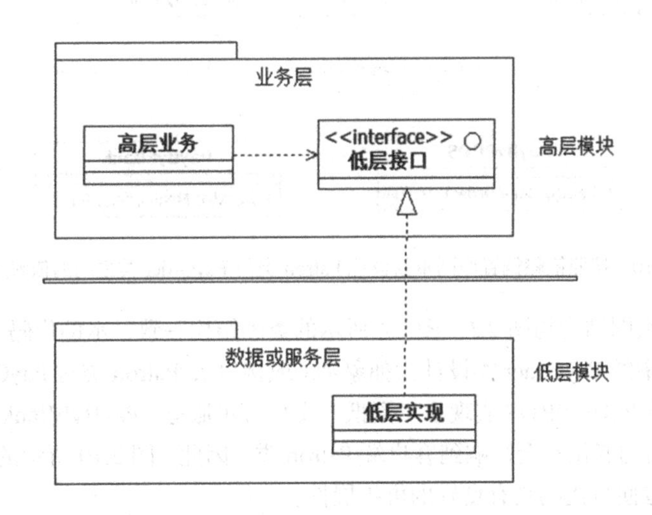


图 2.8 按照依赖倒置原则设计模块依赖关系示意

相较于图 2.7 中高层模块直接依赖于低层模块的实现，图 2.8 中的高层模块依赖于低层模块的抽象，低层模块实现也同时依赖于抽象的定义（接口实现或类继承是一种强约束依赖关系，实现类或子类均依赖接口或父类的方法定义）。当低层实现变化时，由于低层模块的抽象隔离了变化，所以高层模块感知不到这种变化，也就不会受到该变化的影响。

例如，在 COS 系统中，客户类（Patron）支付订单的业务依赖于支付类（PayOrder）；如果 PayOrder 类是支付服务的实现类，则形成了高层代码 Patron 类直接依赖于低层实现 PayOrder 类的逻辑关系，如图 2.9 所示。

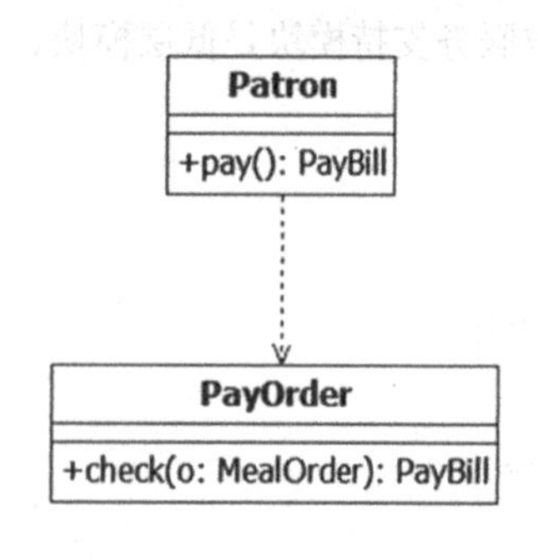


图 2.9 Patron 类直接依赖于 PayOrder 类实现

由于 PayOrder 类是支付服务的实现，当支付服务需求发生变化时，则需要修改 PayOrder 类的已有代码，或重新定义实现新需求的子类。无论哪种方式，客户端 Patron 都会感知到支付服务的变化，并受到影响。假设，图 2.9 中 PayOrder 类的 check() 方法实现了工资抵扣支付订单行为，那么，要实现电子银行支付订单行为的新需求，则解决方案会是以下两种中的一种。

（1）修改 PayOrder 类，添加电子银行支付订单服务行为。修改客户端 Patron 支付逻辑，使得 Patron 类可以使用 PayOrder 类新添加的电子银行支付行为。

（2）继承 PayOrder 类，添加电子银行支付订单行为子类。修改 Patron 类支付逻辑，使得 Patron 类可以依赖新添加的电子银行支付行为子类。

以上两种解决方案都无法避免对客户端 Patron 代码的修改，低层模块实现的变化会直接影响高层模块。

按照依赖倒置原则的建议重新设计 Patron 类与 PayOrder 类之间的依赖关系，将低层模块提供的服务进行抽象，封装为抽象类或接口，使高层模块依赖于低层模块的抽象类（或接口），低层模块的实现类继承（或实现）抽象类（或接口），如图 2.10 所示。

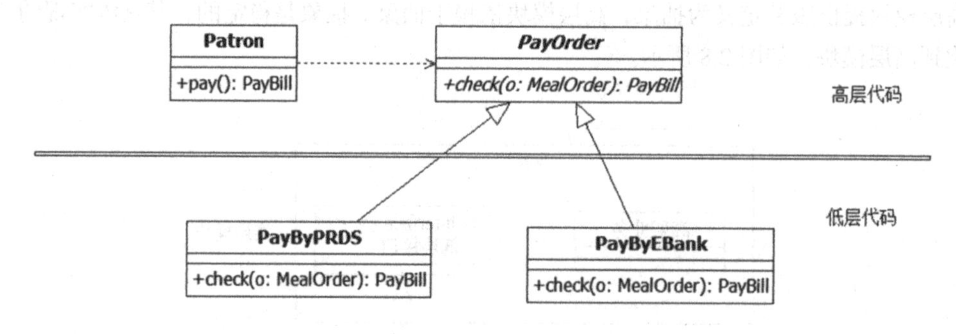


图 2.10 按照依赖倒置原则重新设计 Patron 类与 PayOrder 类之间的依赖关系

图 2.10 所示的类图结构与图 2.3、图 2.4 所示的类图结构一致，示例代码可参见 2.2 节。

由于将图 2.10 中的 PayOrder 类设计为抽象类（或接口），Patron 类对 PayOrder 类的依赖关系就变得稳定了。子类 PayByPRDS 实现了工资抵扣支付订单服务，PayByEBank 实现了电子银行支付订单服务，实现类的变化不会影响到客户端 Patron 类。因此，图 2.10 所示的设计类图不仅能保证代码的稳定性，也使得代码具有良好的可扩展性。

依赖倒置原则提供的代码设计建议可以很好地实现代码解耦。依赖倒置原则所体现的设计思维，在不同资料中有不同的名称，其他名称如好莱坞原则（Hollywood Principle）、回调机制（Callback Mechnism）等。

在使用依赖倒置原则时，开发人员需要注意以下事项。

**（1）增加了代码的复杂度。**依赖倒置的设计方式无疑会增加接口或抽象类的数量，会使得软件代码结构变得抽象或复杂。

**（2）更适合应对需求变化。**由于将依赖关系指向抽象，抽象能够隔离调用者与被调用者的实现，使得二者的变化不会相互影响，所以在一定程度上保证了代码的稳定性。依赖倒置的代码能够通过稳定的依赖关系将新需求加入，或将原需求变化所带来的影响降低，因此，更适合应对有需求变化的代码设计。

# 2.5 Liskov 替换原则

对于静态类型的面向对象编程语言，如 Java、C#，继承是实现多态技术的主要方式。通过继承，子类可以重写父类定义的方法，使得父类（或接口）定义的对象引用可以指向不同的子类对象，使同一个行为的调用表现出多态特征。

**Liskov 替换原则（有的资料翻译成里氏替换原则）建议子类对象必须能够完全替换掉它们的父类对象，而不需要改变父类的任何属性。**

Liskov 替换原则是美国计算机科学家 Barbara Liskov（女，曾于 2008 年获得图灵奖）于 1987 年在期刊 *ACM SIGPLAN Notices* 发表的标题为“Data Abstraction and Hierarchy”的文章中所提出的形式化原则。其原文中的表述为：“If for each object o1 of type S there is an object o2 of type T such that for all programs P defined in terms of T,the behavior of P is unchanged when o1 is substituted for o2, then S is a subtype of T”（对于类型 S 的对象 o1，存在类型 T 的对象 o2，如果能使 T 编写的程序 P 的行为在 o1 替换 o2 后保持不变，则 S 是 T 的子类）。

Liskov 替换原则提出了如何规范地使用继承，一旦违反该规则，则有可能导致程序表达错误。例如，在 COS 系统中，开发人员需要实现统计图表的绘制功能，图表组件类型有柱状图（Bar）、线状图（Line）等。开发人员设计了图表组件父类 ChartComponent，并定义组件绘制行为 draw()；子类 Bar 继承 ChartComponent 类和实现绘制柱状图行为，Line 继承 ChartComponent 类和实现绘制线状图行为；柱状图类 Bar 额外定义了方法 fill()，用于图形填充行为的实现；使用组件对象进行图表绘制的客户类是 ChartDrawer，如图 2.11 所示。

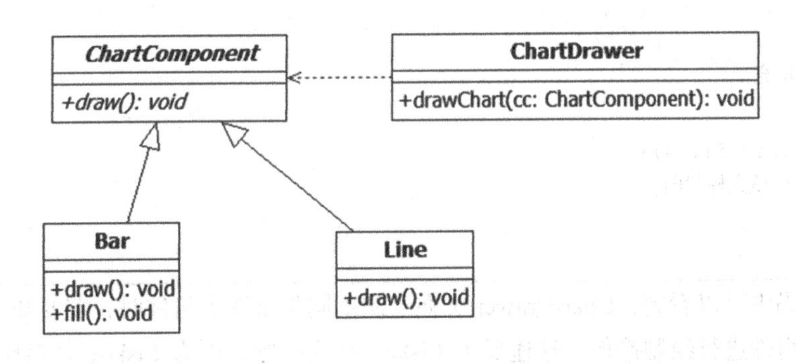


图 2.11　COS 图表绘制类图

由于不同的图表组件绘制方式不同，如，绘制柱状图不仅需绘制柱形，还需对图形进行填充，而绘制线状图则不需要填充，所以 ChartDrawer 代码结构可以是如下示例。

```
public class ChartDrawer {
    /**
    * 绘制不同的图表组件
    */
    public void drawChart(ChartComponent cc){
        if(cc instanceof Bar){
```

```
            cc.draw();//绘制柱状图
                ((Bar)cc).fill();//填充柱状图
        }else if (cc instanceof Line){
                cc.draw();//绘制线状图
        }
    }
}
```

ChartComponent 抽象类代码结构如下。

```
public abstract class ChartComponent {
    /**
    * 图表组件绘制行为
    */
    public abstract void draw();
}
```

Bar 和 Line 作为 ChartComponent 的子类，分别实现柱状图、线状图绘制，以 Bar 为例，其代码结构如下。

```
public class Bar extends ChartComponent {
    /**
     * 柱状图绘制
     */
    @Override
    public void draw() {
        //绘制柱状图
    }
    /**
    * 柱状图填充
    */
    public void fill(){
            //填充柱状图
    }
}
```

从上述代码中可以看到，ChartDrawer 类在绘制不同类型图表组件时，需要知道组件的子类，然后才能对该组件进行绘制操作。这违反了 Liskov 替换原则，因为 Liskov 替换原则建议：对于客户端程序 ChartDrawer 来说，drawChart()绘制行为使用的父类 ChartComponent 定义的对象，是可以被其子类 Bar 或 Line 定义的对象完全替换，而不需要提供额外的子类信息。

违反 Liskov 替换原则的代码具有以下缺陷。

（1）可扩展性差。如果需要在图 2.11 中添加新的图表类型，比如饼状图 Pie，则必须修改 ChartDrawer 类代码，才能完成组件子类的扩展，而修改已有代码将会导致一系列后果，详细见 2.2 节内容。

（2）引入程序逻辑错误。ChartDrawer 类的行为 drawChart()绘制的是 ChartComponent 类的图表组件，增加的新组件仍然是 ChartComponent 类型，但是 drawChart()的原有代码无法完成新组件对象的绘制，其逻辑是错误的。

仔细观察上述代码，读者会发现，违反 Liskov 替换原则的主要原因是 Bar 子类在实现父类 ChartComponent 的 draw()行为时，更改了原有的业务定义。父类 ChartComponent 定义的抽象行为 draw()是统计图表组件的完整绘制逻辑，而 Bar 子类将统计图表组件的绘制分成了绘制图形 draw()和填充图形 fill()两个行为逻辑，即 Bar 子类更改了父类 ChartComponent 定义的绘制行为逻辑。

要解决子类违反 Liskov 替换原则的问题，只需要保证该子类业务行为逻辑与父类保持一致即可。也就是，Bar 子类的绘制行为 draw()应包含图形填充行为 fill()的逻辑，同样是图 2.11 所示的类结构，Bar 子类绘制行为的实现代码可以更改如下。

```
public class Bar extends ChartComponent {
    /**
    * 柱状图绘制，draw()包含 fill()
    */
    @Override
    public void draw() {
        //绘制柱状图
        fill();//绘制完成后，进行图形填充
    }
    public void fill(){
        //填充柱状图
    }
}
```

客户类 ChartDrawer 的代码结构可修改如下。

```
public class ChartDrawer {
    /**
    * 绘制不同的图表组件
    */
    public void drawChart(ChartComponent cc){
        cc.draw();//调用目标组件的绘制行为
    }
}
```

ChartComponent 类的所有子类的 draw()行为的业务逻辑都是实现目标组件的完整绘制，而不是只绘制组件的一部分。因此，客户类 ChartDrawer 在绘制目标组件时，就不需要关心或了解具体的组件子类。所以，修改后的代码没有违反 Liskov 替换原则。

此外，如果在图 2.11 中添加新的图表类型饼状图 Pie，也不会对 ChartDrawer 类带来任何影响，当 ChartDrawer 类的 drawChart()行为收到的方法参数为 Pie 子类的实例时，也能正确地实现绘制逻辑。

虽然遵循 Liskov 替换原则的代码设计方案能够在代码稳定性、可扩展性等方面带来优势，但是开发人员在实际使用该规则时仍需注意如下事项。

**（1）在继承关系中，父类与子类之间是强约束关联。**即子类只能实现（或继承）父类的定义

（域或行为），而不能更改；父类定义（域或行为）的变化会迫使所有子类随之变化。

**（2）Liskov 替换原则限制了子类重写父类行为的逻辑，降低了代码的灵活性。**

## 2.6 总　结

本章主要介绍面向对象设计中常用的 SOLID 原则，对每个原则通过实例的方式进行剖析。任何一种面向对象设计原则都是从局部而不是从软件架构的全局提高代码质量，因此，**独立运用任何一种面向对象设计原则，都无法保证整体代码方案的优化。**在学习中，读者可以发现：形式化地运用设计原则有可能会弊大于利。比如，单纯强调使用单一职责原则，则会造成设计类“爆炸”的后果。

SOLID 原则是指导性代码设计规范，开发人员在面向具体设计问题时，要熟悉每种设计策略的优点与缺陷，尤其是缺陷。**本质上，软件设计活动是不同技术方案分析、比较和折中的过程，**开发人员希望能够尽可能地降低软件开发（或维护）成本，但也必须承担所选择技术方案带来的开发风险。

学完本章后，读者可顺利地建立起代码设计思维，为后续软件设计模式知识的学习打下良好的基础。此外，不同软件设计模式在一定程度上也是设计原则的体现或实施，二者所追求的代码质量目标并无区别。

实际上，面向对象设计原则还有很多，如最少知识原则（Least Knowledge Principle，LKP；也称 Demeter 法则）、合成复用原则（Composite/Aggregate Reuse Principle，CARP）等，这里不再赘述，读者可进一步参考相关资料进行学习和使用。

## 2.7 习　题

一、选择题

1. 有关 SOLID 原则，说法不正确的是（　　）。

A. 单一职责原则要求类的变化因素不多于 1 个

B. 按照依赖倒置原则设计的代码具有更好的稳定性

C. 接口隔离原则和单一职责原则一样，要求类的变化因素不多于 1 个

D. 开放/闭合原则要求对新需求的添加通过代码扩展方式实现

2. 有关 Liskov 替换原则，说法不正确的是（　　）。

A. 违反该原则可能会导致代码可扩展性变差

B. 违反该原则可能会导致代码业务逻辑错误

C. 遵守该原则的代码能够实现松耦合

D. 遵守该原则的代码子类灵活度会降低

3. 有关开放/闭合原则，下列表述不正确的是（　　）。

A. 开放/闭合原则要求代码“对修改关闭，对扩展开放”

B. 开放/闭合原则要求代码多使用面向抽象设计

C. 开放/闭合原则是“为变化而设计”（Design for Changes）的一种规范

D. Liskov 替换原则与开放/闭合原则是矛盾的

二、判断题

1. 遵循单一职责原则设计的类应只有一个方法。(　　)

2. 开放/闭合原则要求添加新需求时，不能修改已有的类代码。(　　)

3. 实施开放/闭合原则能够在一定程度上提高代码可扩展性。(　　)

4. 接口隔离原则要求一个接口只能定义一个方法。(　　)

5. 如果子类重写了父类的行为，则违反了 Liskov 替换原则。(　　)

# 第3章 设计模式入门

设计模式是软件开发从业者需要具备的重要的专业知识与技能。本章将从软件设计模式概念出发，介绍设计模式定义、使用方法等入门知识。学习完本章后，读者能够结合第2章介绍的面向对象程序设计原则，进行目标代码质量问题的解决方案设计。读者在本章需要掌握通用责任模式与简单工厂模式的使用方法，并训练和强化软件设计思维。

## 3.1 设计模式的概念

### 3.1.1 设计模式的定义

模式不仅仅存在于工程技术领域。比如，“看云识天气”是透过云的特征判断物理气象的一种生活技能，由人们经过长期实践与生活总结习得。“看云识天气”将具体物理场景中云的特征和气象关联起来，不同云的特征代表不同的气象，这些经验可以反复地应用至实际的生活中，该案例可以称为“云模式”。

对于“云模式”，人们用以下特征进行描述。

（1）名称。为了方便模式的记忆与传播，人们会为每个云模式起一个符合其特征的名称，如炮台云，指堡状高积云或堡状层积云。

（2）目标气象。每个云模式都会用于目标气象的判断，如“炮台云，雨淋淋”，即透过“炮台云”判断目标气象为“雨淋淋”，而且这种经验可以被反复使用。

（3）内部关联。以“炮台云，雨淋淋”为例，该经验蕴含的气象与云之间的关联关系是，炮台云多出现在低压槽前，表示空气不稳定，一般隔数个小时后即有雷雨降临。

模式一词作为架构设计概念，最早被 Christopher Alexander（美国著名建筑设计理论学者）在其著作 *A Pattern Language: Towns, Buildings, Constructions* 中提出并定义。在 GoF 发布软件工程经典图书 *Design Patterns: Elements of Reusable Object-Oriented Software* 之后，设计模式在软件工程（和计算机科学）领域逐渐被大家所熟知。

**软件设计模式是基于设计目标上下文的、针对常见代码问题的、可行和可重用的代码设计方案。**理论设计模式一般只提供抽象的设计建议，并不能作为完整的代码设计框架。有很多软件工程领域的专家或学者从不同经验视角提出了各种设计模式，如 GoF 设计模式、GRASP 设计模式（General Responsibility Assignment Software Patterns，通用职责分配软件模式）、并发设计模式（Concurrency Patterns）、软件架构设计模式（Architectural Patterns）等。

GoF 设计模式的传播和影响最为广泛，分为创建型模式（Creational Patterns）、结构型模式

（Structural Patterns）和行为型模式（Behavioral Patterns）等共 23 种。GoF 创建型模式主要为特定对象的创建提供解决建议，包括单例模式、原型模式、抽象工厂模式、构造器模式和工厂方法模式等 5 种。GoF 结构型模式针对类或对象之间的关系进行设计，为代码的耦合性、稳定性、可扩展性等提供解决建议，包括适配器模式、桥模式、装饰器模式、代理模式等 7 种。GoF 行为型模式为实现类或对象行为的可复用性、可扩展性或特定需求等提供代码设计参考，包括责任链模式、命令模式、迭代器模式、访问者模式等 11 种。

GoF 在其著作中描述不同模式时，从模式名称、意图、动机、适用场景、类（或对象）结构、参与角色、对象协作关系、优缺点及示例代码等方面都进行了阐述，给读者提供了较为全面的视角信息。

加拿大计算机科学家 Craig Larman 在其 2001 年出版的图书 *Applying UML and Patterns: An Introduction to Object-Oriented Analysis and Design and the Unified Process* 中介绍了 GRASP 设计模式，主要包括控制器（Controller）、创建者（Creator）、信息专家（Information Expert）、低耦合（Low Coupling）、高内聚（High Cohesion）等模式。Craig Larman 在书中描述 GRASP 模式的特征时，从模式名称、解决方案、目标问题 3 个角度进行了阐述。

**本书内容主要关注 GoF 设计模式以及 GRASP 设计模式中的控制器、创建者和信息专家模式，**强调使用设计模式解决软件设计问题的本质，并不过多关注抽象理论的细节。笔者将会和读者一起分析行业中知名的应用案例，如流行开源框架 Struts、Spring、Hibernate 和技术开发平台 Android SDK、JDK 等，给读者提供设计模式的应用指引。

### 3.1.2　使用设计模式

由于软件设计模式是实践经验的抽象与概括，学习者往往无法准确把握不同模式的使用方法。因此，如何恰当地使用设计模式是软件开发人员需要直接面对的问题。

**1. GoF 建议开发人员按照如下步骤使用软件设计模式**

（1）了解设计模式（Read the pattern once through for an overview）。开发人员需要对目标设计模式的应用场景、优缺点等有基本了解，并确定该模式是否适用目标设计问题。

要建立对设计模式的基本认识，开发人员需要具备充足的代码开发经验和模式知识。因而，这一步骤看似简单，却需要大量精力与实战经验作为铺垫，很多初学者并不能很好地执行这个步骤，最终导致误用设计模式。笔者在这里提醒读者："不能恰当地使用设计模式，不仅无法获得优化的代码质量，还会导致更大的负作用，甚至比没有设计更糟糕！"

（2）熟悉设计模式（Go back and study the Structure, Participants, and Collaborations sections）。这要求开发人员能够理解模式类或对象的角色以及它们之间的协作关系。

模式类或对象的角色一般指业务角色，即更加强调其业务职责。在面向对象的软件系统中，所有系统表象特征都是系统内部类或对象的行为表示，对象之间协作，并共同产生向外部环境提供的软件服务。准确地定位类或对象的角色以及它们之间的协作关系是正确使用设计模式的前提。

（3）参照设计模式样例代码（Look at the Sample Code section to see a concrete example of the pattern in code）。

GoF 在其出版的书中用 C++语言提供了模式实现样例代码。虽然不同的编程语言在语法或规范上有所不同，但都以面向对象作为语言特征。因此，编程语言对设计模式的学习和使用并无影响。

参照模式样例代码可以达到以下目的。

①通过实现代码加深对模式的理解。

②学会如何将抽象模式类图用代码实现。

③帮助实现自己的模式代码。

（4）根据应用上下文定义模式角色类或对象的名称（Choose names for pattern participants that are meaningful in the application context）。

模式角色类或对象的命名一般与其业务职责保持一致，用角色名称作为类或对象的名称，可以带来以下好处。

①增强代码可读性。模式本身就是对业务问题通用解决方案的概括或抽象，与目标系统的领域业务联系较弱，如果模式类或对象命名与业务职责不一致，会导致代码理解更加困难。

②使模式代码更加容易实现（或维护）。模式类或对象命名与应用上下文之间的关联使代码开发人员容易理解或实现目标业务逻辑，达到顺利编写（或维护）代码的目的。

（5）定义类（Define the classes）。定义类的活动包括定义接口、关联（如继承、依赖等）、域，识别引入新的模式类或对象后对已有设计类的影响，并修改已有设计方案，定义类业务行为，等等。

（6）定义模式中面向具体应用的操作名称（Define application-specific names for operations in the pattern）。如，创建型模式类操作（或方法）一般加前缀“create”，访问者模式类操作（或方法）用前缀“visit”等。通过前缀或后缀命名操作（或方法），能够直观地表现出该操作的业务职责，使代码逻辑具有一致性和可读性。

（7）实现（6）中定义的操作（Implement the operations to carry out the responsibilities and collaborations in the pattern），即参考设计模式样例实现自己的模式代码。

**2. 对于恰当使用设计模式解决问题，补充说明如下。**

（1）以模式作为语言帮助团队进行技术沟通。

首先，技术团队需要建立沟通语言，即每个技术人员都能理解指代词语的内涵。模式作为技术语言具有通用性、规范性等特征，每个模式指代词语具有大量“隐喻”信息，借助它们可以大大减少技术团队的沟通成本。在软件设计模式语言中，有很多指代词语，如下所述。

①客户端：泛指使用服务的对象或模块。

②目标对象：泛指提供服务的对象或模块。

③聚合体：由若干部分组成的整体。

④聚合元素：聚合体的组成部分。

（2）正视模式的缺陷。

没有任何一种技术或方法是万能的，模式也一样。针对目标问题，软件设计模式提供了一种可行且可复用的设计方案，但不一定是最优设计方案。模式的引入一定会携带自身缺陷，比如增加设计类数量或使设计方案变得更复杂等。开发人员需要明白的是，设计是以较小代价换取目标问题的解决，而不是没代价；所有模式都有缺陷，要恰当地使用它们，而不是滥用！

（3）多个模式可以复合使用。

很多初学者认为，一个类或对象承担了某个模式职责后，就不能再引入其他模式职责了，很明显，这是错误的思维！使用模式是以问题解决为目标的，而不限于形式。很多经典案例都将多个设计模式复合在一起，以解决目标代码问题，模式之间的联系或相关性是因业务建立的，而不是模式理论自身。

（4）不必完全按照形式化模式理论定义代码结构。

代码设计是以解决问题为目标的，GoF 或其他作者提出的设计模式理论是泛化且抽象的，同时也带有一定的技术局限，因为计算机或软件工程技术的发展使得 30 年前的领域经验和软件认知发生了巨大的变化，现在所面临的影响代码设计的因素变得更加多样和复杂，比如移动互联网、云计算、大数据等都是 30 年前的技术专家在当时不曾面对的领域环境。**经典的理论具有指导实践的作用，但在实际运用时，开发人员不能僵硬地受限于经典理论的约束。**

表 3.1 和表 3.2 所示的是本书所介绍的软件设计模式使用方法总结。

表 3.1　　创建者、信息专家、控制器和简单工厂模式使用总结

| 模式名称 | 模式定义 | 使用场景 | 解决方案 |
| --- | --- | --- | --- |
| 创建者（Creator） | 创建目标类实例的对象 | 确定谁负责创建指定类的实例 | 类的对象的创建职责可以按如下规则分配：<br>①类 B 对象是类 A 对象的聚合体，则 B 创建 A 的实例；<br>②类 B 对象包含类 A 对象，则 B 创建 A 的实例；<br>③类 B 对象保存 A 对象实例，则 B 创建 A 的实例；<br>④类 B 对象使用 A 对象，则 B 创建 A 的实例；<br>⑤类 B 对象持有 A 对象初始化所需的数据，则 B 创建 A 的实例 |
| 信息专家（Information Expert） | 拥有处理实现目标职责所需信息的对象 | 确定将行为职责分配给哪个类或对象 | 将行为分配给拥有实现该职责所需信息的专家类 |
| 控制器（Controller） | 负责接收或处理系统事件的非用户接口（User Interface，UI）对象 | 确定谁应该处理目标系统输入事件 | 判断目标系统输入事件接收或处理的对象，满足以下条件之一即可：<br>①该对象代表整个系统的服务入口；<br>②该对象代表了一个系统事件生成的用例场景 |
| 简单工厂（Simple Factory） | 负责创建目标产品实例的对象 | 确定如何实现产品对象创建行为的一致或复用 | 将目标产品创建行为分配给工厂类，由工厂类向客户端提供产品对象创建服务 |

表 3.2　　GoF 设计模式使用总结

| 模式类型 | 模式名称 | 模式定义 | 使用场景 |
| --- | --- | --- | --- |
| 创建型模式 | 单例（Singleton） | 目标类（Class）只有一个实例对象（Object），并且向使用该对象的客户端提供全局访问方法 | ①一个类只能有一个实例，并且客户端需要访问该实例；<br>②一个类的实例化代价很大，且向所有客户端提供的服务都无状态或不因客户端的变化而改变状态 |
| | 原型（Prototype） | 通过复制自己达到构造目标对象新实例的目的 | ①一个类的实例状态只能是不同组合中的一种，而不想通过平行类或子类的方式区分不同的状态组合；<br>②业务代码中不能静态引用目标类的构造器来创建新的目标类的实例；<br>③目标类实例化代价昂贵，不同的客户端需要单独使用一个目标类的对象 |

续表

| 模式类型 | 模式名称 | 模式定义 | 使用场景 |
|---|---|---|---|
| 创建型模式 | 构造器（Builder） | 为构造一个复杂产品对象进行产品组成元素构建和产品组装，并将产品构造过程（或算法）进行独立封装 | ①需要将复杂产品对象的构造过程（或算法）封装在独立的代码中；<br>②对不同的产品表示复用同一个构造过程（或算法） |
| | 抽象工厂（Abstract Factory） | 在不指定具体产品类的情况下，为相互关联的产品簇或产品集（Families of Products）提供创建接口，并向客户端隐藏具体产品创建的细节或表示 | ①需要实现产品簇样式的可扩展性，并向客户端隐藏具体样式产品簇的创建细节或表示；<br>②向客户端保证产品簇对象的一致性，但只提供产品对象创建接口；<br>③使用产品簇实现软件的可配置性 |
| | 工厂方法（Factory Method） | 定义产品对象创建接口，但由子类实现具体产品对象的创建 | ①当业务类处理产品对象业务时，无法知道产品对象的具体类型或不需要知道产品对象的具体类型（产品具有不同的子类）；<br>②当业务类处理不同产品子类对象业务时，希望由自己的子类实现产品子类对象的创建 |
| 结构型模式 | 适配器（Adapter） | 将某种接口或数据结构转换为客户端期望的类型，使得与客户端不兼容的类或对象能够一起协作 | ①想要使用已存在的目标类（或对象），但它没有提供客户端所需要的接口，而更改目标类（或对象）或客户端已有代码的代价都很大；<br>②想要复用某个类，但与该类协作的客户类信息预先无法知道 |
| | 桥（Bridge） | 使用组合关系将代码的实现层和抽象层分离，让实现层与抽象层代码可以分别自由变化 | ①抽象层代码和实现层代码分别需要自由扩展；<br>②减弱或消除抽象层与实现层之间的静态绑定约束；<br>③向客户端完全隐藏实现层代码；<br>④需要复用实现层代码，将其独立封装 |
| | 组合（Composite） | 使用组合和继承关系将聚合体及其组成元素分解成树状结构，以便客户端在不需要区分聚合体或组成元素类型的情况下使用统一的接口操作它们 | ①将聚合体及其组成元素用树状结构表达，并且能够很容易地添加新的组成元素类型；<br>②为了简化客户端代码，需要以统一的方式操作聚合体及其组成元素 |

续表

| 模式类型 | 模式名称 | 模式定义 | 使用场景 |
| --- | --- | --- | --- |
| 结构型模式 | 装饰器（Decorator） | 通过包装（不是继承）的方式向目标对象动态地添加功能 | ①动态地向目标对象添加功能，而不影响其他同类的对象；<br>②对目标对象进行功能扩展，且能在需要时删除扩展的功能；<br>③需要扩展目标类的功能，但不知道目标类的具体定义，无法完成子类定义；<br>④目标类的子类只在扩展行为上有区别，但数量巨大，需要减少设计类 |
| | 门面（Facade） | 向客户端提供使用子系统的统一接口，简化客户端使用子系统 | ①想要简化客户端使用子系统的接口；<br>②需要将客户端与子系统进行独立分层；<br>③向客户端隐藏子系统的内部实现，用于隔离或保护子系统 |
| | 享元（Flyweight） | 采用共享方式向客户端提供服务的数量庞大的细粒度对象 | ①运行时产生大量的相似对象，这些对象可被不同的客户端共享，需要减少实例的数量；<br>②向客户端提供对象的共享实例，以提高程序运行的效率 |
| | 代理（Proxy） | 用于控制客户端对目标对象访问的占位对象 | ①向客户端提供远程对象的本地表示；<br>②向客户端按需提供昂贵对象的实例；如，写时复制（由于目标对象是昂贵的，只在其状态被改变时进行副本的复制，这是一种按需提供服务的做法）；<br>③控制客户端对目标对象的访问；<br>④客户端访问目标对象服务时，需要执行额外的操作 |
| 行为型模式 | 责任链（Chain of Responsibility Pattern） | 处理同一客户端请求的不同职责对象组成的链 | ①动态设定请求处理的对象集合；<br>②处理请求对象的类型有多个，且请求需要被所有对象处理，但客户端不能显式指定处理对象的具体类型；<br>③请求处理行为封装在不同类型的对象中，这些对象之间的优先级由业务决定 |
| | 命令（Command） | 将类的业务行为以对象的方式封装，以便实现行为的参数化、撤销、重做等操作 | ①需要对目标类的行为实现撤销或重做的操作；<br>②将目标类的行为作为参数在不同的对象间传递；<br>③需要对目标业务行为及状态进行存储，以便在需要时调用；<br>④在原子操作组成的高级接口上构建系统 |
| | 解释器（Interpreter） | 用于表达语言语法树和封装语句的解释（或运算）行为 | ①目标语言的语法规则简单；<br>②目标语言程序效率不是设计的主要目标 |

续表

| 模式类型 | 模式名称 | 模式定义 | 使用场景 |
|---|---|---|---|
| 行为型模式 | 迭代器（Iterator） | 在不暴露聚合体内部表示的情况下，向客户端提供遍历其聚合元素的方法 | ①需要提供目标聚合对象内部元素的遍历接口，但不暴露其内部表示（通常指聚合元素的管理方式或数据结构）；<br>②目标聚合对象向不同的客户端提供不同的遍历内部元素的方法；<br>③为不同聚合对象提供统一的内部元素遍历接口 |
| | 仲裁者（Mediator） | 用来封装和协调多个对象之间的耦合交互行为，以降低这些对象之间的紧耦合关系 | ①多个对象之间进行有规律交互，因交互关系复杂导致难以理解和维护；<br>②想要复用多个相互交互的对象中的某一个或多个，但复杂的交互关系使得复用难以实现；<br>③分布在多个协作类中的行为需要定制实现，但不想以协作类子类的方式设计 |
| | 备忘录（Memento） | 在不破坏封装特性的基础上，将目标对象内部的状态存储在外部对象中，以备之后恢复状态时使用 | 保持对象的封装特性，实现其状态的备份和恢复功能 |
| | 观察者（Observer） | 当目标对象状态发生变化后，对状态变化事件进行及时响应或处理的对象 | ①当目标对象状态发生变化时，需要将状态变化事件通知到其他依赖对象，但并不知道依赖对象的具体数量或类型；<br>②抽象层中具有依赖关系的两个对象需要独立封装，以便复用或扩展 |
| | 状态（State） | 指状态对象，用于封装上下文对象特定状态的相关行为，使得上下文对象在内部状态改变时改变其自身的行为 | ①上下文对象的行为依赖于内部的状态，状态在运行时变化；<br>②需要消除上下文对象中状态逻辑的分支语句 |
| | 策略（Strategy） | 用于封装一组算法中的单个算法，使得单个算法的变化不影响使用它的客户端 | ①算法需要实现不同的可替换变体；<br>②向使用算法的客户类（或上下文类）屏蔽算法内部的数据结构；<br>③客户类（或上下文类）定义了一组相互替换的行为，需要消除调用这组行为的分支语句；<br>④一组类仅在行为上不同，而不想通过子类方式实现行为多态 |

续表

| 模式类型 | 模式名称 | 模式定义 | 使用场景 |
|---|---|---|---|
| 行为型模式 | 模板方法（Template Method） | 用来定义算法的框架，将算法中的可变步骤定义为抽象方法，指定子类的实现或重定义 | ①当算法中含有可变步骤和不可变步骤的时候，让子类决定可变步骤的具体实现；②当多个类中含有公共业务行为时，想要避免定义重复代码；③想要控制子类的扩展行为，只允许子类实现特定的扩展点 |
|  | 访问者（Visitor） | 用于封装施加在聚合体中聚合元素的操作（或算法），从而使该操作（或算法）从聚合对象中分离出来，在不对聚合对象产生影响的前提下实现自由扩展 | ①目标聚合对象包含不同的聚合元素类型，需要针对不同的聚合元素类型施加不同的业务操作或算法行为；②目标聚合对象结构稳定，但针对聚合元素的操作需要实现不同的扩展；③有多个单一且不相关的操作施加在聚合元素上，但不想“污染”聚合元素类的代码 |

# 3.2 GRASP 设计模式

GRASP 包括创建者、信息专家、高内聚、低耦合、控制器、多态（Polymorphism）、纯净虚构（Pure Fabrication）、间接耦合（Indirection）及受保护变化（Protected Variations）等模式（或原则），每一种模式都提供了面向具体代码设计问题的解决建议。限于篇幅，本书只介绍创建者、信息专家和控制器模式的使用，读者可以参考相关资料熟悉和使用其他 GRASP 设计模式。

## 3.2.1 创建者模式

面向对象程序开发中，目标软件服务通过若干种类型对象之间的协作行为向外部环境提供，类定义了对象类型，对象是类的具体实例。那么，对象是怎么创建出来的？谁负责创建这些对象呢？

开发人员往往会把目标类型对象按需创建，即需要使用指定类型对象的时候才进行创建。然而，这种做法会给程序引入大量耦合。例如，在 COS 系统的领域模型中，客户（Patron）支付菜品订单（Order），配餐员（Meal Deliverer）配送订单，餐厅员工（Cafeteria Staff）修改订单状态，如图 3.1 所示。

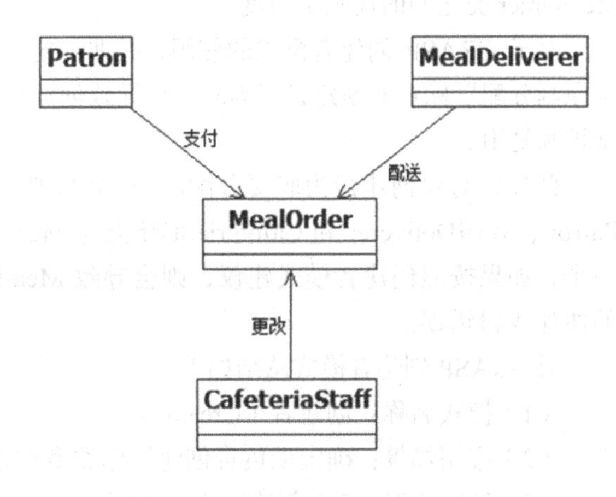


图 3.1 客户、订单、配餐员与餐厅员工领域模型

图 3.1 中的 Patron、MealDeliverer 和 CafeteriaStaff 类都使用（或关联）MealOrder 类型的对象完成自己的业务行为，如果按照“所需即创建”的想法，则 Patron、MealDeliverer 和 CafeteriaStaff 类

都会创建 MealOrder 类的对象，即 Patron、MealDeliverer 和 CafeteriaStaff 都与 MealOrder 类对象的创建代码产生耦合关联。那么，当 MealOrder 类对象的创建方式发生变化时，则必须修改 Patron、MealDeliverer 和 CafeteriaStaff 类，这就降低了代码的可扩展性、稳定性等。

根据领域业务逻辑重新审查图 3.1 可以发现，MealDeliverer 和 CafeteriaStaff 类是使用已创建的 MealOrder 对象（即餐厅员工和配餐员是对已有订单对象进行操作，而不是创建新订单对象后再操作），因此 MealDeliverer 和 CafeteriaStaff 不需要耦合 MealOrder 类对象的创建行为。那么，谁来创建 MealOrder 类对象呢？

**GRASP 的创建者模式给出了对象创建行为的职责分配原则，如下所述。**

**（1）类 B 对象是类 A 对象的聚合体，则 B 创建 A 的实例。**

**（2）类 B 对象包含类 A 对象，则 B 创建 A 的实例。**

**（3）类 B 对象保存 A 对象，则 B 创建 A 的实例。**

**（4）类 B 对象使用 A 对象，则 B 创建 A 的实例。**

**（5）类 B 对象持有 A 对象初始化所需的数据，则 B 创建 A 的实例。**

对于 GRASP 创建者模式的原则，这里补充一个前提条件，即类逻辑与业务逻辑一致。

再看图 3.1，Patron 与 MealOrder 类的业务逻辑为“Patron 对象生成、保存和支付 MealOrder 对象”，即 Patron 类对象持有 MealOrder 类对象初始化所需要的数据，因此 Patron 类是 MealOrder 类对象的创建者之一。MealDeliverer 和 CafeteriaStaff 类分别配送和修改已有的 MealOrder 类对象，虽然符合原则（4），但业务逻辑不正确，所以 MealDeliverer 和 CafeteriaStaff 类不能作为 MealOrder 类对象的创建者。

MealDeliverer 和 CafeteriaStaff 类使用的 MealOrder 类对象来自哪里呢？如果只从业务逻辑角度判断，应该来自 Patron 类所创建的 MealOrder 类对象。即当 Patron 类生成 MealOrder 类对象后，MealDeliverer 和 CafeteriaStaff 类才可以配送或修改 MealOrder 类对象。如果从对象协作逻辑看，MealDeliverer 和 CafeteriaStaff 类配送或修改的 MealOrder 类对象在配送或修改行为执行前就已经被创建好。因此 MealOrder 类对象可能是来自触发配送或修改行为的客户端，也可能是其他业务逻辑对象。

最终，图 3.1 中 MealOrder 类对象的创建行为耦合到 Patron 类中，而不是同时耦合到 MealDeliverer 和 CafeteriaStaff 类中，这在一定程度上减弱了 CafeteriaStaff、MealDeliverer 与 MealOrder 类之间的代码耦合度。

对于 GRASP 创建者模式的使用，并非一定会带来程序质量的优化，因为，单纯依据上述 5 个原则分配目标对象创建者行为时，会导致创建行为分散到系统的各个模块中，并不利于代码的维护和复用。

此外，对象创建行为职责分配的 5 个原则并不能保证业务逻辑的正确性。如图 3.1 中的 Patron、MealDeliverer 和 CafeteriaStaff 类与 MealOrder 类之间的关系分别符合 5 个原则中的某一个，如果按照创建者模式建议，则会导致 MealDeliverer、CafeteriaStaff 与 MealOrder 类对象的协作逻辑错误。

对 GRASP 创建者模式总结如下。

（1）模式名称：创建者（Creator）。

（2）应用场景：确定谁负责创建目标类型对象。

（3）解决方案：5 个创建行为分配原则。

（4）使用前提：保证业务逻辑一致或正确。

（5）模式优点：有可能会降低代码耦合。

（6）模式缺陷：有可能会导致对象创建行为分散或不一致。

### 3.2.2　信息专家模式

用设计类对程序逻辑进行静态模型构建时，不仅要抽取类名称、域及关联关系，还需要抽取设计类的行为。软件系统中的设计类数量十分庞大，而类行为的数量则更多。如何将一个行为职责正确地分配至某个类是设计的关键，不恰当的行为职责分配不仅会引入业务逻辑错误，还可能降低代码质量。

例如图 3.2 所示 COS 系统的设计类模型，客户（Patron）选择具体支付方式（PayOrder）支付菜品订单（MealOrder），PayOrder 类实现支付业务时需要获得订单总金额，那么订单总金额的计算行为 getOrderAmount()应该分配给哪个类呢？

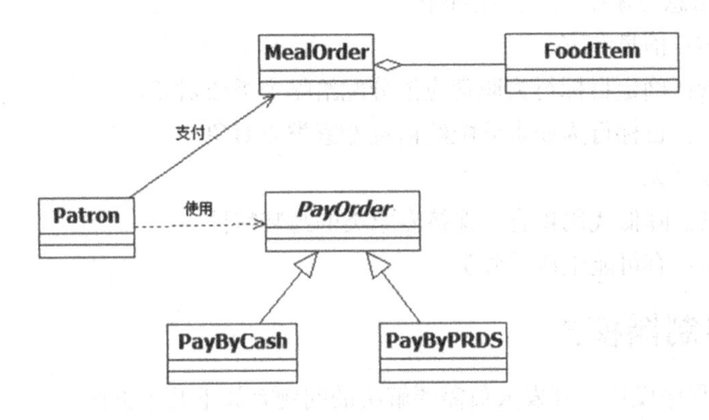


图 3.2　客户支付订单的设计类模型

假设 1：将 getOrderAmount()行为分配给 Patron 类，则 Patron 类在实现该行为时，需要遍历目标订单的所有订单项（FoodItem），将订单项金额进行求和计算；然后 PayOrder 类向 Patron 类请求获取订单总金额。订单项信息又封装于哪个类中呢？MealOrder 类负责封装和管理订单项信息。于是，MealOrder 类需要向 Patron 类提供遍历订单项接口。不仅如此，Patron 类还需要调用订单项 FoodItem 类的接口获取订单项信息。所以，getOrderAmount()行为分配给 Patron 类后，Patron 类会在行为上依赖 MealOrder 和 FoodItem。

为什么会使 Patron 类在实现 getOrderAmount()行为时与 MealOrder、FoodItem 类产生新的耦合依赖呢？因为行为 getOrderAmount()所需要的业务信息来自 MealOrder 和 FoodItem 类。

假设 2：将 getOrderAmount()行为分配给 MealOrder 类；则 MealOrder 类需要遍历所有订单项，并将订单项金额求和，然后 PayOrder 类向 MealOrder 类请求获取订单总金额。

FoodItem 类作为订单项信息封装类，同时也是 MealOrder 类的聚合元素类。MealOrder 与 FoodItem 类之间的业务聚合关系是一种强耦合，为了保证业务逻辑一致，不能在设计时消除或减弱。但是，将 getOrderAmount()行为分配给 MealOrder 类后，Patron 类就不需要依赖订单项 FoodItem 类的接口了。不仅如此，PayOrder 类也不需要向 Patron 类请求获取订单总金额，最终，Patron 类与 MealOrder、FoodItem、PayOrder 类之间的耦合度都会降低。

两个假设中 getOrderAmount()行为的分配方式不同，代码的耦合度也不同，产生这种现象的原因是 Patron 类并不具备 getOrderAmount()行为实现所需要的业务信息，但 MealOrder 类具备。

**GRASP 将具有行为实现所需业务信息（或数据）的类称为信息专家，简称专家。信息专家模式建议：将目标行为分配给信息专家类。**

图 3.2 所示的案例中，MealOrder 类（实际上 FoodItem 也是信息专家，它作为 MealOrder 的聚合元素向 getOrderAmount()行为提供业务信息）就是 getOrderAmount()行为的信息专家。因此，将 getOrderAmount()行为错误地分配给 Patron 类后，仍然要依赖信息专家 MealOrder 提供业务信息，直接形成新的代码耦合。而将 getOrderAmount()行为分配给信息专家 MealOrder 后，Patron 类对外的部分依赖就可以消除。

按照 GRASP 信息专家模式的建议，在设计类时应尽可能地将行为职责分配给专家类实现。但是，单纯执行该建议，意味着 MealOrder 类需要承担所有和订单信息相关的职责实现，这又会导致另一个后果——浮肿类（Bloated Class，也翻译成“胖类”）。设计模型中的浮肿类一般会违反单一职责原则，导致代码不稳定。

针对 GRASP 信息专家模式，总结如下。

（1）模式名称：信息专家。

（2）应用场景：确定目标行为职责应该分配给哪个类或对象。

（3）解决方案：目标行为职责分配给信息专家类或对象。

（4）使用前提：无。

（5）模式优点：降低代码耦合，保持专家类的封装特性。

（6）模式缺陷：有可能生成浮肿类。

### 3.2.3 控制器模式

对于业务系统程序设计，开发人员需要解决的问题有如下几个方面。

（1）哪些（或哪个）对象负责系统服务的可视化？

（2）哪些（或哪个）对象负责系统事件的处理？

（3）哪些（或哪个）对象负责服务行为的实现？

（4）其他问题。

本节内容将关注问题（2）如何解决。

用户使用目标软件提供的服务时，需要与系统进行交互。因此，开发人员必须能够在代码中准确地捕捉和表达交互行为。在事件驱动的程序开发中，将外部用户与系统的交互行为定义为事件。当特定事件发生时，系统需要执行一系列动作，完成用户交互请求的响应。那么，在系统内部对象中，应该由哪些（或哪个）对象负责用户输入事件的处理呢？

假设开发人员不将对象行为职责分离，即所有业务职责均委托同一类对象实现，则无论是用户接口可视化、输入事件处理，还是数据持久化、数据运算等，行为职责都由同一类对象封装。此时系统对象的工作时序如图 3.3 所示。

由于图 3.3 所示的系统对象没有实现职责分离，某个（或类型）对象就需要承担多种行为职责的实现，这明显违反了单一职责原则。当任何一类职责行为的需求发生变更时，系统对象的源码都需要进行修改，系统的代码极不稳定！不仅如此，由于系统的各种职责行为都封装在同一个（或同一类型）对象中，使得这些代码逻辑混乱；不同逻辑业务源码耦合关联很大，难以实施代码复用，代码可维护性、可读性也大大降低。

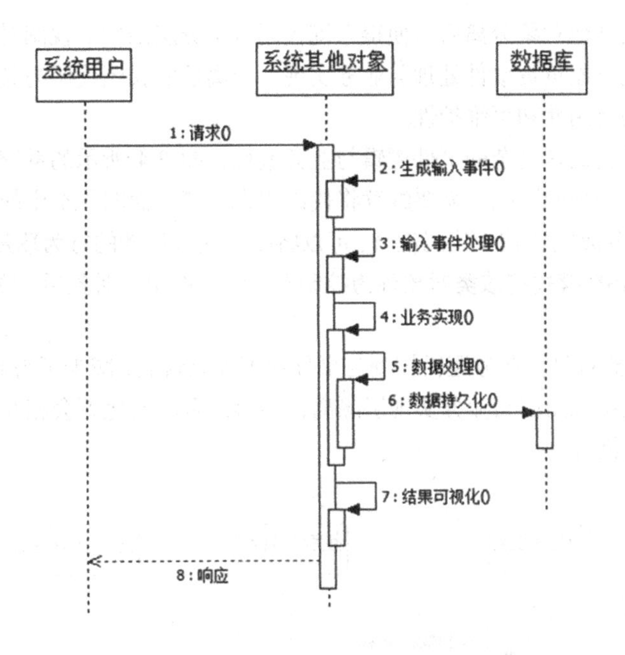


图 3.3　职责不分离的系统对象工作时序示意

要解决上述代码弊端，对象职责分离必不可少！

如何分离对象职责呢？

大多业务系统的视图代码与业务服务代码的运行环境在不同的物理设备上，如 B/S（Browser/Server，浏览器/服务器）结构软件，其视图代码执行在用户设备的浏览器端，服务代码部署在另一个物理网络节点。因此，易于将视图代码单独从系统源码中分离出来，负责实现用户接口的可视化和用户事件的生成，图 3.3 所示的协作时序会变为图 3.4。

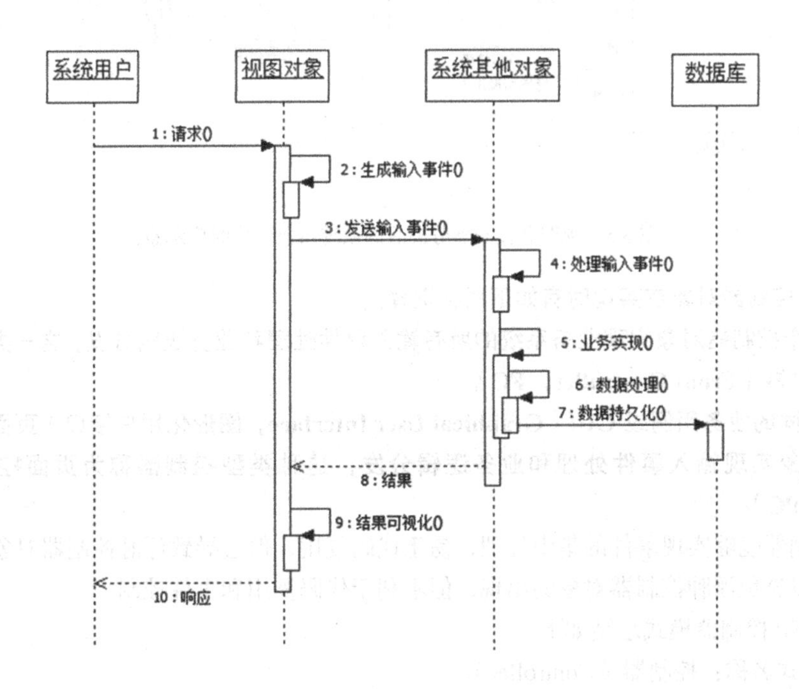


图 3.4　视图分离后的系统对象工作时序示意

视图对象与系统其他对象分离后，使得系统代码有了分层结构。视图对象负责用户可视化及事件生成，系统其他对象负责事件处理与业务实现。分离后的视图代码与其他业务代码耦合性减弱，可以实现很好的复用性和可维护性。

由于业务系统需要处理复杂的事件逻辑与业务流程，图 3.4 所示的系统分层仍然无法解决需求变更给系统稳定性带来的影响，需要继续将代码职责分离。而图 3.4 中的输入事件处理与业务实现相对独立，二者分离能够减少代码耦合，**可以将处理输入事件的行为职责单独封装在一个（或一类）对象中，GRASP 模式将该类对象称为控制器**。引入控制器对象后，图 3.4 所示的协作时序会变为图 3.5。

图 3.5 中的控制器对象将业务逻辑控制与事件处理独立封装，减少了与业务实现代码的耦合。同时，控制器对象也将视图层与业务实现层隔离，使得二者的变化不会相互影响，降低了视图层与业务实现层之间的耦合。

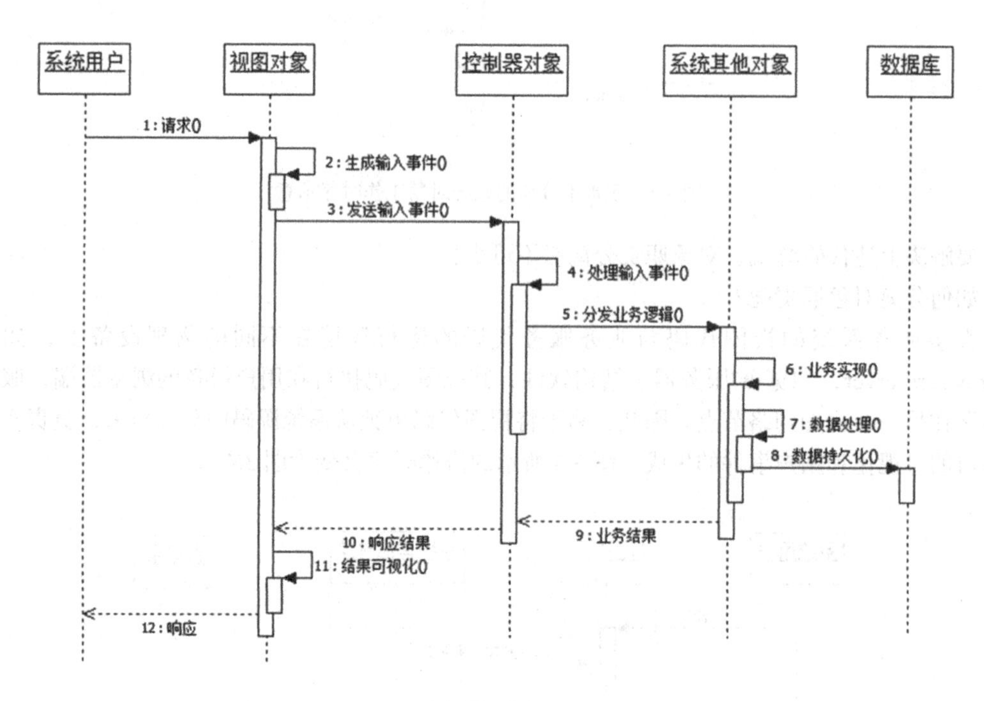


图 3.5　视图和控制器分离后的系统对象工作时序示意

**GRASP 控制器对象在实现时有如下两种选择。**

**（1）一个控制器对象实现业务系统的所有输入事件处理和业务逻辑分发，这一类控制器对象称为前端控制器（Front Controller，FC）。**

**（2）不同的业务用例或 GUI（Graphical User Interface，图形化用户接口）页面分别由不同的控制器对象实现输入事件处理和业务逻辑分发，这种类型控制器称为页面控制器（Page Controller，PC）。**

前端控制器能够实现事件的集中处理，易于代码复用，但会导致浮肿控制器对象的出现。页面控制器可以避免浮肿控制器对象的出现，但不利于代码复用和事件控制。

对 GRASP 控制器模式总结如下。

（1）模式名称：控制器（Controller）。

（2）应用场景：确定谁负责接收、处理和分发系统的输入事件。

（3）解决方案：系统输入事件处理的职责分给控制器对象（前端控制器或页面控制器）。

（4）使用前提：代码职责分离。

（5）模式优点：降低耦合，提高复用。

（6）模式缺陷：使用前端控制器会生成浮肿控制器。

# 3.3　简单工厂模式

如前所述，GRASP 创建者模式建议将被引用对象的创建行为分配给引用对象或信息专家对象。举个例子，在 COS 系统的设计类中，客户（Patron）对订单（MealOrder）对象可以进行增（Create）、删（Delete）、改（Update）、查（Retrieve）的操作，简称 CRUD 操作；餐厅管理员（CafeteriaStaff）同样具有对订单对象的 CRUD 操作，订单对象的 CRUD 操作行为由设计类 MealOrderDAO 实现。因此，Patron 类需要使用 MealOrderDAO，CafeteriaStaff 也需要使用 MealOrderDAO。按照 GRASP 创建者模式，MealOrderDAO 对象的创建行为会分配给 Patron 和 CafeteriaStaff；设计类如图 3.6 所示。

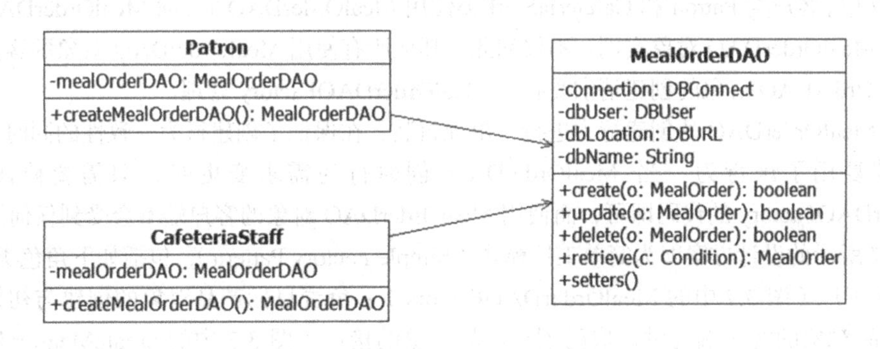


图 3.6　Patron 和 CafeteriaStaff 创建 MealOrderDAO 对象

图 3.6 中 MealOrderDAO 对象的创建行为分散在客户端 Patron 和 CafeteriaStaff 类中。由于客户端使用 MealOrderDAO 对象的 CRUD 行为和状态是相同的，即客户端对订单的操作都是面向同一个数据库的，因此，客户端创建 MealOrderDAO 对象的行为 createMealOrderDAO()也是一致的。

但是，图 3.6 所示的设计方案将 createMealOrderDAO()行为的实现分散在不同的客户端，将会造成以下代码缺陷。

（1）createMealOrderDAO()代码的重复编写。因为在不同的客户端均单独实现了一次，图 3.6 所示的设计方案没有考虑代码复用，造成了重复编写相同的代码块。

（2）createMealOrderDAO()代码维护困难。同样是因为该行为分散在不同客户端造成的。当 MealOrderDAO 对象的创建方式发生变化时，假如需要增加初始化域，则势必导致需要修改所有客户端创建 MealOrderDAO 对象的行为，极大地增加了代码维护成本。

解决如上代码缺陷，可以将图 3.6 中可复用的行为 createMealOrderDAO()单独封装在一个 MealOrderDAOFactory 类中，并且该类只负责 MealOrderDAO 对象的创建与初始化，开发人员将 MealOrderDAOFactory 称为 MealOrderDAO 对象的工厂类。MealOrderDAOFactory 通过

createMealOrderDAO()方法向使用 MealOrderDAO 对象的客户端提供已创建好的产品（Product）对象（这里指 MealOrderDAO 对象），如图 3.7 所示。

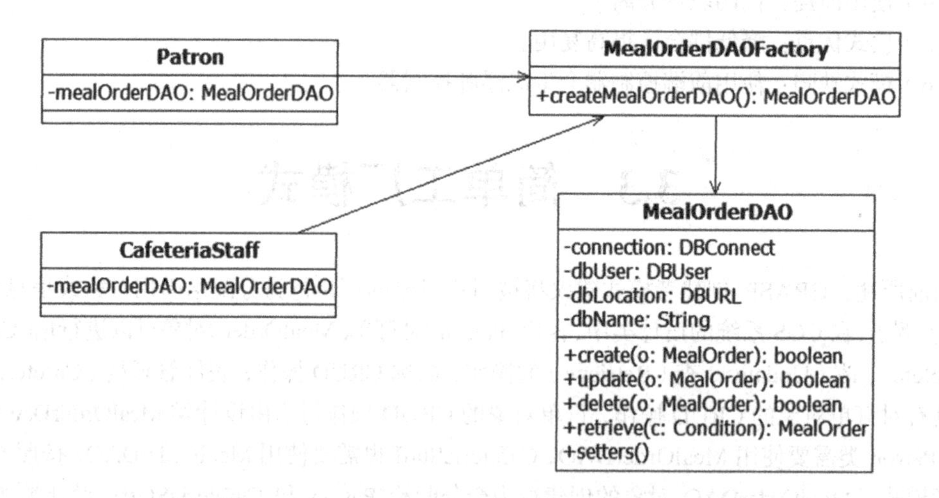


图 3.7 MealOrderDAOFactory 创建 MealOrderDAO 对象

图 3.7 中，客户类 Patron 和 CafeteriaStaff 类使用 MealOrderDAO 时，向 MealOrderDAOFactory 请求创建 MealOrderDAO 对象实例。不仅如此，其他所有使用 MealOrderDAO 对象的客户类都可以将 MealOrderDAO 对象的创建请求委托给 MealOrderDAOFactory 处理。

由于 MealOrderDAO 的创建行为进行了单独封装，在保证了创建行为一致性的同时，也向所有客户端复用了该行为。当 MealOrderDAO 创建行为需求变更时，只需要修改工厂类 MealOrderDAOFactory 的代码即可，而使用 MealOrderDAO 对象的客户端不会受到任何影响。

图 3.7 所示的设计方案即为简单工厂模式（Simple Factory Pattern），包括如下角色类。

（1）工厂（图 3.7 中的 MealOrderDAOFactory）：负责目标产品对象的创建与初始化，并向使用产品对象的客户端提供获取已创建产品对象的接口（图 3.7 中的 createMealOrderDAO() 方法）。

（2）产品（图 3.7 中的 MealOrderDAO）：向客户端提供的产品服务（图 3.7 中的 CRUD 服务）。

（3）客户端（图 3.7 中的 Patron 和 CafeteriaStaff）：使用产品服务的对象或模块。

图 3.7 中的类对象协作时序如图 3.8 所示。

如图 3.8 所示，客户端（Patron）向工厂类（MealOrderDAOFactory）请求创建目标产品（MealOrderDAO）对象，工厂创建目标产品后向客户端返回已创建的产品，客户端使用产品提供的服务完成自身的业务。

对简单工厂模式总结如下所述。

（1）模式名称：简单工厂（Simple Factory）。

（2）应用场景：确定如何实现产品对象创建行为的一致或复用。

（3）解决方案：将目标产品创建行为分配给工厂类，由工厂类向客户端提供产品对象创建服务。

（4）使用前提：无。

（5）模式优点：提高了代码复用或可维护性。

（6）模式缺陷：引入了新的工厂类。

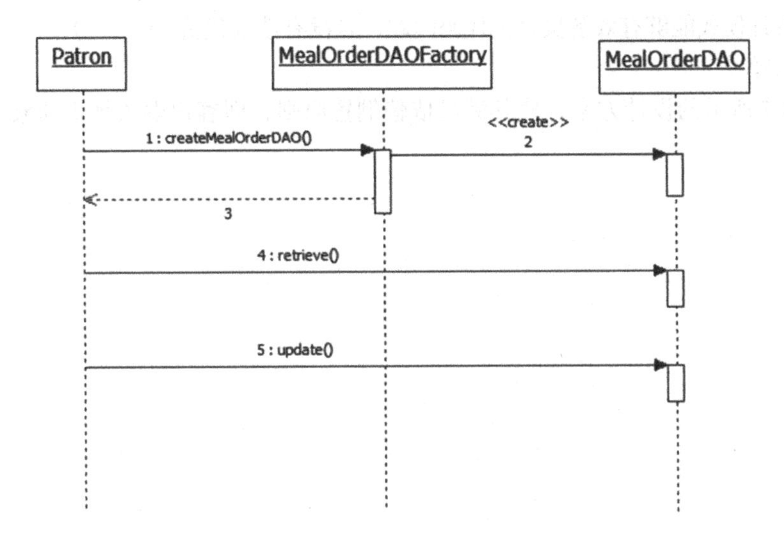


图 3.8　简单工厂模式类对象协作时序

# 3.4　总　　结

本章从设计模式的基础概念讲起，涉及软件设计模式定义、使用设计模式等，重点介绍了代码设计入门模式——通用职责分配软件模式和简单工厂模式。通用职责分配软件模式和 SOLID 面向对象设计原则类似，给开发人员提供了不同角度的代码设计方式。**在使用 GRASP 设计模式时尤其需要注意，每个模式都有不同的缺陷**。比如，按照信息专家模式设计的代码通常会违反单一职责原则，导致代码不稳定等。

简单工厂模式同样是解决对象创建行为的分配问题，可以实现代码复用，并可提高代码可维护性，是一种简单且容易使用的设计模式。而使用简单工厂模式将会向设计方案中加入新的工厂类，会增加设计类的数量或复杂度。

初学者无论使用设计原则还是设计模式，均应以问题为导向，在解决目标问题的同时，清楚地知道目标解决方案的成本（笔者称之为设计代价）。读者应使不同技术具有实用价值，而不仅仅是理论学习或知识扩展。

# 3.5　习　　题

一、判断题

1. 信息专家模式能够保证代码的封装特性，因此可以提高代码质量。(　　)

2. 控制器模式建议将事件处理与逻辑分发职责封装在控制器对象中，这样做可以降低代码耦合。(　　)

3. 创建者模式违反了单一职责原则。(　　)

4. 前端控制器比页面控制器更优。(　　)

5. 软件设计模式能够有效解决目标代码问题，且没有涉及代价。(　　)

二、设计题

改进图 3.7 所示的设计方案，使其满足依赖倒置原则，即客户端依赖于抽象，而不是具体实现。

# 第 4 章 GoF 创建型模式

GoF 设计模式分为创建型模式、结构型模式和行为型模式几大类。GoF 创建型模式有单例模式、原型模式、抽象工厂模式、构造器模式和工厂方法模式。创建型模式的意图是解决对象创建的一类设计问题。例如，要保证某个类型的对象在运行时只有一个实例，并共享给所有使用该对象的客户端，单例模式提供了针对该问题的解决方案。

## 4.1 单例模式

### 4.1.1 模式定义

**1. 定义与使用场景**

**单例（Singleton）是指目标类（Class）只有一个实例对象（Object），并且向使用该对象的客户端提供访问单例的全局方法。**软件开发过程中，可以使用单例模式的场景有如下两种。

（1）一个类只能有一个实例，并且客户端需要访问该实例。

（2）一个类的实例化代价很大，且向所有客户端提供无状态的服务（实例状态在程序中通常使用变量或域表达）或不因客户端变化而改变实例状态的服务。

场景（1）中所描述的问题可以解释为：要保证所有客户端对目标类实例使用的一致性需求，即所有客户端使用共享的实例。例如，将软件配置信息封装在一个类中，这个类的实例需要向所有客户端提供一致的配置信息。若所有客户端使用共享的目标类实例，就能保证该实例服务的一致性。

场景（2）除了保证客户端访问目标实例服务的一致性外，还考虑了对象实例化的代价。当一个类的实例化需要付出昂贵的代价（指实例化所需的时间或资源）时，而该对象向所有客户端提供的又是无状态（Stateless）服务或者提供的服务与实例状态无关。减少目标类多次实例化的代价（即不需要每个客户端在使用时都进行目标类的对象实例化），可以起到优化程序的作用。

在软件开发中解决无状态服务的问题时，有的开发人员会定义类的静态方法。但是，静态方法不能被子类重写（Override），会导致程序不能很好地表现多态特征。要想使代码具有多态特征，就需要使用实例方法向客户端提供服务，而使用单例模式可以解决这个问题。

灵活使用单例模式，还可以构造多例（Multiple Instances）模式代码。当目标类的单例因多客

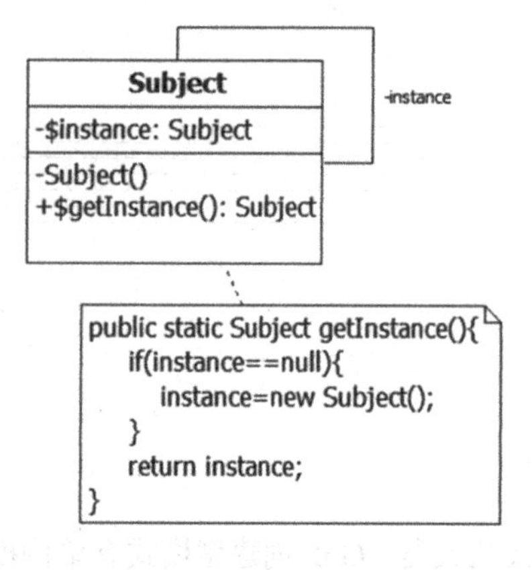

图 4.1　单例模式类结构

户端并发访问产生争用时，可以尝试构造多个目标类的实例，减少因多客户端争用目标类实例带来的程序性能损失。多例模式在技术资料中也被称为池（Pool）模式，应用案例有数据库连接池、线程池等，读者可参阅相关资料进一步学习。

**2. 类结构**

单例模式的基本类图如图 4.1 所示，单例类 Subject 定义了静态私有域 instance、私有无参构造方法和全局静态方法 getInstance()，当客户端通过 getInstance()方法访问私有域 instance 时，判断 instance 是否为 null；如果为 null，则通过私有构造方法初始化 instance；最后向客户端返回 instance。

## 4.1.2　使用单例

**1. 设计问题**

COS 系统的配置信息使用 XML 格式文件保存。COS 启动后，需要向所有客户端（Client）程序共享该配置信息，并提供配置信息访问的接口。

**2. 分析问题**

（1）需要单独设计一个配置信息类，负责封装配置信息，并向客户端提供服务。

（2）初始化配置信息类时，需要将配置信息从 XML 数据源文件中读取并解析这属于耗时操作，多次初始化会降低程序性能。

**3. 解决问题**

（1）将配置信息封装在 Configuration 类中，定义静态公共方法 getInstance()向客户端返回 Configuration 共享实例。

（2）定义私有静态方法 createInstance()进行 Configuration 共享实例的初始化。

（3）定义私有构造方法，禁止客户端直接实例化 Configuration 对象。

（4）定义私有静态域 cosConfig 存储共享实例。

（5）定义 Configuration 向客户端提供的配置信息访问接口。

**4. 解决方案**

Configuration 类图如图 4.2 所示。

Configuration 类示例代码结构如下。

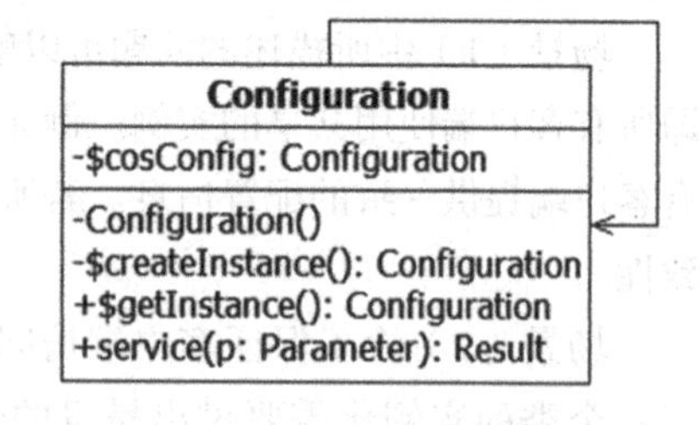

图 4.2　Configuration 单例类图

```
public class Configuration {
    //cosConfig 是静态域，在 Configuration 类首次加载时初始化
    private static Configuration cosConfig=createInstance();
    private Configuration(){}//私有构造方法
    /**
     * 创建和初始化 Configuration 对象
     */
    private static Configuration createInstance(){
```

```
        Configuration c=new Configuration();
        //解析 XML 数据源，初始化 c
        return c;
    }
    /**
     * 向客户端提供访问 c 的公共方法
     */
    public static Configuration getInstance(){
        return cosConfig;
    }
    /**
    * 向客户端提供访问配置信息的接口
    */
    public Result service(Parameter p){
       //服务实现
       //return 语句
    }
}
```

由于客户端无法直接通过构造方法创建 Configuration 对象，避免了因多次实例化 Configuration 对象和多次初始化所做的耗时操作。Configuration 类向所有客户端提供唯一的共享对象，能保证配置信息服务的一致性。

**5. 注意事项**

使用单例模式时，需要注意以下问题。

（1）编程语言中反射和序列化/反序列化可能会破坏单例特性。例如，Java 反射机制可以调用私有构造方法构造目标类对象，而 Java 序列化机制也可以对单例类进行多对象的构造。

（2）多客户端并发访问单例类时，也可能会破坏单例特性。在 Java 中，如果单例类的实例化是在第一次使用时而不是在类加载时进行的，那么并发访问的情况下，如果没有线程同步的实例化代码段，就可能会被执行多次，从而生成多个单例类的对象。

（3）在软件系统中使用过多的单例对象，会导致程序性能下降。Java 语言中单例共享对象通过静态变量进行引用，垃圾回收器无法动态回收其占用的内存资源，直到程序终止。过多的单例会大量占用程序运行时资源，造成程序性能下降。

（4）设计单例类时，并不一定要完全遵守 GoF 理论形式。例如，为了使单例类可以扩展，可将单例类的构造方法可见性定义为受保护类型（protected）。

### 4.1.3　行业案例

**1. JDK 的 Runtime 单例类**

JDK 中的 java.lang.Runtime 是一个标准的单例类，代码结构如下。

```
public class Runtime {
    //静态私有域
    private static Runtime currentRuntime = new Runtime();
    /**
     * 全局静态访问方法
     */
```

```
    public static Runtime getRuntime() {
        return currentRuntime;
    }
    /**
     * 私有无参构造方法
     */
    private Runtime() {}
    //省略其他代码
}
```

java.lang.Runtime 定义了许多实例方法，通过对象调用向客户端提供接口。每一个 Java 应用都有唯一一个 Runtime 实例，用来与应用的运行时环境交互。

**2. Hibernate 框架 SessionFactory 对象的单例构造**

开发人员在使用 Java ORM 框架 Hibernate 时，一般会将 org.hibernate.SessionFactory 对象在自己的应用中构造为单例，用于向所有客户端程序共享配置信息，其示例代码结构如下。

```
public class HibernateUtil {
        //静态私有域
    private static final SessionFactory sessionFactory = buildSessionFactory();
    /**
     * 实例构造方法
     */
    private static SessionFactory buildSessionFactory() {
            try {
                // 通过 xml 配置构建 SessionFactory 实例
                return new Configuration().configure().buildSessionFactory(
                    new StandardServiceRegistryBuilder().build() );
            }
            catch (Throwable ex) {
                //异常处理
            }
    }
    /**
     * 全局静态访问方法
     */
    public static SessionFactory getSessionFactory() {
            return sessionFactory;
    }
}
```

# 4.2 原型模式

## 4.2.1 模式定义

**1. 定义及使用场景**

**原型（Prototype）是指通过复制自己达到构造目标对象新实例的对象。**原型解决的问题是减少了设计中存在大量的相似类（也称平行类）或子类，可以实现动态地配置应用或动态地添加和删除产品，通过复制对象的方式提高了某一类型对象的创建性能。使用原型模式的场景有如下几种。

（1）一个类的实例状态只能是不同组合中的一种，而不想通过平行类或子类的方式区分不同的状态组合。

（2）业务代码中不能静态引用目标类的构造器来创建新的目标类的实例。

（3）目标类实例化代价昂贵（通常指初始化含有耗时或较高计算复杂度的操作），不同的客户端需要单独使用一个目标类的对象。

在场景（1）中，客户端使用目标类的实例时，需要根据实例状态的变化实现不同的服务类型，开发人员可以通过子类扩展或设计平行类的方式解决，但这样会增加设计类的数量。特别地，当目标类实例的状态组合较多时，将导致类爆炸（Class Explosion，指类数量过多且难以控制和实现）的后果。采用原型模式设计方案，可以减少子类或平行类的数量，从而避免类爆炸问题。

场景（2）的客户端不知道目标类的构造器或不能直接引用目标类的构造器，无法直接通过构造器创建新的目标对象；需要向客户端提供目标类原型对象，通过原型复制的方式创建新的实例。类似的需求十分常见，如，为了安全，客户端没有权限直接引用目标类的构造器构造实例；或者系统为了方便资源管理，希望通过复制原型的方式保留新对象与原型对象之间的某种联系。行业案例有版本控制工具 Git 的 clone 功能、操作系统 Linux 进程的 fork 功能等。

场景（3）描述的是，原型复制的方式在某些情况下可以提高程序的性能。因为系统在创建新对象时不需要进行对象模型的计算与构建，而是直接制作对象的副本，也没有对象初始化过程，这在一定程度上节省了新对象创建的成本，起到了程序优化的效果。

**2. 类结构**

原型模式的类结构如图 4.3 所示，客户端 Client 通过原型 Prototype 对象的 clone()方法获得新的目标实例。Prototype 可以设计为抽象类或接口，由子类实现 clone()方法，也可以设计为具体类。

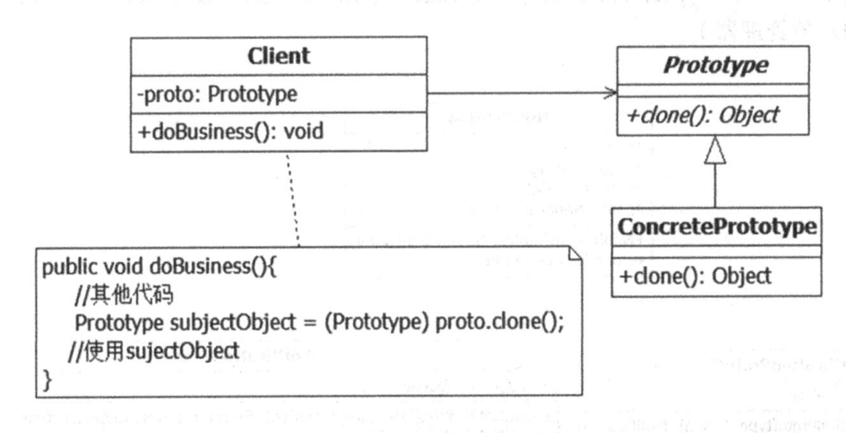


图 4.3　原型模式类结构

## 4.2.2　使用原型

**1. COS 的设计问题**

COS 的通知子系统负责发送多种类型的通知，如订单通知、系统通知、会员通知等。不同种类的通知会有不同的标题、内容和尾注。同一种类的通知又有不同的子类通知，子类通知标题、内容等不同，尾注、背景等相同，如订单通知分成不同订单状态（订单已生成、订单已支付等）的子类通知，系统通知分成不同消息级别（紧急、普通等）的子类通知。如果为每个的通知类型或子类单独设计一个类或子类，类的数量将会急剧增加。

**2. 分析问题**

（1）需要设计的类有封装通知信息的通知类、封装通知尾注信息的尾注类和负责通知发送的服务类。

（2）通知分成多种父类型，每种父类型又分成多种子类。

（3）通知发送服务发送的每个通知都需生成单独的通知实例。

（4）可以使用工厂或抽象工厂模式创建通知产品对象，但会产生大量的平行类或子类。

（5）不同种类的通知实例状态都是标题、内容、接收者、尾注等的组合。

**3. 解决问题**

（1）设计尾注类 NotificationFooter 负责封装通知尾注信息。

（2）设计通知类 Notification 负责封装通知信息，定义并实现 clone()方法完成自身对象的复制。

（3）设计通知原型管理类 NotificationProtoManager 负责管理不同种类的通知原型。

（4）设计 NotificationSender 是使用原型对象的客户端（Client）类，实现通知发送业务，每次发送通知时，通过 Notification 原型对象的 clone()方法创建新通知实例，并将通知的标题和内容等置为新状态。

（5）客户端通过 NotificationProtoManager 类获取对应类别的通知原型对象。

**4. 解决方案**

解决方案类图如图 4.4 所示。为不同类型的通知分别构造 Notification 类的原型对象，并交给原型管理器 NotificationProtoManager 管理。同一种类型的通知通过对应种类的原型对象的自身复制完成实例新建。因此，图 4.4 所示的方案就将工厂模式设计方案中的通知平行类或子类的数量从 $n$ 减少到了 1（只有一个通知原型类），同时通知对象的工厂类数量也从 $n$ 减少到了 1（只有一个通知原型对象管理器）。

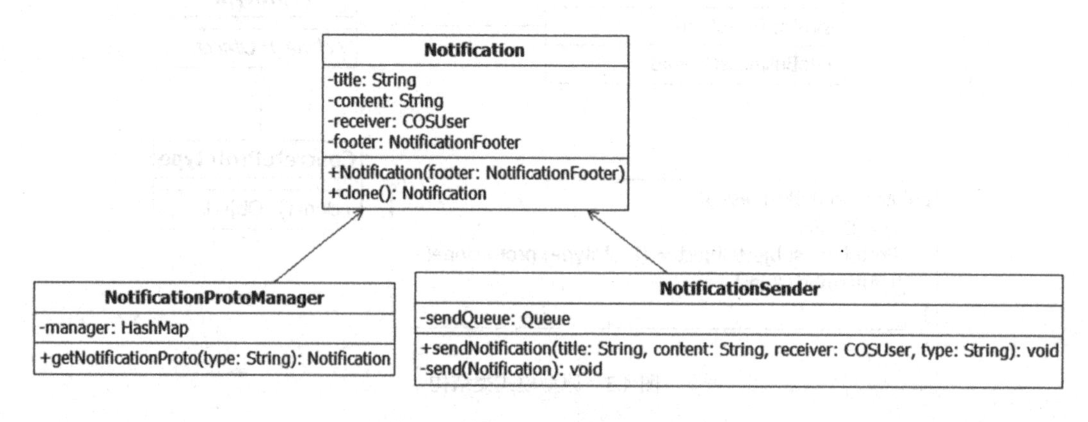


图 4.4　原型 Notification 的类结构

Notification 原型类实现了浅复制，示例代码结构如下。

```
public class Notification implements Cloneable {
    private String title;// 通知标题
```

```
    private String content;//通知内容
    private NotificationFooter footer;//通知尾注
    /**
    * setters, getters 方法略
    */
    Notification(NotificationFooter foo) {
        footer = foo;
    }
    /**
     * 克隆 Notification 对象（浅复制-shallow copy，共享 footer）
     */
    @Override
    public Notification clone() {
        try {
            return (Notification) super.clone();
        } catch (CloneNotSupportedException e) {
            //异常处理 e.printStackTrace();
        }
        return null;
    }
```

NotificationProtoManager 类负责管理原型对象，示例代码结构如下。

```
public class NotificationProtoManager {
    private static HashMap<String, Notification> manager =
                                new HashMap<String, Notification>();//原型管理器
    static {
        // 初始化订单通知的尾注对象
        NotificationFooter orderFooter = new NotificationFooter();
        //订单通知原型构造
        manager.put("order", new Notification(orderFooter));
        //其他原型构造
    }
    /**
    * 根据通知类型获取原型对象
    */
    public static Notification getNotificationProto(String type) {
        return manager.get(type);
    }
}
```

NotificationSender 是使用原型对象的客户端，示例代码如下。

```
public class NotificationSender {
    // 存储通知的发送队列
     private Queue<Notification> sendQueue = new LinkedBlockingQueue<Notification>();
    /**
     * 通过复制通知原型对象完成新通知对象的创建
     */
    public void sendNotification(String title, String content
                                        , Employee receiver, String type) {
        Notification notification =
```

```
                NotificationProtoManager.getNotificationProto(type).clone();//生成新通
知对象
        notification.setContent(content);//设置通知内容
        notification.setTitle(title);//设置通知标题
         notification.setReceiver(receiver);//设置通知接收者
           send(notification); //发送通知
    }
    /**
     * 发送通知
     */
    private void send(Notification noti) {
        sendQueue.add(noti);
        //省略其他操作
    }
}
```

**5. 注意事项**

在使用原型模式解决设计问题时，需要注意以下问题。

（1）对象复制在不同的编程语言中有深度复制（Deep Copy，也翻译成深层复制、深复制等）和浅复制（Shallow Copy，也翻译成影子复制、浅度复制、浅层复制等）的区别。例如，Java 语言中 Object 的克隆方法为浅复制，而深度复制需要手动实现。

浅复制是指对象复制自身时引用类型的变量只复制引用值，而不复制引用对象。深度复制的对象在复制自身的同时会完成引用类型变量所指向对象的复制。因此，浅复制生成的新对象与原型对象共享引用类型的域，深度复制生成的新对象与原型对象不共享引用类型的域。浅复制与深度复制的区别见示意图 4.5。

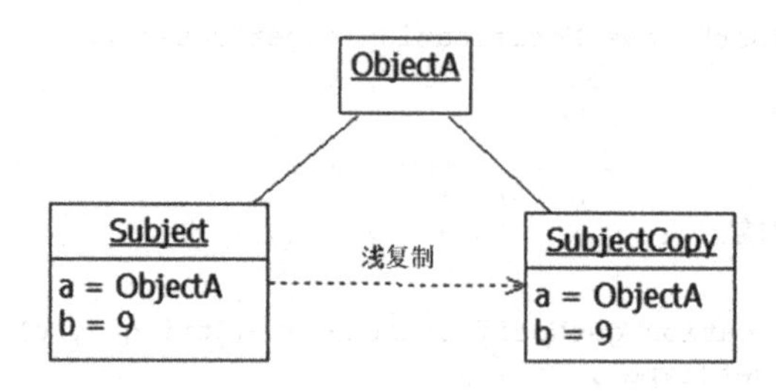


（a）Subject对象浅复制

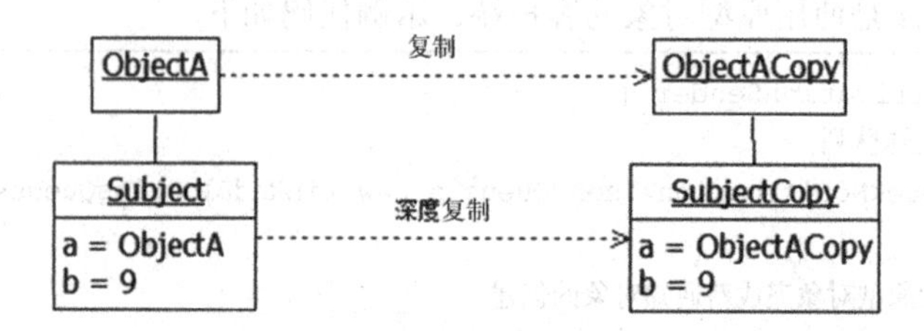


（b）Subject对象深度复制

图 4.5　深度复制与浅复制的区别

在图 4.5 中，Subject 对象 a 的作用域引用 ObjectA 对象。（a）图中的 Subject 对象实现的是浅复制，复制生成的新实例 SubjectCopy 的 a 作用域仍然指向 ObjectA 对象实例。（b）图中的 Subject 对象实现的是深度复制，复制生成新实例 SubjectCopy 时，会先将作用域 a 的引用对象 ObjectA 进行复制生成新的 ObjectACopy 实例，最后 SubjectCopy 实例的 a 作用域指向 ObjectACopy 实例。

（2）如果原型类之间有循环引用的作用域，则无法实现深度复制。假设，对象 A 的作用域引用对象 B，在实现 A 的深度复制时，需要 B 先完成复制；如果 B 的作用域同时引用 A，则 B 的深度复制也需要 A 先完成复制；这样的程序逻辑最终无法执行，既不能完成 A 的深度复制，也不能完成 B 的深度复制。

### 4.2.3 行业案例

**1. JDK 的 Vector 原型类**

JDK 中使用了大量的原型类，例如，java.util.Vector 是一个动态数组，实现 java.lang.Cloneable 接口，并重写 clone()方法，类图如图 4.6 所示。

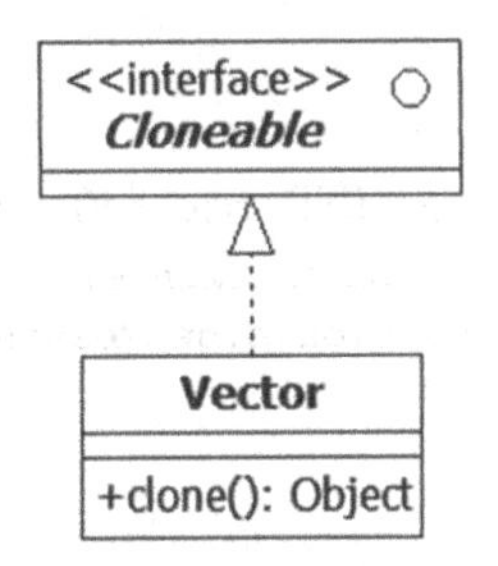


图 4.6 java.util.Vector 的类图

java.util.Vector 的代码结构如下。

```
public class Vector<E>  extends AbstractList<E>
    implements List<E>, RandomAccess, Cloneable, java.io.Serializable{
    /**
      * 对象复制方法
      */
     public synchronized Object clone() {
           try {
               @SuppressWarnings("unchecked")
               Vector<E> v = (Vector<E>) super.clone();//使用 Object 的 clone()方法
               /**
                 * 手动实现元素复制
                 * 如果 Vector 对象元素不是引用类型数据，则为深度复制
                 * 否则，为浅复制
                 */
               v.elementData = Arrays.copyOf(elementData, elementCount);
               v.modCount = 0;
```

```
            return v;
        } catch (CloneNotSupportedException e) {
            //异常处理
        }
      }
    //省略其他代码
}
```

**2. JDK 的 HttpCookie 原型类**

java.net.HttpCookie 是一个使用 Object 的 clone()方法实现浅复制的原型类。java.net.HttpCookie 负责构造 HTTP 的 Cookie，常被用于创建有状态的会话（Session）。

java.net.HttpCookie 的代码结构如下。

```
public final class HttpCookie implements Cloneable {
  /**
  * 实现浅复制
  */
  @Override
  public Object clone() {
    try {
        return super.clone();//使用Object的clone()方法
    } catch (CloneNotSupportedException e) {
        throw new RuntimeException(e.getMessage());
    }
  }
 //省略其他代码
}
```

# 4.3 构造器模式

## 4.3.1 模式定义

**1. 模式定义**

构造器（Builder）是指为构造一个复杂的产品对象进行产品组成元素构建和产品组装的对象。构造器模式将产品构造过程（或算法）进行独立封装。在实践中，复杂产品对象的构造通常不能由单一的工厂类完成，因为复杂产品通常是一个聚合对象，在构造聚合体之前，先要完成每个组合元素对象的构造，最后还要对组合元素进行组装。同时，聚合体组合元素的构建要遵循一定的算法或流程。例如，一个 HTML 页面对象由 Header、Body 和 Footer 组合而成，在构造 HTML 页面时，构造顺序为先构造 Header，再构造 Body，最后构造 Footer，完整的 HTML 页面对象是在 Header、Body 和 Footer 构造完后再进行组装而成。

**2. 使用场景**

构造器模式实现了将复杂产品对象的构造过程（或算法）与产品的具体表示相分离。使用构造器的场景有如下两种。

（1）需要将复杂产品对象的构造过程（或算法）封装在独立的代码中。

（2）对不同的产品表示复用同一个构造过程（或算法）。

场景（1）指复杂产品对象的构造过程（或算法）因某种需要由独立的对象封装。例如，为了实现产品构造过程（或算法）的可扩展性或复用性需要将产品组合元素的构造、产品构造过程（或算法）及产品的组装等分别由独立的对象封装。

场景（2）描述的是代码需要创建不同的产品表示，但这些产品的构造过程（或算法）相似或相同，可以进行构造过程（或算法）代码的复用。产品表示（Representation）是一种英文表达方式，理解起来较为抽象，一般地，不同类型的产品是不同的产品表示，不同状态的产品也是不同的产品表示。如，XML 和 JSON 结构化文本是数据封装的不同表示，因为它们内部的语法结构和标记字符等不同。

**3. 类结构**

构造器模式类结构如图 4.7 所示。将产品构造过程（或算法）封装在 Director 类中，Builder 接口定义产品聚合元素的构建行为，ConcreteBuilder 实现 Builder 接口和具体产品的组装，Product 是产品的具体表示（或类型）。Director 实现的产品构造过程（或算法）中，使用 Builder 类型对象构造产品的聚合元素，由于 Builder 是抽象接口类型，因此，同一个 Director 的产品构造过程（或算法）可以构造出不同的产品表示，从而达到代码复用或扩展的目的。

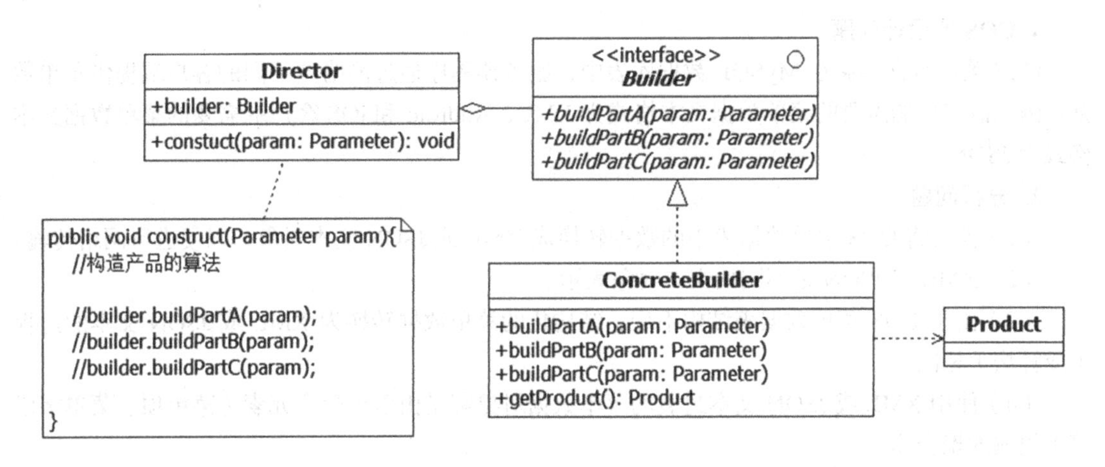


图 4.7 构造器模式类结构

在实际代码设计或实现中，使用产品对象的客户端（Client），需要先创建 Director 对象，然后选择具体的 ConcreteBuilder 对象传入 Director；客户端调用 Director 对象的 construct()方法进行目标产品的构造，ConcreteBuilder 对象对目标产品的构成元素进行构造和组装；最后，客户端使用 ConcreteBuilder 对象提供的 getProduct()接口获取完整的产品对象。构造器模式对象协作时序如图 4.8 所示。

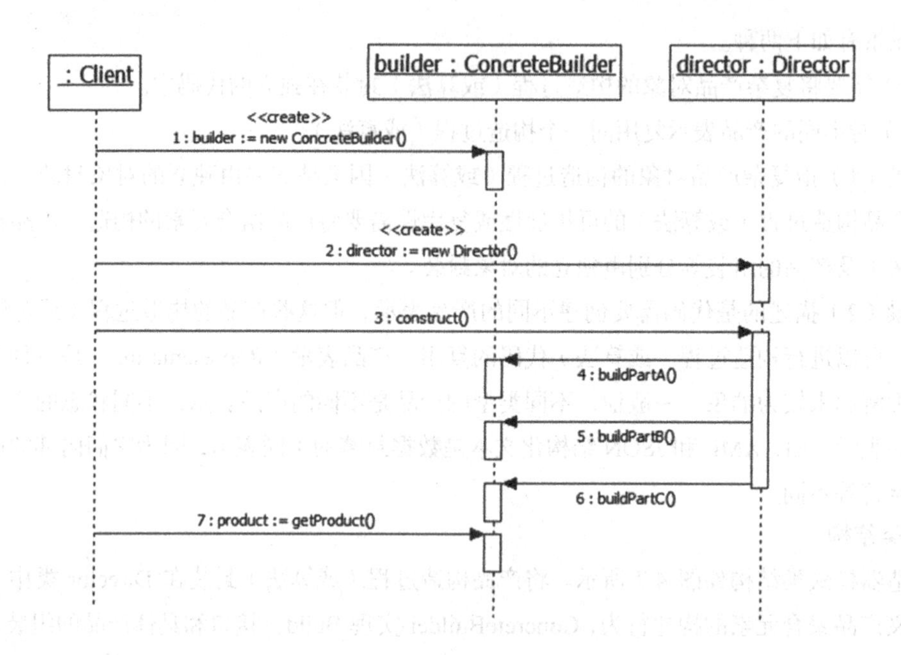


图 4.8　构造器模式对象协作时序

## 4.3.2　使用构造器

**1. COS 的设计问题**

COS 菜单数据存储在 MySQL 数据库表中，服务器程序通过网络向不同的客户端提供菜单数据；浏览器客户端需要的菜单数据文本格式为 XML，Android 和 iOS 客户端需要的菜单数据文本格式为 JSON。

**2. 分析问题**

（1）需要将 COS 菜单数据表中的数据转换成 XML 或 JSON 文本对象，以便进行网络传输。

（2）XML 与 JSON 是不同的文本对象表示。

（3）由于 COS 菜单数据表结构不变，结构化的菜单数据转换为 XML 或 JSON 文本的过程（或算法）相同。

（4）使用 XML 或 JSON 文本封装的菜单数据对象都是由多个聚合元素（菜单项、菜单字段等）组成的聚合体。

**3. 解决问题**

（1）设计 TextBuilder 接口，定义结构化菜单每个字段的文本转换行为。

（2）设计 JSONText 和 XMLText 作为 XML 和 JSON 格式文本的封装对象。

（3）设计 JSONBuilder 类，实现 TextBuilder 接口，并实现 JSONText 对象的装配和获取方法 getJsonText()。

（4）设计 XMLBuilder 类，实现 TextBuilder 接口，并实现 XMLText 对象的装配和获取方法 getXMLText()。

（5）设计 BuilderDirector 方法，封装结构化菜单数据转换过程（或算法）。

**4. 解决方案**

解决方案类图如图 4.9 所示。

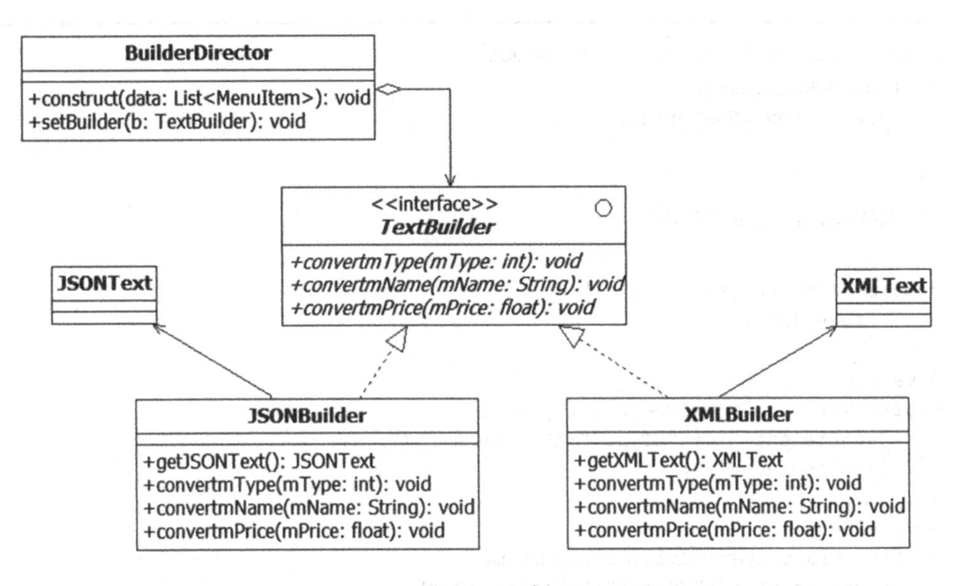


图 4.9　使用构造器构造文本对象的类结构

在图 4.9 所示的解决方案中，JSONText 和 XMLText 是不同的产品表示，需要由不同的构造器实现 JSONBuilder 和 XMLBuilder 进行构造和组装。数据源（菜单数据）结构固定，因此，可以使用 TextBuilder 接口统一定义 JSONText 和 XMLText 组合元素的构造方法。

此外，针对相同数据源的文本对象的构造过程（或算法）是相同的，使用 BuilderDirector 独立封装文本对象构造过程（或算法），可以实现 JSONText 和 XMLText 文本对象构造过程（或算法）的复用。

JSONText 和 XMLText 示例代码略。TextBuilder 是构造器接口，定义了聚合产品对象组成元素的构造行为，示例代码结构如下。

```
public interface TextBuilder {
    /**
     * 将“类型”菜单数据转换为文本
     */
    public void convertmType(int mType);
    /**
     * 将“名称”菜单数据转换为文本
     */
    public void convertmName(String mName);
    /**
     * 将“价格”菜单数据转换为文本
     */
    public void convertmPrice(float mPrice);
}
```

JSONBuilder 实现了 TextBuilder 接口，并定义了获取 JSONText 对象的方法，示例代码结构如下。

```
public class JSONBuilder implements TextBuilder {
    private JSONText json;// json 文本对象
```

```
    private String jsonElement;//json 元素
    public JSONBuilder() {
        json = new JSONText();
    }
    /**
     * 获取构造好的 JSON 文本对象
     */
    public JSONText getJsonText() {
        return json;
    }
    @Override
    public void convertmType(int mType) {
        jsonElement="\n{\"MType\":\""+mType+"\"";
        jsonElement+=",";
    }
    @Override
    public void convertmName(String mName) {
        jsonElement+="\"MName\":\""+mName+"\"";
        jsonElement+=",";
    }
    //省略其他代码
}
```

BuilderDirector 用于封装菜单数据的文本生成算法，示例代码结构如下。

```
public class BuilderDirector {
    private TextBuilder builder;//构造器
    /**
     * 调用构造器，构造目标文本对象的组合元素
     */
    public void construct(List<MenuItem> data) {
        //构造算法
        for (MenuItem mi : data) {
            builder.convertmType(mi.getmType());
            builder.convertmName(mi.getmName());
            builder.convertmPrice(mi.getmPrice());
        }
    }
    //省略其他代码
}
```

**5. 注意事项**

使用构造器模式解决复杂产品对象构造的问题时，需要注意如下事项。

（1）如果产品构造过程（或算法）不需要复用或独立封装，可以去除 Director 类，减少设计类的数量；Director 类的职责由使用 Builder 的客户端实现。

（2）不同的产品表示需要由不同的 Builder 实现进行构造和组装。因此，随着产品表示的增加，设计类将会成倍增加。如，在图 4.9 所示的方案中添加新的文本表示类型时，必须添加对应文本表示对象的构造器实现类。

## 4.3.3 行业案例

**1. JDK 的 AbstractStringBuilder 构造器类**

JDK 中的 java.lang.StringBuffer 和 java.lang.StringBuilder 都是继承抽象类 java.lang.AbstractStringBuilder 的子类，负责构造可变的字符串（String）。字符串就是由不同类型的字符组成的聚合体，包括 int、long、boolean、char 等。JDK 并没有单独实现构造器模式中的 Director 类，字符串的构造过程（或算法）由使用 java.lang.StringBuffer 或 java.lang.StringBuilder 的客户端代码实现。

java.lang.StringBuffer、java.lang.StringBuilder 和 java.lang.AbstractStringBuilder 的类结构如图 4.10 所示。java.lang.AbstractStringBuilder 是抽象构造器类，java.lang.StringBuffer 和 java.lang.StringBuilder 是构造器实现类，java.lang.String 是产品表示类。

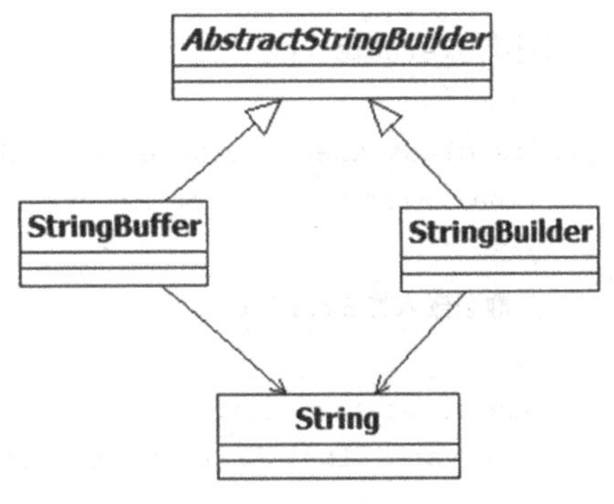


图 4.10 Java 文本构造器的类结构

以 java.lang.StringBuffer 为例，它通过 insert() 和 append()重载（Overloading）方法将不同类型的字符（即聚合元素）添加到可变字符串（即聚合体），并通过 toString()方法向客户端提供完整字符串对象，代码结构如下。

```
public final class StringBuffer extends AbstractStringBuilder
                             implements java.io.Serializable, CharSequence {
   /**
   * 向字符序列聚合体中添加 boolean 类型元素
   */
    @Override
    public synchronized StringBuffer append(boolean b) {
          toStringCache = null;
          super.append(b);
          return this;
    }
   /**
   * 装配和生成完整的 String 对象
   */
    @Override
    public synchronized String toString() {
          if (toStringCache == null) {
              toStringCache = Arrays.copyOfRange(value, 0, count);
          }
          return new String(toStringCache, true);
    }
   //省略其他代码
}
```

**2. Android SDK 的 AlertDialog.Builder 构造器类**

在 Web 开发框架和移动开发框架中也经常见到构造器模式的使用，如，Android SDK 中的 android.support.v7.app.AlertDialog.Builder 就是用于复杂产品表示 android.support.v7.app.AlertDialog

对象的构造器。android.support.v7.app.AlertDialog 是个聚合体，由 title、message、button 等元素组成。由于 android.support.v7.app.AlertDialog.Builder 只用于 android.support.v7.app.AlertDialog 对象的构造，所以 Android SDK 源码将 android.support.v7.app.AlertDialog.Builder 定义为 android.support.v7.app.AlertDialog 的静态嵌入类（Nested Class）。Android SDK 并没有为 android.support.v7.app.AlertDialog.Builder 提供 Director 类，因此，需要由使用 android.support.v7.app.AlertDialog.Builder 的客户端程序实现 Director 类的职责。android.support.v7.app.AlertDialog.Builder 代码结构如下。

```
/**
* 外部类 AlertDialog
*/
public class AlertDialog extends AppCompatDialog implements DialogInterface {
    final AlertController mAlert;//对话框控制器
    /**
    * 静态嵌入类 Builder
    */
    public static class Builder {
      private final AlertController.AlertParams P;//对话框参数
      private final int mTheme;//对话框标题
      /**
       * 设置对话框标题
       */
       public Builder setTitle(@StringRes int titleId) {
               P.mTitle = P.mContext.getText(titleId);
               return this;}
      /**
       * 装配并生成完整的 AlertDialog 对象
       */
       public AlertDialog create() {
               final AlertDialog dialog = new AlertDialog(P.mContext, mTheme);
               P.apply(dialog.mAlert);
               //省略其他代码
                return dialog;
       }
    }
}
```

android.support.v7.app.AlertDialog 与 android.support.v7.app.AlertDialog.Builder 的类关系如图 4.11 所示。

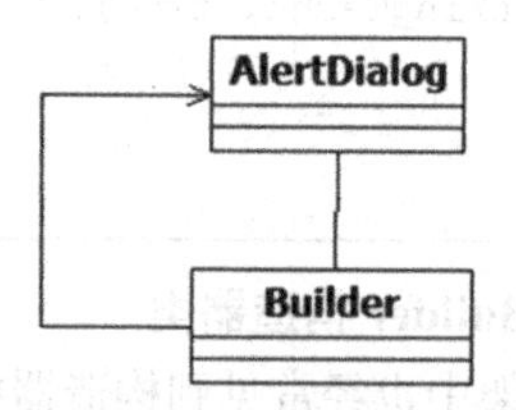


图 4.11　Android 对话框与构造器的类关系

# 4.4 抽象工厂模式

## 4.4.1 模式定义

### 1. 模式定义

**抽象工厂（Abstract Factory）指在不指定具体产品类的情况下，为相互关联的产品簇或产品集（Families of Products）提供创建接口，并向客户端隐藏具体产品创建的细节或表示的对象。**产品簇或产品集是包含若干相互联系的产品对象的集合；客户端（Client）在使用产品时，遵守产品簇的一致性原则。如，GUI（Graphical User Interface，图形用户接口）开发中使用的组件库即一个产品簇，开发人员使用 GUI 组件时，一般要遵守组件库的一致性原则，不能混用不同组件库中的组件。因为，混用不同组件库中的组件会使得代码维护困难，不能保证 GUI 样式的一致性，因需要实现不同的接口以致代码复杂度增大等。抽象工厂向客户端提供产品簇创建接口，并不需要客户端指定具体的产品类型，不仅可以向客户端隐藏具体产品的创建或表示，还可以保证产品簇中产品对象创建的一致性。

### 2. 使用场景

抽象工厂模式使用场景有如下 3 种。

（1）需要实现产品簇样式的可扩展性，并向客户端隐藏具体样式产品簇的创建或表示细节。

（2）向客户端保证产品簇对象的一致性，但只提供产品对象创建接口。

（3）使用产品簇实现软件的可配置性。

场景（1）中的产品簇具有不同的样式扩展。即，产品簇中的产品类型具有不同的子类，而客户端在使用产品簇时，并不关心产品的具体子类，只是使用产品对象。为了减少客户端代码对产品簇具体实现的依赖，需要隐藏具体的产品表示和创建过程。

场景（2）的目的是保证客户端使用产品簇对象的一致性，即客户端在使用产品簇的产品对象时，对产品对象有一致性体验需求，主要体现在外观、样式、行为等。例如，前端开发人员进行扁平风格的用户前端体验构建时，需要使用扁平样式的 GUI 组件库，而不会混用扁平样式和水晶样式的 GUI 组件库。

场景（3）主要针对于软件配置。例如，SDK（Software Development Kit，软件开发工具包/集）是开发人员所使用的产品簇，由能帮助开发人员进行软件开发的工具、程序库和文档组成，开发人员在开发目标软件时，需要配置对应的 SDK 产品簇。

### 3. 类结构

抽象工厂模式类结构如图 4.12 所示。产品簇中含有产品类型 ProductA 和 ProductB，产品簇有样式 1 和样式 2 两种不同的样式，因此，ProductA 有样式 1 的子类 ProductA1 和样式 2 的子类 ProductA2，ProductB 有样式 1 的子类 ProductB1 和样式 2 的子类 ProductB2，即 ProductA1 与 ProductB1 构成样式 1 产品簇，ProductA2 与 ProductB2 构成样式 2 产品簇。客户端 Client 在使用产品簇时，需要保证产品样式的一致性，即客户端使用样式 1 产品簇时，需要抽象工厂创建和提供 ProductA1 或 ProductB1 产品对象；使用样式 2 产品簇时，需要抽象工厂创建和提供 ProductA2 或 ProductB2 产品对象。

抽象工厂类 AbstractFactory 定义产品簇中产品对象的创建接口 createProductA()和 createProductB()。

ConcreteFactory1子类继承AbstractFactory类，实现样式1产品簇产品对象的创建；ConcreteFactory2子类继承AbstractFactory类，实现样式2产品簇产品对象的创建。

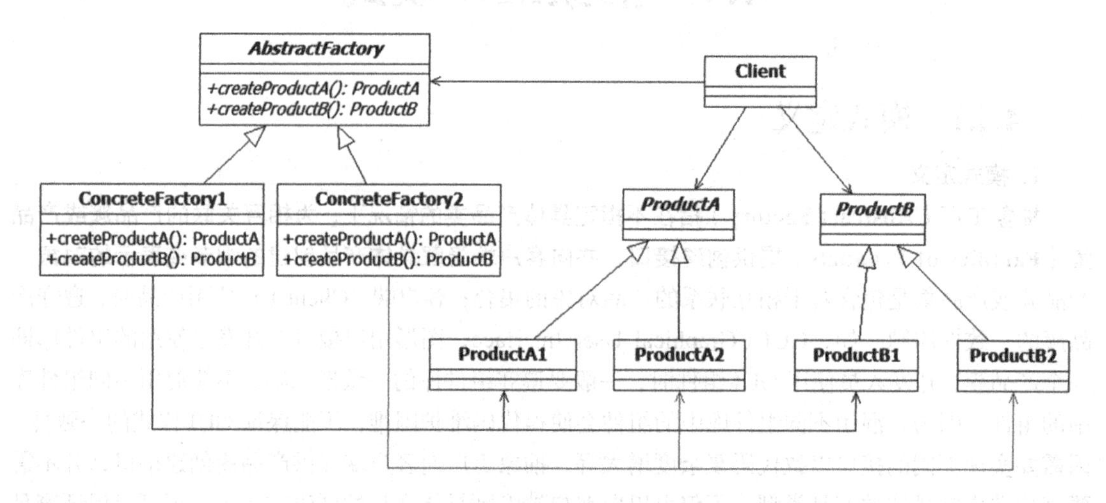


图4.12 抽象工厂模式类结构

客户端Client使用AbstractFactory类型定义的工厂对象进行产品对象的创建，工厂对象保证产品簇产品对象创建的一致性即可，Client类并不关心产品对象的具体创建过程或表示。抽象工厂模式对象协作时序如图4.13所示。

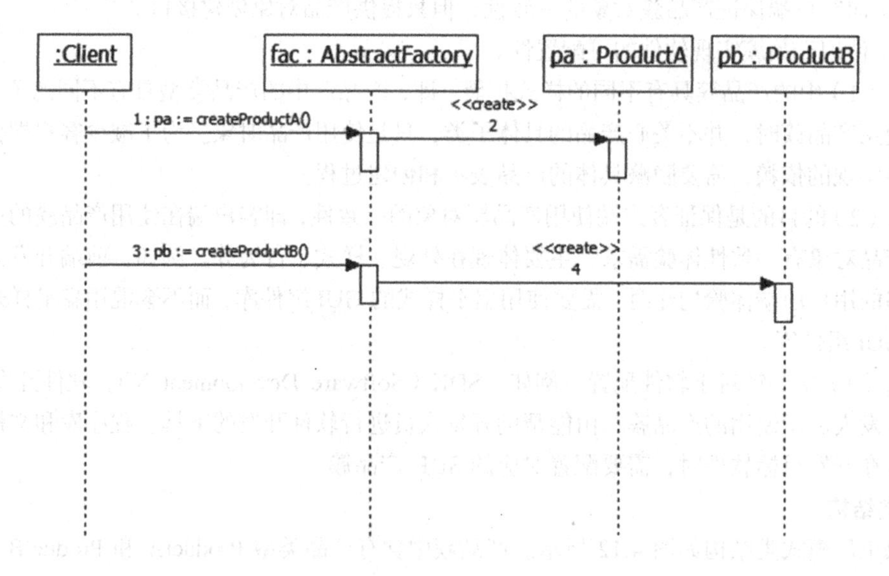


图4.13 抽象工厂模式对象协作时序

## 4.4.2 使用抽象工厂

**1. COS的设计问题**

COS系统需要实现订单数据统计展示功能，数据展示的图表类型有饼状图、柱状图和线状图，图表风格在COS 1.0版本中需实现水晶和扁平样式，但COS 2.0或后续迭代版本还需实现

3-D 样式。

**2. 分析问题**

（1）饼状图、柱状图和线状图共同构成图表产品簇。

（2）COS 1.0 图表产品簇有水晶、扁平样式，因此，每种图表类型（饼状图、柱状图和线状图）都必须实现水晶和扁平样式的子类型。

（3）COS 进行数据展示时，需要保持图表展示体验的一致性。即，如果使用水晶图表样式，所有图表（饼状图、柱状图和线状图）样式必须为水晶。

（4）COS 2.0 或之后版本中需要增加 3-D 新样式的图表产品簇，因此，代码设计方案必须具有可扩展性。

**3. 解决问题**

（1）设计图表抽象类型：Pie、Line、Bar，共同构成图表产品簇；定义图表绘制抽象行为 draw()。

（2）设计图表子类类型：CrystalBar、CrystalLine、CrystalPie 和 FlatBar、FlatLine、FlatPie 分别继承 Bar、Line 和 Pie，构成水晶样式和扁平样式的图表产品簇，并实现 draw()行为。

（3）设计抽象图表工厂类 ChartFac，定义图表产品簇中不同类型产品的创建接口 createLine()、createPie()和 createBar()。

（4）设计图表工厂实现类 CrystalChartFac 和 FlatChartFac，继承 ChartFac，分别实现水晶样式和扁平样式图表产品簇对象的创建。

（5）设计图表绘制客户类 ChartDrawer，其使用图表工厂创建图表对象，并调用图表绘制抽象行为 draw()绘制对应样式的图形。

**4. 解决方案**

具体解决方案类结构如图 4.14 所示。

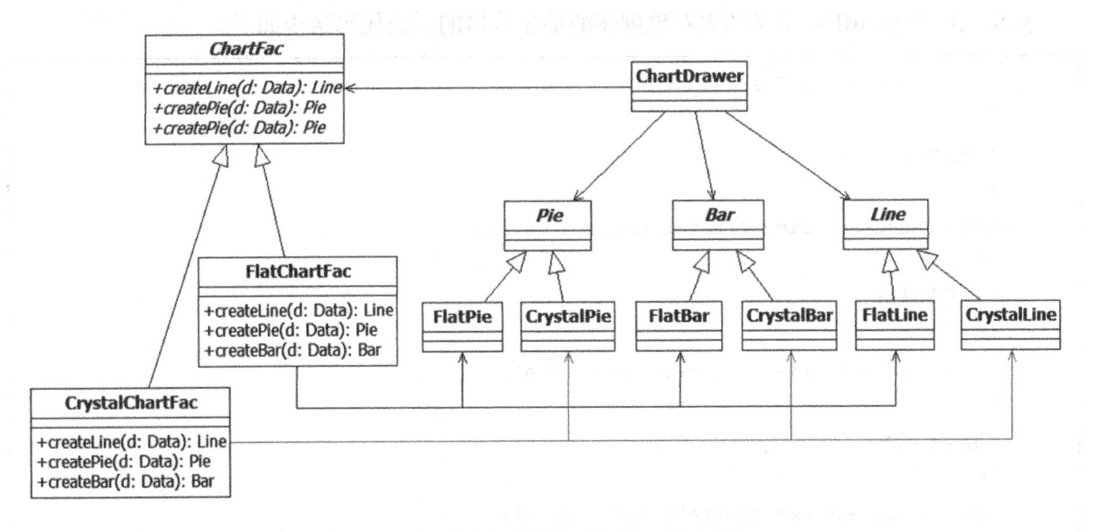


图 4.14 使用抽象工厂创建图表对象的类结构

图 4.14 中的客户类 ChartDrawer 使用抽象工厂类 ChartFac 定义的对象进行 Pie、Bar 和 Line 图表对象的创建，具有 3 个方面的优势，一是客户类 ChartDrawer 不需要耦合具体的图表产品表示（如 FlatPie、CrystalPie 等），就能使用工厂对象进行图表产品的对象创建；二是由于抽象工厂

类 ChartFac 统一定义了图表产品簇中的产品创建行为，具体产品工厂继承 ChartFac，实现扁平或水晶样式的图表产品创建，能够保证图表产品创建的一致性；三是若要增加新样式的产品簇，只需要扩展产品类型 Pie、Bar、Line 和抽象工厂 ChartFac 即可实现，符合开放/闭合原则。

Pie、Bar、Line、FlatPie 等图表产品类的示例代码在此省略。

客户类 ChartDrawer 示例代码结构如下。

```
public class ChartDrawer {
    private ChartFac  chartFac;//工厂对象
    public ChartDrawer(ChartFac fac){
        chartFac=fac;
    }
    /**
     * 绘制饼状图元素
     */
    public void drawPie(Data data){
        Pie pie=chartFac.createPie(data);
        pie.draw();
    }
    /**
     * 绘制线状图元素
     */
    public void drawLine(Data data){
        Line line=chartFac.createLine(data);
        line.draw();
    }
    //省略其他代码
}
```

抽象工厂类 ChartFac 定义图表对象创建的抽象接口的示例代码结构如下。

```
public abstract class ChartFac {
    /**
     * 创建线状图
     */
    public abstract Line createLine(Data data);
    /**
     * 创建饼状图
     */
    public abstract Pie createPie(Data data);
    /**
     * 创建柱状图
     */
    public abstract Bar createBar(Data data);
}
```

CrystalChartFac 与 FlatChartFac 类继承抽象工厂类 ChartFac，实现具体样式的图表对象创建，以 CrystalChartFac 为例，示例代码如下。

```
public class CrystalChartFac extends ChartFac {
```

```
    /**
    * 创建水晶样式的线状图对象
    */
    @Override
    public Line createLine(Data data) {
        CrystalLine line = new CrystalLine();
        line.setData(data);
        return line;
    }
    /**
    * 创建水晶样式的饼状图对象
    */
    @Override
    public Pie createPie(Data data) {
        CrystalPie pie = new CrystalPie();
        pie.setData(data);
        return pie;
    }
    /**
    * 创建水晶样式的柱状图对象
    */
    @Override
    public Bar createBar(Data data) {
        CrystalBar bar = new CrystalBar();
        bar.setData(data);
        return bar;
    }
}
```

**5. 注意事项**

虽然抽象工厂模式能为产品簇对象创建的代码设计带来好处，开发人员仍然需要注意以下问题。

（1）产品簇中抽象产品类型的增加或减少会导致已有代码的大量修改。例如，要在图 4.14 所示的设计方案中添加新的图表类型 Fan，将会导致 ChartFac、CrystalChartFac 和 FlatChartFac 类的修改。

（2）产品簇样式的增加，会导致设计类急剧增加。例如，要在图 4.14 所示的设计方案中增加 3-D 样式的产品簇，需要增加 3 个产品子类和 1 个工厂子类。

（3）由于工厂对象提供无状态服务，所以可以设计成单例。

### 4.4.3 行业案例

JDK 实现 AWT（Abstract Window Toolkit，抽象窗口工具集）时，即使用了抽象工厂模式。抽象工厂类有 java.awt.Toolkit、sun.awt.SunToolkit、sun.awt.UNIXToolkit 等，工厂实现类有：sun.awt.X11.XToolkit、sun.awt.windows.WToolkit 等，产品簇中的抽象产品类型有 java.awt.peer.ButtonPeer、java.awt.peer.CanvasPeer、java.awt.peer.DialogPeer 等，抽象产品子类有 sun.awt.X11.XButtonPeer、sun.awt.motif.XCanvasPeer 等。AWT 使用抽象工厂模式的类结构如图 4.15 所示。

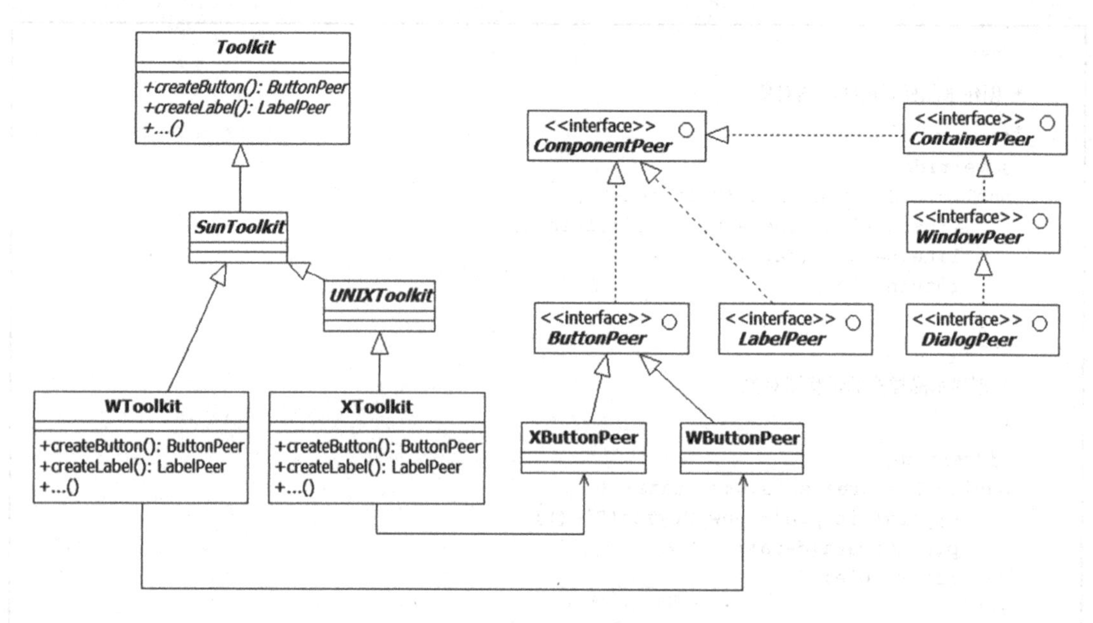


图 4.15　AWT 使用工厂模式的类结构

（注：图中省略了部分信息，省略号表示省略的其他内容）

ComponentPeer、ButtonPeer、SunToolkit 等示例代码省略，不做描述，读者可以参照 JDK 源码进一步了解。

java.awt.Toolkit 是抽象工厂类，定义了创建 ButtonPeer、LabelPeer 等产品对象的接口，示例代码结构如下。

```
public abstract class Toolkit {
    //创建 ButtonPeer 对象
    protected abstract ButtonPeer createButton(Button target) throws Headless
Exception;
    //创建 DialogPeer 对象
    protected abstract DialogPeer createDialog(Dialog target) throws Headless
Exception;
    //省略其他代码
}
```

sun.awt.X11.XToolkit 是工厂实现类，实现了 sun.awt.X11.XButtonPeer、sun.awt.X11.XLablePeer 等对象的创建，示例代码如下。

```
public final class  XToolkit extends UNIXToolkit implements Runnable {
    /**
    * 创建 XButtonPeer 对象
    */
    public ButtonPeer createButton(Button target){
        ButtonPeer peer=new XButtonPeer(target);
        targetCreatedPeer(target, peer);
        return peer;
    }
```

```
    /**
    * 创建 XLabelPeer 对象
    */
    public LabelPeer createLabel(Label target){
        LabelPeer peer=new XLabelPeer(target);
        targetCreatedPeer(target,peer);
        return peer;
    }
    //省略其他代码
}
```

# 4.5 工厂方法模式

## 4.5.1 模式定义

**1. 模式定义**

**工厂方法模式中，工厂方法（Factory Method）类定义产品对象创建接口，但由子类实现具体产品对象的创建。**在软件代码开发中，存在一些业务类实现目标任务时，需要先创建产品对象，再对目标产品对象进行业务处理的情况。例如要实现文档导出业务，需要先实现文档对象的新建，之后再实现文档内容的输出。如果文档对象有不同的子类，而文档导出的业务相同或相似，那么业务类的设计要考虑代码的可复用性。由于目标产品具有不同的子类，工厂方法类所定义的产品对象创建接口就无法直接实现具体产品对象的创建，必须由工厂方法类的不同子类实现具体产品子类对象的创建，最后由工厂方法父类封装和复用产品对象处理的业务代码。

**2. 使用场景**

工厂方法模式使用的场景有如下两种。

（1）当业务类处理产品对象时，无法知道产品对象的具体类型，或不需要知道产品对象的具体类型（产品具有不同的子类）。

（2）当业务类处理不同的产品子类对象业务时，希望由自己的子类实现产品子类对象的创建。

在场景（1）中，业务类处理产品对象业务时面临两种情况，一是无法知道产品对象的具体类型，不能直接实现产品对象的创建；二是业务类对产品对象的业务处理和具体的产品子类无关，因此不需要了解具体产品子类。例如，在 Java 编程语言中，java.io.InpuStream 和 java.io.OutputStream 在进行数据读写时根本不关心具体的数据类型，流对象只按字节方式进行读写即可，即流对象实现的数据读写业务和具体的数据类型无关。

场景（2）中的业务类知道目标产品对象有不同的子类，但不想将产品子类对象创建的代码耦合到产品处理业务中，而是让自己的子类实现产品子类对象的创建。

**3. 类结构**

工厂方法模式类结构如图 4.16 所示。

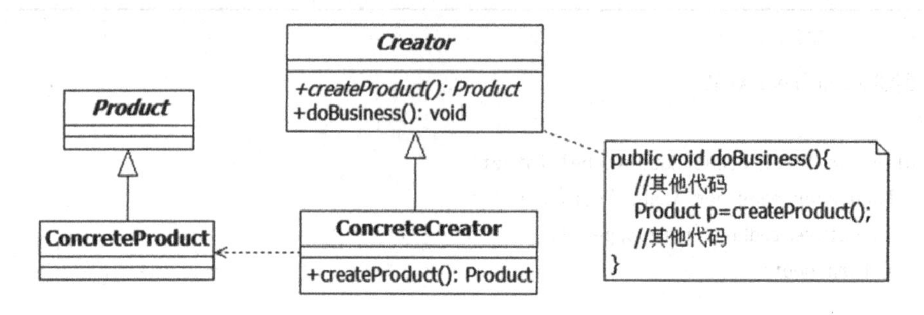


图 4.16　工厂方法模式类结构

图 4.16 中，Creator 类定义了抽象工厂方法 createProduct()，实现了业务处理方法 doBusiness()。ConcreteCreator 类继承 Creator 类，实现工厂方法 createProduct()进行 ConcreteProduct 对象的创建。Product 是产品抽象类，ConcreteProduct 类继承 Product 类，是 Product 的子类。

客户端（Client）使用 Creator 对象对目标产品 Product 对象进行业务处理时，Product 对象的创建是由 ConcreteCreator 类完成的。实际上，客户类使用的 Creator 对象指向的是 ConcreteCreator 实例，它们之间的协作时序如图 4.17 所示。

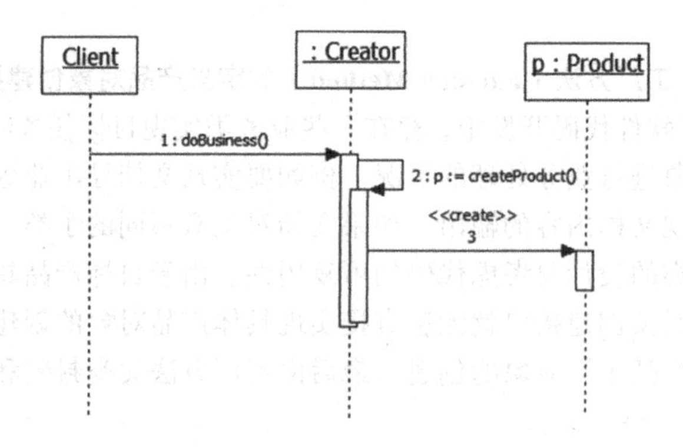


图 4.17　工厂方法模式对象协作时序

## 4.5.2　使用工厂方法

**1. COS 的设计问题**

COS 1.0 系统向客户提供订单导出功能，订单导出时可以选择导出文件类型是 Html 或 Pdf，将来的 COS 2.0 升级版本需要添加 Office Excel 导出功能。

**2. 分析问题**

（1）借助 Java 的文件输出流实现文件导出业务，文件输出流操作的数据是无格式的（不区分 Html、Pdf 或 Excel 格式），因此，导出文件过程（或算法）的业务代码可以复用。

（2）文件对象具有不同的子类（文件格式或文件编码）。

（3）为了复用文件导出过程（或算法）的业务代码，需要将其独立封装。

（4）将来会添加导出新文件类型的功能，所以设计方案必须具备可扩展性。

**3. 解决问题**

（1）设计 Document 抽象类作为抽象文件类型，并定义抽象方法 writeFileContent()，负责将格式化文件内容写入目标输出流。

（2）设计 HtmlDocument 和 PdfDocument 类，继承 Document 父类，作为 HTML 和 PDF 文件子类，分别实现 writeFileContent()方法，将 HTML 和 PDF 格式文件内容写入目标输出流。

（3）设计 DocumentCreator 抽象类，定义 exportDocument()方法，独立封装导出文件过程（或算法）的业务代码；并定义 createDocument()抽象方法，负责创建目标文件对象。

（4）设计 HtmlDocumentCreator 和 PdfDocumentCreator 类，分别继承 DocumentCreator 父类，并实现 createDocument()方法，创建 HTML 和 PDF 文件子类对象。

**4. 解决方案**

解决方案设计类图如 4.18 所示。

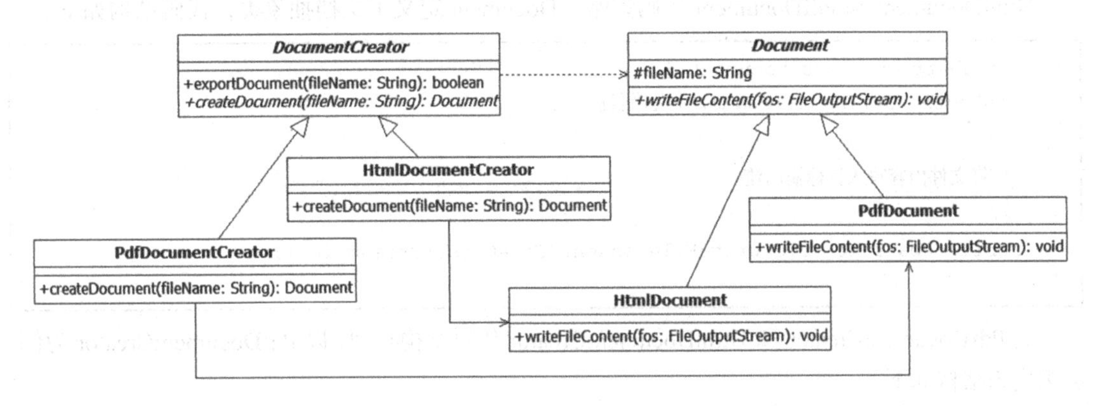


图 4.18 使用工厂方法导出不同类型文件对象的类结构

图 4.18 中，类 PdfDocumentCreator 和 HtmlDocumentCreator 分别实现 PDF 和 HTML 类型文件对象的创建，类 HtmlDocument 与 PdfDocument 分别实现将自己格式的文件内容写入目标输出流，因此，当添加 Excel 类型文件的导出功能时，只需在原有方案中扩展新的 Document 子类和 DocumentCreator 子类即可，对已有代码不会带来任何影响。

DocumentCreator 类独立封装了文件导出过程（或算法）的业务代码，可以复用到子类。DocumentCreator 类的示例代码结构如下。

```
public abstract class DocumentCreator {
    /**
    * 文件导出过程（或算法）
     */
    public boolean exportDocument(String fileName){
        boolean result=true;//导出结果
        Document doc=createDocument(fileName);//调用子类实现的方法创建 Document 对象
        try {
            FileOutputStream fos=new FileOutputStream(doc.getFileName());//创建输出流
            doc.writeFileContent(fos);//将文件内容写至输出流
            fos.close();//关闭输出流
        } catch (FileNotFoundException e) {
            result=false;
            e.printStackTrace();
        } catch (IOException e) {
```

```
            result=false;
            e.printStackTrace();
        }
        return result;
    }
    /**
    * 创建 Document 对象
     */
    public abstract Document createDocument(String fileName);
}
```

HtmlDocument 和 PdfDocument 代码省略。Document 定义了文档抽象类，代码结构如下。

```
public abstract class Document {
    protected String filename;//文档名称
    /**
     * 将文件内容写入目标输出流
     */
    public abstract void writeFileContent(FileOutputStream fos);
}
```

类 PdfDocumentCreator 和 HtmlDocumentCreator 代码结构类似，以 PdfDocumentCreator 为例，示例代码结构如下。

```
public class PdfDocumentCreator extends DocumentCreator {
    /**
    * 实现 PdfDocument 对象的创建
    */
    @Override
    public Document createDocument(String fileName) {
        PdfDocument pdf=new PdfDocument();
        Data fileData=new Data();
        pdf.setFileName(fileName+".pdf");
        pdf.setPdfFileFormatData(fileData);
        return pdf;
    }
}
```

**5. 注意事项**

工厂方法模式是软件开发中常见的代码设计方法，在使用中需要注意以下问题。

（1）当增加新的产品对象子类时，设计类会成倍增加。例如图 4.18 所示的方案，假设要增加 Document 的子类 ExcelDocument，就必须添加 DocumentCreator 新的子类，负责 ExcelDocument 对象创建。

（2）工厂方法类操作所有类型产品对象的业务行为模板一致。例如图 4.18 所示的方案，在 DocumentCreator 类中定义和实现的 exportDocument()方法是所有子类的行为模板，被所有子类复用。如果 DocumentCreator 类的某个子类导出文档的行为与 exportDocument()方法不同，则不适用工厂方法模式。

### 4.5.3 行业案例

**1. JDK 的 AbstractCollection 工厂方法类**

JDK 中使用了大量的工厂方法实现产品对象的创建，如，java.util. AbstractCollection<E>是定义了抽象工厂方法 iterator()的抽象类，并在 remove()等方法中使用 iterator()工厂方法创建的 java.util.Iterator<E>类型的产品对象实现业务操作。而 java.util.ArrayList<E>是 java.util. AbstractCollection<E>的实现子类，实现了 iterator()工厂方法，用于创建 Itr 类型的产品对象。

JDK 的 java.util.AbstractCollection<E>使用工厂方法模式的类结构如图 4.19 所示。

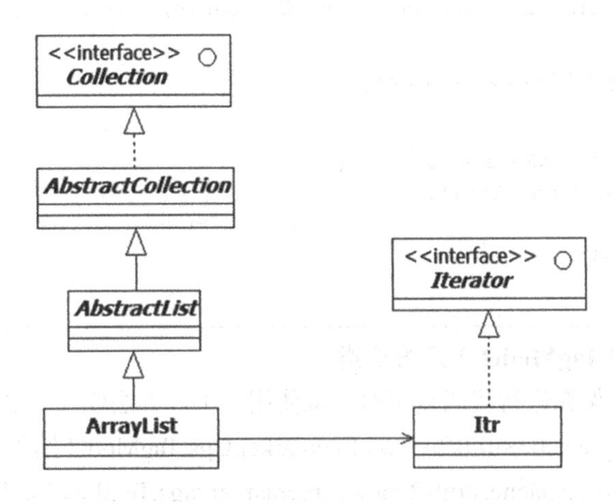


图 4.19　java.util.AbstractCollection<E>工厂方法类的结构

图 4.19 中，Itr 类实现 java.util.Iterator<E>接口，是 java.util.ArrayList<E>的内部类，实现了迭代器的功能。java.util.ArrayList<E>是 Java 编程语言中的数组链表数据结构的实现，是 java.util.AbstractCollection<E>的子类，实现了 iterator()方法，创建 Itr 类型的迭代器对象。

Itr、java.util.Iterator 等代码省略，不再表述。

java.util.AbstractCollection<E>类定义了抽象的 iterator()方法，示例代码结构如下。

```
public abstract class AbstractCollection<E> implements Collection<E> {
    /**
     * 创建 Iterator 对象的工厂方法，由子类实现
     */
    public abstract Iterator<E> iterator();
    /**
     * 使用迭代器移除指定元素的模板方法
     */
    public boolean remove(Object o) {
       Iterator<E> it = iterator();//使用 iterator()方法
       if (o==null) {
           while (it.hasNext()) {
               if (it.next()==null) {
                   it.remove();
                   return true;}}}
       else {
```

```
            while (it.hasNext()) {
                if (o.equals(it.next())) {
                    it.remove();
                    return true; }}}
        return false;}
    //省略其他代码
}
```

java.util.ArrayList<E>类实现了 iterator()方法，示例代码结构如下。

```
public class ArrayList<E> extends AbstractList<E>
    implements List<E>, RandomAccess, Cloneable, java.io.Serializable{
    /**
     * 创建具体类型的 Iterator<E>对象
     */
    public Iterator<E> iterator() {
            return new Itr();
     }
    //省略其他代码
}
```

**2. Apache Struts 的 TagModel 工厂方法类**

很多 Java Web 的框架在进行代码复用时，也使用了工厂方法模式。如，Apache Struts 框架实现标签模型时，通过 org.apache.struts2.views.freemarker.tags.TagModel 抽象类定义了抽象工厂方法 getBean()，分别由子类 org.apache.struts2.views.freemarker.tags.TextFiedModel、org.apache.struts2.views.freemarker.tags.LabelModel 等实现，创建 org.apache.struts2.components.Component 产品对象。

Apache Struts 框架使用工厂方法模式实现标签模型的类结构如图 4.20 所示。

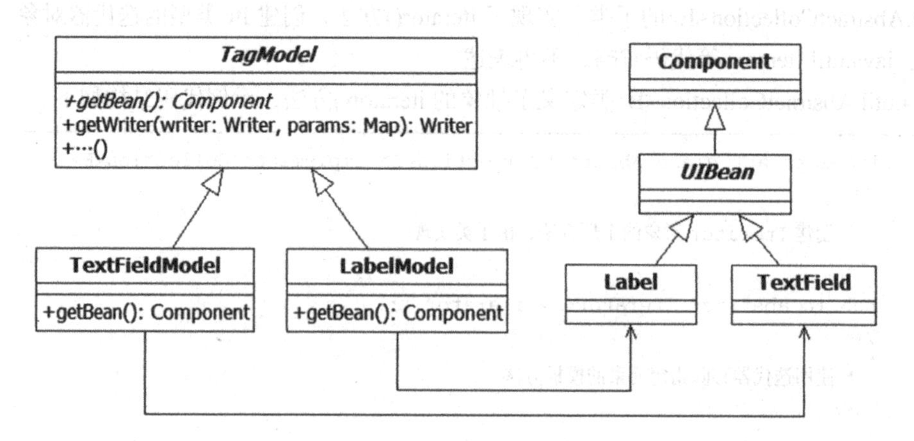


图 4.20　Apache Struts 框架使用工厂方法模式实现标签模型的类结构

（注：图中省略号代表其他信息）

图 4.20 中，Component、UIBean、Label 等产品类代码省略，不再描述。

抽象类 TagModel 定义的抽象工厂方法 getBean()被业务方法 getWriter()使用，实现 Writer 对象的构造，示例代码结构如下。

```
public abstract class TagModel implements TemplateTransformModel {
    /**
     * 构造 Writer 对象的模板方法
     */
     public Writer getWriter(Writer writer, Map params)
            throws TemplateModelException, IOException {
            Component bean = getBean();//使用工厂方法 getBean()
            Container container = (Container)
                         stack.getContext().get(ActionContext.CONTAINER);
            container.inject(bean);

            Map unwrappedParameters = unwrapParameters(params);
            bean.copyParams(unwrappedParameters);

            return new CallbackWriter(bean, writer);
    }
    /**
      * 创建 Component 对象的工厂方法
      */
    protected abstract Component getBean();
    //省略其他代码
}
```

org.apache.struts2.views.freemarker.tags.TextFiedModel 和 org.apache.struts2.views.freemarker.tags.LabelModel 等标签模型类继承 org.apache.struts2.views.freemarker.tags.TagModel 实现工厂方法 getBean()。以 org.apache.struts2.views.freemarker.tags.TextFiedModel 为例，示例代码结构如下。

```
public class TextFieldModel extends TagModel {
     /**
     * 创建具体类型的 Component 对象
     */
     protected Component getBean() {
           return new TextField(stack, req, res);//新建 TextField 类型产品对象
     }
    //省略其他代码
}
```

# 4.6　总　　结

本章主要描述了 GoF 创建型模式的定义、使用方式，解析了开源技术中创建型模式应用的行业案例。不同的创建型模式具有不同的使用场景及优缺点，在使用每个模式解决软件设计问题时需要注意，模式是提供一个面向一类问题的、可行的解决方案，而不一定是最优的设计方案。不同创建型模式的特点总结如表 4.1 所示。

表 4.1　　创建型模式特点总结

| 模式名称 | 定义 | 使用场景 |
| --- | --- | --- |
| 单例（Singleton） | 目标类（Class）只有一个实例对象（Object），并且向使用该对象的客户端提供全局访问方法。 | （1）当一个类只能有一个实例，并且客户端需要访问该实例；<br>（2）当一个类的实例化代价很大，且向所有客户端提供的服务都无状态或不因客户端的变化而改变状态 |
| 原型（Prototype） | 通过复制自己达到构造目标对象新实例的目的。 | （1）当一个类的实例状态只能是不同组合中的一种时，而不想通过平行类或子类的方式区分不同的状态组合；<br>（2）当业务代码中不能静态引用目标类的构造器来创建新的目标类的实例时；<br>（3）当目标类实例化代价昂贵，不同的客户端需要单独使用一个目标类的对象时 |
| 构造器（Builder） | 为构造一个复杂产品对象，进行产品组成元素构建和产品组装，并将产品构造过程（或算法）进行独立封装。 | （1）需要将复杂产品对象的构造过程（或算法）封装在独立的代码中；<br>（2）对不同的产品表示复用同一个构造过程（或算法） |
| 抽象工厂（Abstract Factory） | 在不指定具体产品类的情况下，为相互关联的产品簇或产品集（Families of Products）提供创建接口，并向客户端隐藏具体产品创建的细节或表示。 | （1）需要实现产品簇样式的可扩展性，并向客户端隐藏具体样式产品簇的创建细节或表示；<br>（2）向客户端保证产品簇对象的一致性，但只提供产品对象创建接口；<br>（3）使用产品簇实现软件的可配置性 |
| 工厂方法（Factory Method） | 定义产品对象创建接口，但由子类实现具体产品对象的创建。 | （1）当业务类处理产品对象业务时，无法知道产品对象的具体类型或不需要知道产品对象的具体类型（产品具有不同的子类）；<br>（2）当业务类处理不同产品子类对象业务时，希望由自己的子类实现产品子类对象的创建 |

# 4.7　习　　题

一、选择题

1. 对 JDK 中的 java.lang.Runtime 类描述正确的有（　　）。

A. Runtime 类对象是单例对象

B. 客户对象无法使用构造方法构造 Runtime 对象

C. Runtime 对象在客户对象第一次调用 getRuntime()方法时进行初始化

D. Runtime 类是 Runtime 对象的简单工厂类

2. 关于抽象工厂模式，以下说法不正确的有（　　）。

A. JDK 的 sun.awt.windows.WToolkit 是抽象工厂抽象类

B. JDK 的 java.awt.Toolkit 是抽象工厂抽象类

C. 抽象工厂类的职责是产品对象的创建，并保证产品对象创建的一致性

D. 按照抽象工厂模式设计的代码，增加新的产品对象类型时，会违反“开放–闭合”原则

3. Linux 系统中的 fork()函数实现的功能和以下哪个模式功能最相近？（ ）

A. 单例模式

B. 构造器模式

C. 原型模式

D. 工厂方法模式

4. 下面描述正确的有（ ）。

A. JDK 中的 javax.xml.parsers.DocumentBuilder 类创建的产品对象类型为 Document

B. JDK 中的 javax.xml.parsers.DocumentBuilder 类获取组装后产品对象的方法是 parse()

C. JDK 中的 java.lang.StringBuilder 类创建的产品对象类型为 String

D. JDK 中的 java.lang.StringBuilder 是构造器模式中的构造器，获取组装后产品对象的方法是 append()或 insert()

E. JDK 中的 java.lang.StringBuilder 构造器类的指导者类(Director)是其自己

二、简答题

请查看 Spring Framework 源码，绘制 org.springframework.web.util.UriComponentsBuilder 的 UML 类图结构，指出该类源码中有哪些类是构造器（Builder）类，哪些类是指导者（Director）类；并说明每个构造器所构造的产品对象类型。

# 第5章 GoF结构型模式

**GoF结构型模式通常关注如何调整设计类或对象之间的关联来达到降低代码耦合度、提高程序性能或扩展额外操作等设计目标。**例如，享元模式通过共享对象的方式降低了大规模细粒度对象对程序资源的消耗，达到了优化程序的目的。除享元模式外，本章还将介绍适配器模式、桥模式、装饰器模式、门面模式等。

## 5.1 适配器模式

### 5.1.1 模式定义

**1. 模式定义**

**适配器（Adapter）指将某种接口或数据结构转换为客户端期望的类型，使得不兼容的类或对象能够一起协作。**适配器解决的主要问题是，目标类（或对象）所提供的服务不是客户端所期望的类型，但修改客户端或目标类的代价很大。类似场景在生活中特别常见，例如，中国普通民用电源为交流电，而计算机工作电源是直流电，在这个场景中，计算机是客户端，普通民用电源是为计算机提供电源服务的对象，但提供的电源类型又不是计算机所期望的类型，解决这个问题的方案就是使用电源适配器。电源适配器将民用交流电源转换为了计算机所期望的直流电源类型。

**2. 使用场景**

适配器模式使用场景有如下两种。

（1）想要使用已存在的目标类（或对象），但它没有提供客户端所需要的接口类型，而更改目标类（或对象）或客户端已有代码的代价都很大。

（2）想要复用某个类，但使用该类的客户类信息是预先无法知道的。

场景（1）表明客户端和目标类（或对象）都已经存在，客户端需要目标类（或对象）提供的服务（可能是行为或数据），但目标类（或对象）并没有提供它所需要的接口类型。例如，在软件维护阶段，软件产品的代码已经开发完成，当有新的功能需求需要实现的时候，必须在已有代码的基础上添加新的代码，以实现新功能需求。如果新需求的代码已经实现，却因为接口不兼容等原因无法和已有代码协作，就出现了场景（1）所描述的问题。对于新需求或已有软件，假设任何一方的代码变更代价都很大，则需要一种更小代价的方式使它们能够兼容协作，适配器模式就是一种解决该类问题的可行方案。

在场景（2）中，需要复用的目标类（或对象）无法预知客户端所需要服务的接口样式，无法预先定义客户端所需要的服务接口类型。当客户端出现的时候，如果目标类（或对象）提供的接口不是所期望的类型，可以通过适配器的方式复用已存在的目标类（或对象）达到兼容协作的目的。这类场景常见于使用增量或迭代模型开发软件产品的时候。因为，在软件开发的每个阶段，都没有对最终产品进行完整的设计，迭代新的功能时会遇到原有代码接口不兼容的问题，但在没迭代新的功能前，又无法预知未来客户端需求的接口样式。

**3. 类结构**

适配器模式具有类适配器和对象适配器之分。它们的不同之处在于，引用被适配类（或对象）服务的方式不同，类适配器通过继承被适配类的方式调用目标服务，其类结构如图 5.1 所示；对象适配器通过被适配对象引用调用目标服务，其类结构如图 5.2 所示。

在图 5.1 所示的结构中，适配器类 Adapter 实现 Client 所期望的接口 Target，并继承被适配类 Adaptee。Client 期望使用的服务为 service()，Adaptee 提供的服务为 anotherService()，anotherService()通过 Adapter 转换为 service()。因此 Adaptee 不需要改变自己的服务，Client 也不需要改变自己的需求，通过添加 Adapter 类的方式，即可以较小代价使 Client 与 Adaptee 能够一起协作。

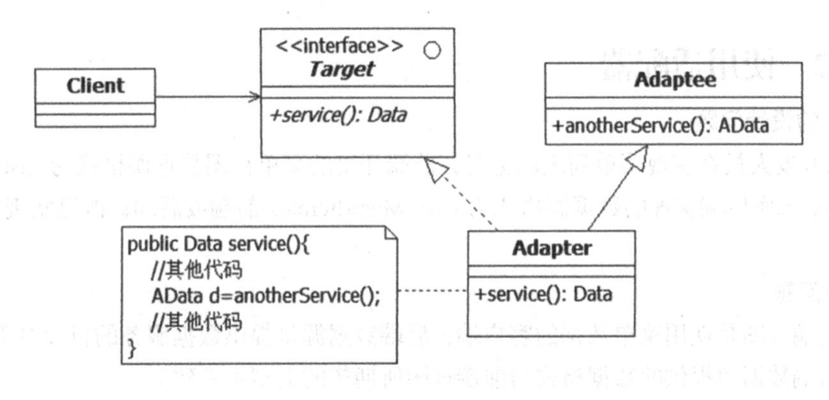


图 5.1 类适配器的类结构

在图 5.2 所示的结构中，适配器类 Adapter 实现客户端（Client）所期望的接口 Target，通过对象引用的方式使用被适配类 Adaptee 提供的 anotherService()服务。

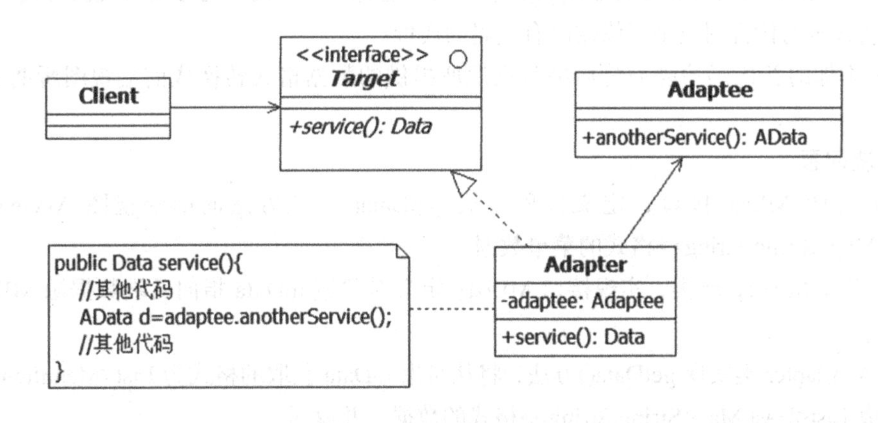


图 5.2 对象适配器的类结构

适配器模式角色类对象的协作时序如图 5.3 所示，客户端（Client）调用目标接口对象所提供的服务时，目标接口对象实际上指向的是适配器实例。之后，适配器实例调用被适配对象的服务，并转换成客户端期望的类型，最后返回。

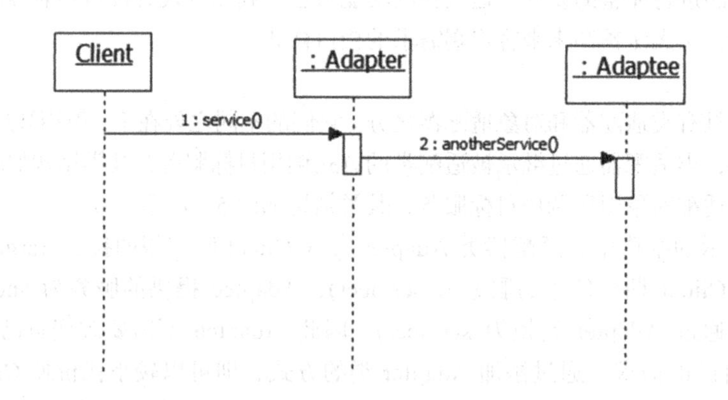


图 5.3　适配器模式中对象的协作时序

## 5.1.2　使用适配器

**1. COS 的设计问题**

COS 的开发人员在实现菜单列表浏览时，前端开发的菜单视图数据源格式为 List<HashMap<String,String>>,而后端实现的数据源格式为 List<MenuItem>，前端或后端修改已实现代码的代价都很大。

**2. 分析问题**

（1）前端视图是使用菜单数据的客户端，后端数据源是提供数据服务的目标对象。

（2）后端数据源提供的数据格式与前端视图所期望的类型不一致。

（3）前端视图代码的修改，或后端数据源代码的修改，都会付出极大代价（因为前端视图或后端数据源可能分别复用到其他模块中，一旦前端视图或后端数据源修改，所有耦合模块都有可能需要修改）。

（4）需要在不修改前端或后端代码的基础上，通过添加新代码的方式实现已有代码的兼容，并且添加新代码的代价明显小于修改已有代码的代价。

（5）添加的新代码功能为将后端数据源所提供的数据格式转换成前端视图所期望的数据格式。

**3. 解决问题**

（1）设计 MList 接口，定义抽象方法 getData()，该方法向前端视图 MViewer 提供 List<HashMap<String,String>>格式的菜单数据。

（2）设计 MAdapter 类，实现接口 MList；定义对象域 mData 指向后端数据源 MData 类的实例。

（3）MAdapter 类实现 getData()方法，将从对象 mData 获取的格式为 List<MenuItem>的菜单数据转换成 List<HashMap<String,String>>格式的数据，并返回。

（4）前端视图使用 MList 接口定义的对象获取需要显示的数据源。

**4. 解决方案**

设计方案如图 5.4 所示，MViewer 类代表客户端，MList 代表客户端所使用的目标服务类型，MData 代表提供数据源的后端类，通过添加 MAdapter 类将 MData 所提供的 List<MenuItem>格式数据转换成客户端所期望的数据格式 List<HashMap<String,String>>。从而实现在不更改 MViewer 或 MData 已有代码的基础上，以较小代价添加新类型 MAdapter，完成 MViewer 与 MData 的协作。

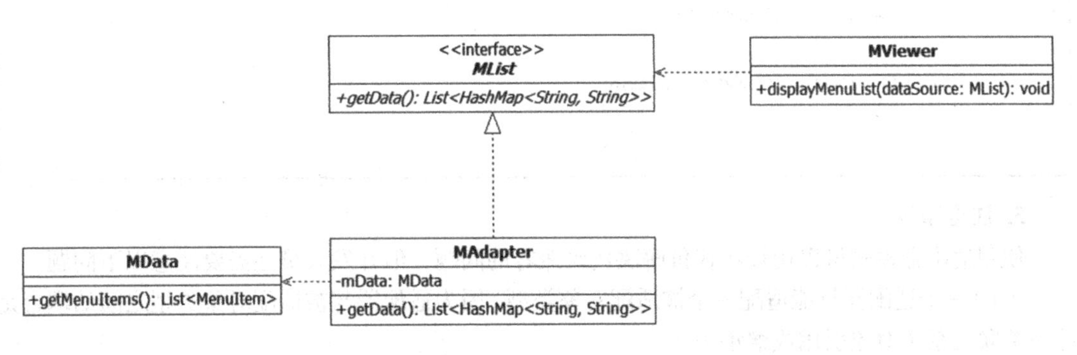


图 5.4　使用适配器适配菜单视图与数据源

图 5.4 所示方案所使用的是对象适配器类型，适配器类 MAdapter 属性域中持有指向被适配对象类型 MData 实例的引用。

MData 类及 MList 接口代码省略，不再描述。

MViewer 类代码结构示例如下。

```
public class MViewer {
    /**
    * 显示数据格式为 List<HashMap<String,String>>的菜单列表
    */
    public void displayMenuList(MList dataSource){
            List<HashMap<String,String>> data=dataSource.getData();
            //使用 data 显示菜单列表
    }
}
```

MAdapter 类代码结构如下。

```
public class MAdapter implements MList {
    private MData mData;//被适配对象
    public MAdapter(MData data){
        mData=data;
    }
    /**
     * 将 List<MenuItem>转换成 List<HashMap<String,String>>
     */
    @Override
    public List<HashMap<String, String>> getData() {
        List<MenuItem> dataSource=mData.getMenuItems();//获取数据源
```

```
        List<HashMap<String,String>> data=new ArrayList<HashMap<String,String>>();
          //类型转换
        for(MenuItem item:dataSource){
            HashMap<String,String> element=new HashMap<String,String>();
            element.put("mType", String.valueOf(item.getmType()));
            element.put("mName", item.getmName());
            element.put("mPrice", String.valueOf(item.getmPrice()));
            data.add(element);
        }
        return data;//返回转换后的数据
    }
}
```

**5. 注意事项**

使用适配器模式可以用较小代价解决代码兼容的问题，但开发人员还需要注意以下问题。

（1）一个适配器只能适配一个被适配对象类型，因为适配器与被适配对象类型之间的耦合是静态关联关系（对象引用或继承）。

（2）类适配器可以重写被适配对象类型的行为，但无法实现一对多的适配关系。因为类适配器是通过继承的方式引用被适配类的行为，对于适配器来说，只能引用从被适配类继承的行为，而无法引用被适配类子类所实现的行为。

（3）对象适配器无法重写（或覆盖）被适配对象的行为。对象适配器通过对象引用的方式使用被适配对象的行为，当被适配类有若干子类的时候，适配器可以提供一对多的适配行为（即通过父类定义的对象指向不同子类的实例）。

（4）当被适配类与客户类相互提供不兼容服务时，适配器可以实现双向适配行为。假设图5.1中的Client需要使用Adaptee提供的服务，但Adaptee所提供的服务不是Client所期望的样式；同时Adaptee类也需要使用Client类提供服务，且Client提供的服务不是Adaptee所期望的样式。那么，Adapter类需要同时做两件事情，一是将Adaptee提供的服务转换成Client需要的服务样式，二是将Client提供的服务转换成Adaptee需要的服务样式。

在支持多继承的面向对象语言中，实现双向适配器可以使用类适配的方式完成，如图5.5所示。不支持多继承的面向对象语言中，实现双向适配器可以通过对象适配的方式完成，如图5.6所示。

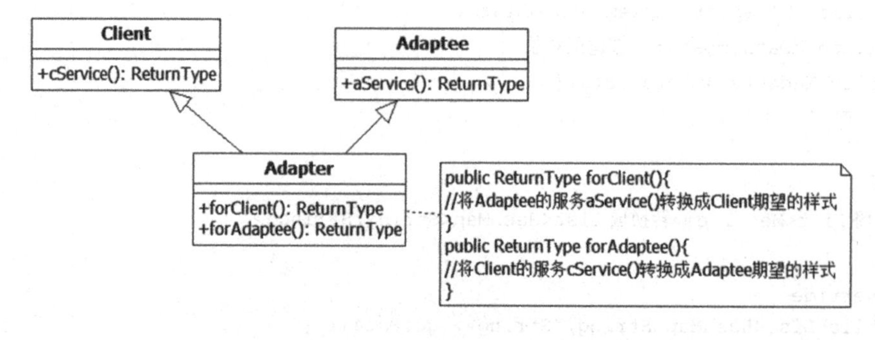


图5.5　支持多继承的面向对象语言实现双向适配

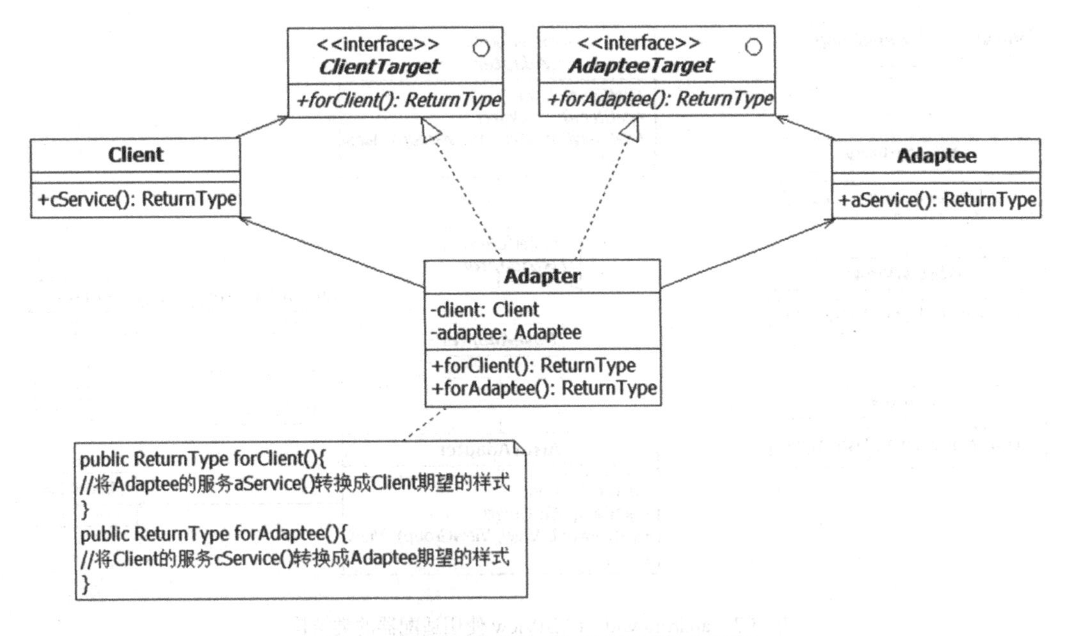


图 5.6　单继承的面向对象语言实现双向适配

### 5.1.3　行业案例

**1. Android SDK 中的适配器视图**

适配器在实际开发中常用于解决代码兼容性或可扩展性问题，一般是将一种类型的数据结构转换成另一种类型的数据结构（笔者称之为数据适配器），或将一种方法行为转换成另一种方法行为（笔者称之为行为适配器）。JDK 中使用适配器构造了大量的源码，例如，javax.xml.bind.annotation.adapters.XmlAdapter 定义了将绑定类型（如 Calendar）的数据与值类型（如 String）数据相互转换的行为等。

在 Android SDK 中，适配器视图（Adapter View）也是使用了适配器模式进行源码构造。如，android.widget.ListView 视图为了能够显示不同类型数据源的列表视图，通过接口 android.widget.ListAdapter 的实现类适配不同类型的数据源，android.widget.ListView 通过适配器 android.widget.ListAdapter 可以显示 java.util.List<T>、android.database.Cursor 等不同数据源的列表视图。

android.widget.ListView 使用适配器的类结构如图 5.7 所示。ListView 是使用数据源服务的客户类，数据源服务类型有 Cursor、List<T>等。由于不同的数据源提供的数据样式不同，且与 ListView 所期望的样式不同（如 getView()），因此，这里通过适配器 ListAdapter 将数据源服务转换成 ListView 所期望的样式，使其与不同的数据服务类型 Cursor、List<T>等一起协作，完成列表视图的绘制。

注意，图 5.7 所示类图中的适配器需要适配不同的数据服务类型，而适配器与被适配对象类型是静态绑定关系，因此，需要由不同的适配器子类分别实现一种数据服务类型的目标转换。

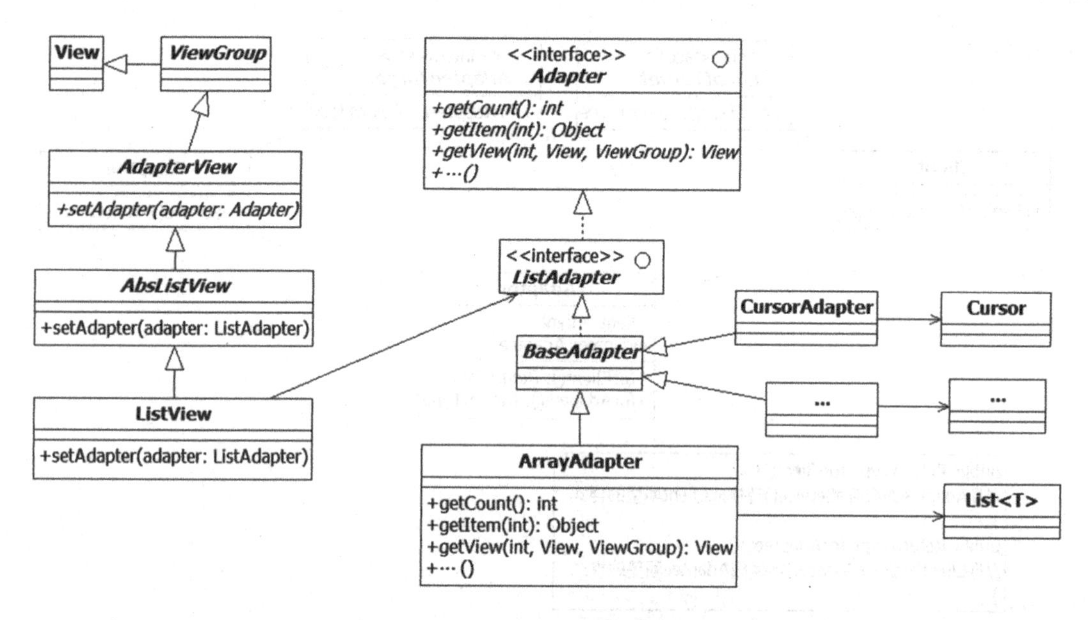


图 5.7　android.widget.ListView 使用适配器的类结构

（注：图中省略号代表其他信息）

android.widget.ListView、Cursor、List<T>等代码省略，不再描述。

适配器子类分别实现了一种数据源服务的格式适配，以 android.widget.ArrayAdapter 实现的适配行为为例，代码结构如下。

```
public class ArrayAdapter<T> extends BaseAdapter implements Filterable {
    private List<T> mObjects;//被适配对象,也是列表视图的数据源
    /**
     * 获取视图列表数据项的大小
     */
     public int getCount() {
        return mObjects.size(); }
    /**
     * 获取指定的位置的列表项
     */
    public T getItem(int position) {
        return mObjects.get(position); }
    /**
     * 构造指定位置的列表项视图
     */
     public View getView(int position, View convertView, ViewGroup parent) {
        return createViewFromResource(position, convertView, parent, mResource);
     }
     //省略其他代码
}
```

**2. Spring MVC 中的 HandlerAdapter 适配器**

Spring MVC 框架源码中也使用适配器模式构造了大量的源码，例如，org.springframework.web.servlet.DispatcherServlet 在处理 Http 请求结果时，需要渲染的视图对象类型为 org.springframe work.web.servlet.ModelAndView，但是，如果处理 Http 请求的控制器对象为 javax.servlet.Servlet 类型，请求处理结果是 service()方法返回的 void 类型；或者，如果处理 Http 请求的控制器对象是 @RequestMapping 定义的类型，则请求结果的类型可能是 org.springframework.http.HttpEntity<T>、org.springframework.ui.Model、org.springframework.web.servlet.View、java.lang.String 等中的任何一种，因此，对于 org.springframework.web.servlet.DispatcherServlet 分发器来说，它期望渲染的结果视图对象类型（org.springframework.web.servlet.ModelAndView）与控制器对象返回的结果类型可能不一致。

Spring MVC 开发人员设计源码时，采用 org.springframework.web.servlet.HandlerAdapter 适配控制器的返回结果，将所有 Http 请求结果统一适配为 DispatcherServlet 所期望的 org.springframework.web.servlet.ModelAndView 类型。Spring MVC 使用适配器模式适配不同类型控制器的类结构如图 5.8 所示。

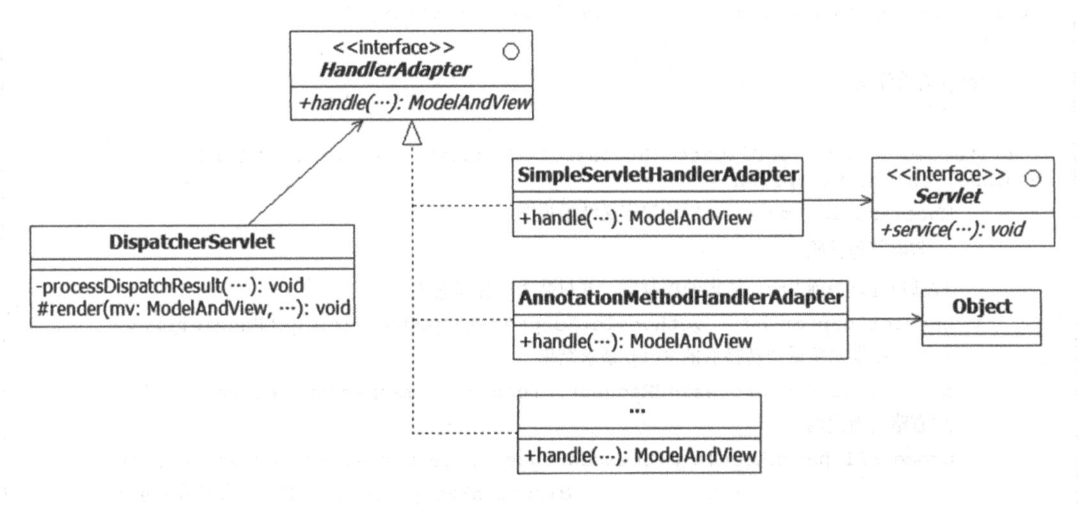


图 5.8　Spring MVC 使用适配器适配不同类型控制器的类结构

（注：图中省略号代表其他信息）

图 5.8 所示结构中使用的适配器是对象控制器类型。其中，DispatcherServlet 是客户类，实现了 Spring MVC 框架的 Http 请求分发职责，并对请求结果进行渲染，渲染的对象类型为 ModelAndView；DispatcherServlet 使用 HandlerAdapter 的 handle()服务适配控制器处理 Http 请求后的结果；HandlerAdapter 是客户端 DispatcherServlet 所期望的目标服务接口，HandlerAdapter 的子类有 SimpleServletHandlerAdapter、AnnotationMethodHandlerAdapter 等；SimpleServletHandlerAdapter 实现的 handle()服务是将 Servlet 类型控制器对象处理 Http 请求后的结果类型转换为 ModelAndView；AnnotationMethodHandlerAdapter 等子类实现的 handle()服务是将各自适配的控制器对象处理 Http 请求后的结果类型转换为 ModelAndView。

HandlerAdapter、AnnotationMethodHandlerAdapter、Servlet 等代码省略，不再详述。

HandlerAdapter 类的子类分别实现了一种类型控制器处理结果的适配，以 SimpleServletHandlerAdapter 为例；它负责将 Servlet 控制器处理 Http 请求后的返回结果类型 void 转换为 ModelAndView 类型对象，其代码结构如下。

```
public class SimpleServletHandlerAdapter implements HandlerAdapter {
    /**
     * 将 Servlet 类型控制器对象返回类型 void 转换为 ModelAndView
     */
    @Override
    public  ModelAndView  handle(HttpServletRequest  request,  HttpServletResponse
response, Object handler) throws Exception {
          //将请求委托给 Servlet 类型控制器对象处理，并对返回结果进行适配
        ((Servlet) handler).service(request, response);
        return null;
    }
}
```

Spring MVC 的分发器 DispatcherServlet 作为客户类，其代码结构如下。

```
public class DispatcherServlet extends FrameworkServlet {
    /**
    * Http 请求分发
    */
    protected  void  doDispatch(HttpServletRequest  request,  HttpServletResponse
response) throws Exception {
        ModelAndView mv = null;//定义结果视图
        //省略其他代码
        //获取处理当前 Http 请求的控制器，并封装为适配器对象
        HandlerAdapter ha = getHandlerAdapter(mappedHandler.getHandler());
        //由适配器对象返回转换后的 Http 请求结果
        mv = ha.handle(processedRequest, response, mappedHandler.getHandler());
        //省略其他代码
        processDispatchResult(processedRequest, response, mappedHandler, mv,
                                        dispatchException);// Http 请求结果分发
        //省略其他代码
    }
    /**
     * 分发 Http 请求结果，并渲染结果视图
     */
     private void processDispatchResult(HttpServletRequest request, HttpServlet
Response response,HandlerExecutionChain mappedHandler, ModelAndView mv,
                                            Exception exception) throws Exception {
        //省略其他代码
        if (mv != null && !mv.wasCleared()) {
            render(mv, request, response);//渲染结果视图
            if (errorView) {
                WebUtils.clearErrorRequestAttributes(request);
            }
        }
        //省略其他代码
    }
    /**
     * 渲染视图
```

```
    */
    protected void render(ModelAndView mv, HttpServletRequest request,
                                HttpServletResponse response) throws Exception {
        //省略渲染视图逻辑
    }
}
```

# 5.2 桥 模 式

## 5.2.1 模式定义

### 1. 模式定义

**桥（Bridge）使用组合关系将代码的实现层和抽象层分离，让实现层与抽象层代码可以分别自由变化。**面向抽象编程技术提倡客户端代码依赖于抽象层而不是实现层，这样可以降低客户端代码与实现层代码的耦合度，提高代码结构的稳定性。开发人员在实现面向抽象编程技术时，常使用接口或抽象类向客户端隐藏子类（或实现类）的实现细节，但是接口或抽象类与子类（或实现类）之间的关系是静态绑定的，属于强关联约束，即，当接口或抽象类特征（属性或行为）变化时，所有子类（或实现类）都将发生变化，因此，使用接口或抽象类进行抽象层代码与实现层代码分离时，彼此之间仍然保留了强约束关联关系。

桥模式建议使用组合关联分离实现层代码和抽象层代码，而不是接口或抽象类继承（与合成复用原则类似）。组合属于弱约束关联，聚合体和聚合元素之间可以分别自由变化，而不相互影响。即，聚合体的特征（属性或行为）发生变化时，不会影响到聚合元素；反之亦然（实际上，聚合元素行为的变化有可能会影响到聚合体，但可以通过依赖抽象的方式消除这种影响）。

### 2. 使用场景

适合使用桥模式的场景有如下 4 种。

（1）抽象层代码和实现层代码分别需要自由扩展。

（2）需要减弱或消除抽象层与实现层之间的静态绑定约束。

（3）需要向客户端完全隐藏实现层代码。

（4）需要独立封装或复用实现层代码。

场景（1）经常出现在软件视图开发中。比如，视图渲染的实现层代码需要面向不同的操作系统平台，当客户端使用视图渲染服务时，如果耦合到平台实现层代码，就需要面向不同的平台开发多个客户端程序，致使软件开发成本成倍增加；如果将抽象层代码与实现层代码分离，客户端只依赖抽象层，那么在面向不同平台扩展实现层代码时就不会影响到客户端，同样地，抽象层代码的变化也不会影响到实现层，二者可以自由扩展。

场景（2）是为了实现代码的松耦合。代码之间的静态约束是强耦合关联，出现的原因主要有两种，一是客户端代码直接依赖实现层，而不是抽象层；二是实现层与抽象层之间是静态继承或接口实现关联。具有强耦合关联的代码会增加软件开发或维护的成本，用组合（有时也称聚合）关联可以解决类似问题，桥模式就是这样一种应用组合关联进行代码解耦的方案。

场景（3）可能是出于保护实现层代码的目的。例如，JDBC（Java Database Connection，Java

数据库连接框架）的架构采用了实现层与抽象层代码分离的结构，数据库服务提供商为了保护自己的产品或保障知识产权，将数据库服务实现的细节通过 JDBC 完全隐藏起来了。抽象层与实现层之间如果存在继承或接口实现关系，它们的代码定义就会是一致的（如方法名称、返回类型等），无法完全隐藏实现层细节。采用组合关联，分离的抽象层与实现层可以分别定义自己的代码特征（如方法名称、返回类型），能够实现完全隐藏实现细节的需求。

场景（4）的实现目标与场景（3）不同，当向客户端完全隐藏实现层细节时，对实现层的复用不会对客户端带来影响。

**3. 类结构**

桥模式的类结构如图 5.9 所示。

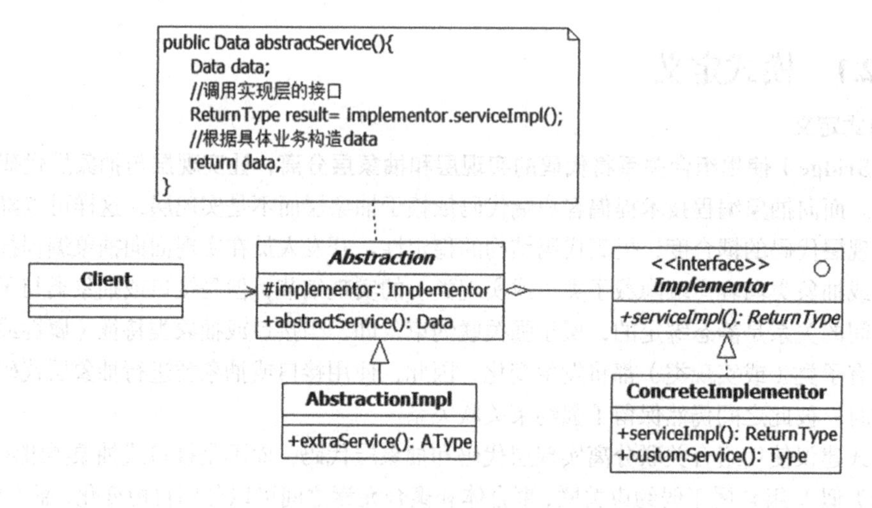


图 5.9　桥模式的类结构

图 5.9 所示的结构分成 3 个部分，分别为客户端 Client、抽象层 Abstraction 和实现层 Implementor。其中，抽象层 Abstraction 将 Client 与 Implementor 分离，示意图如图 5.10 所示。

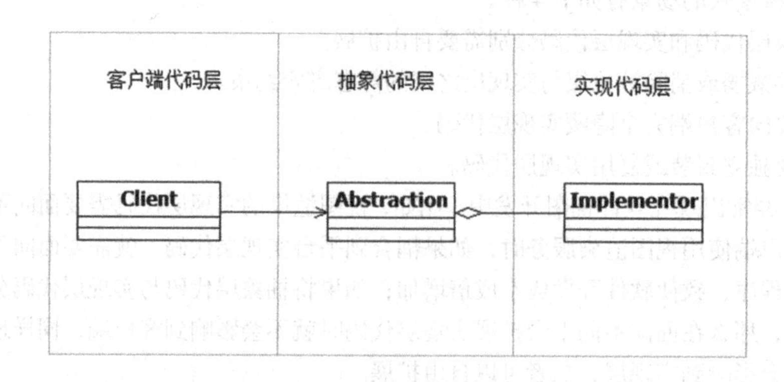


图 5.10　桥模式代码分层结构

图 5.10 所示结构中的客户端 Client 使用 Abstraction 抽象层提供的服务接口，当 Abstraction 抽象层的对象收到客户端请求后，调用 Implementor 实现层对象的接口完成业务的处理，Abstraction 向客户端隐藏了 Implementor，Client 完全不知道它的存在。

桥模式角色类对象之间的协作时序如图 5.11 所示，Abstraction 层的对象将 Client 的请求委托（或转发）至 Implementor 层的对象处理。

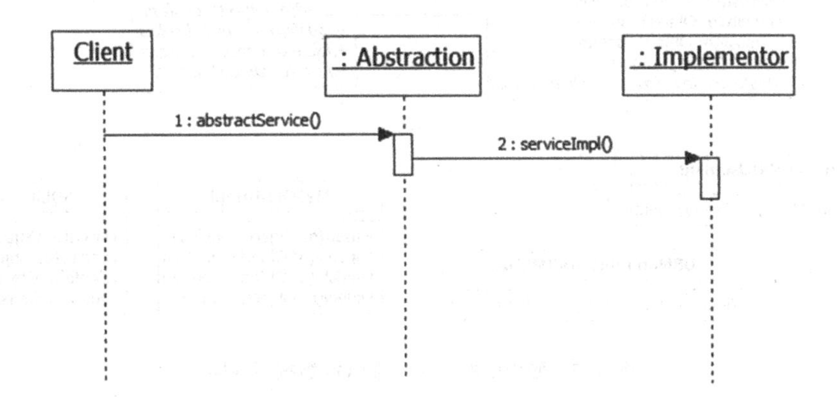


图 5.11 桥模式不同类型对象之间的协作时序

## 5.2.2 使用桥

**1. COS 的设计问题**

COS 要支持不同的关系数据库类型，将来升级时，还可能会扩展至非关系数据库，数据库访问日志不区分数据库类型，日志文件保存格式为 XML 或 JSON。

**2. 分析问题**

（1）COS 要支持不同类型的数据库，且数据服务层代码需要具有可扩展性，以备升级扩展。

（2）数据服务层实现策略有如下两种。

①由数据服务的实现层向客户端提供数据接口服务。

②由数据服务的抽象层向客户端提供数据接口服务。

（3）日志记录不区分数据库类型，可单独封装并复用至不同的数据库访问服务中。

（4）当数据库类型扩展时，应尽量减小对客户端代码的影响。

**3. 解决问题**

（1）将数据服务代码的抽象层和实现层分离，抽象层聚合实现层的数据服务接口。

（2）客户端依赖于数据服务抽象层。

（3）日志记录在数据服务抽象层实现，复用到不同类型的数据服务实现。

（4）数据服务实现层接口的实现类分别实现不同类型数据库的数据服务。

（5）数据服务抽象层的子类分别实现 XML 或 JSON 日志记录功能。

**4. 解决方案**

具体方案如图 5.12 所示。

DBManager 是数据服务抽象类，所有客户端的数据服务请求均提交至 DBManager 类的对象。子类 DBManagerWithJsonLog 和 DBManagerWithXmlLog 分别继承 DBManager，实现 JSON 和 XML 格式的日志记录。当 DBManager 类的对象收到客户端的数据请求后，将其转发至 DMImpl 类的对象处理。DMImpl 类定义了数据服务实现层接口，每一种数据库类型的数据访问实现分别用一个实现类封装，如 MySQLDBImpl 实现了 MySQL 数据库数据访问细节等。

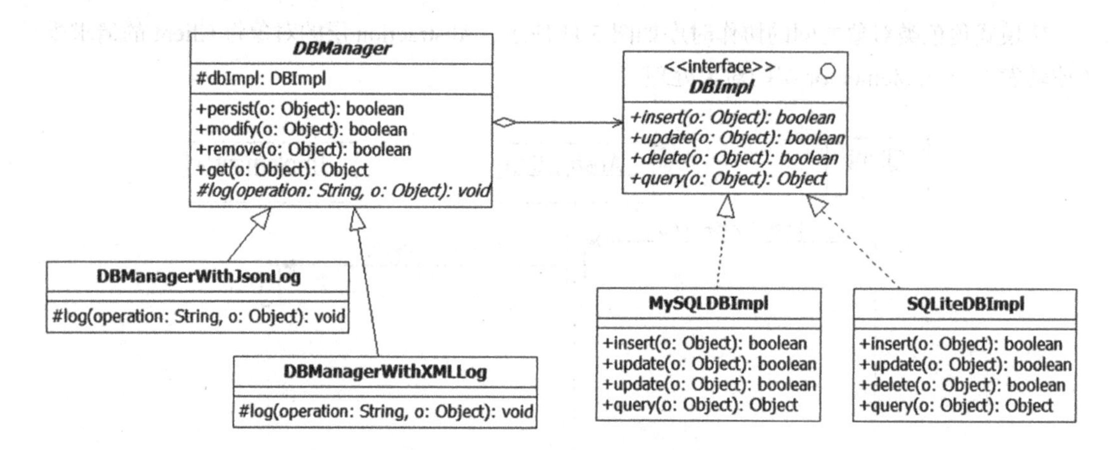


图 5.12　使用桥模式设计的 COS 数据服务层

图 5.12 所示的方案将 COS 数据服务模块分成抽象层 DBManager 和实现层 DBImpl，DBManager 将客户端与 DBImpl 分离，因此 DBImpl 实现层的变化不会直接影响到客户端；DBManagerWithJsonLog 和 DBManagerWithXmlLog 封装了日志记录功能，可以复用到所有实现层 DBImpl 的数据服务接口。

DBManager 定义所有客户端需要的数据服务接口，并将客户端的数据服务请求转发至数据服务实现层 DBImpl 处理，示例代码结构如下。

```
public abstract class DBManager {
    protected DBImpl dbImpl;// 数据库访问的实现
    /**
     * 向数据库中持久化一个对象
     */
    public boolean persist(Object o) {
        log("插入一个对象",o);
        return dbImpl.insert(o);
    }
    /**
     * 修改数据库中已有对象
     */
    public boolean modify(Object o) {
        log("修改一个对象",o);
        return dbImpl.update(o);
    }
    /**
     * 从数据库中删除一个对象
     */
    public boolean remove(Object o) {
        log("删除一个对象",o);
        return dbImpl.delete(o);
    }
    /**
     * 根据条件查询数据对象
     */
    public Object get(Object o) {
```

```
        log("获取数据对象",o);
        return dbImpl.query(o);
    }
    /**
     * 数据库访问日志记录
     */
    protected abstract void log(String operation,Object o);
}
```

DBImpl、MySQLDBImpl 等分别定义和实现了具体数据库的数据访问服务接口，以 MySQLDBImpl 为例，其代码结构如下。

```
public class MySQLDBImpl implements DBImpl {
    /**
     * 将对象数据持久化到 MySQL 数据库
     */
    @Override
    public boolean insert(Object o) {
        boolean result;//持久化结果
        /**
         * 解析 o,生成面向 MySQL 表的 SQL 语句
         * 省略访问 MySQL 数据库等代码
         */
        return result;
    }
    /**
     * 修改 MySQL 表中的对象数据
     */
    @Override
    public boolean update(Object o) {
        boolean result;//访问结果
        /**
         * 解析 o,生成面向 MySQL 表的 SQL 语句
         * 省略访问 MySQL 数据库等代码
         */
        return result;
    }
    //省略其他代码
}
```

DBManagerWithJsonLog 和 DBManagerWithXmlLog 实现了数据访问日志记录功能，以 DBManagerWithJsonLog 为例，其代码结构如下。

```
public class DBManagerWithJsonLog extends DBManager {
    /**
     * 将对象 o 的访问 operation 以 JSON 格式记录在日志文件中
     */
    @Override
    protected void log(String operation,Object o) {
        //生成 operation 和 o 的 JSON 日志
    }
}
```

**5. 注意事项**

桥模式提供了一种可行的代码解耦合方案，在实际使用时，开发人员还要注意以下问题。

（1）分离抽象层和实现层会增加大量的设计类。特别地，过度设计会带来大量不必要的设计类，使设计方案变得复杂或抽象，不仅会抵消设计方案的好处，还会增加软件开发成本。

（2）反射（Reflection）和依赖注入（Dependency Injection）等技术对解耦有帮助。使用桥模式设计的代码，实现层对象仍然需要构造，为了尽可能减少实现层与抽象层之间的耦合，许多 Java Web 框架（如 Spring IoC）通过反射和依赖注入等技术解决对象构造和依赖关联的问题。

（3）实现层的实现类可以同时实现（或继承）抽象层接口（或抽象类）和实现层接口（或抽象类），这样做能减少设计类的数量，但也增加了实现层与抽象层之间的耦合度。

## 5.2.3 行业案例

**1. JDBC 框架中的桥模式应用**

JDBC 框架采用了桥模式设计策略，向应用开发人员开放统一的数据访问接口，具体数据服务实现则是由数据库服务生产商完成。一方面，JDBC 解耦了客户端程序代码与数据服务实现代码，使两者可以自由扩展；另一方面，JDBC 向客户端完全隐藏数据服务实现细节，达到保护数据库服务生产商的知识产权或代码的目的。使用 JDBC 框架实现数据访问的应用架构示意图如图 5.13 所示。

Application 应用中使用 JDBC 数据服务接口的代码称为客户端 Client，数据服务的实现则由数据库 DB 组件中的数据库引擎（DBEngine）完成。JDBC 定义了 Client 需要的所有数据服务接口，作为抽象层将 Client 与数据服务实现层 DB 分离。

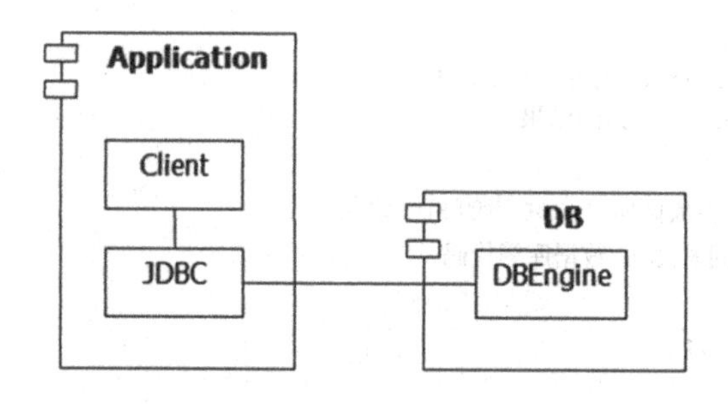


图 5.13 使用 JDBC 实现数据访问的应用架构

**2. JDK 的 AWT 框架中的桥模式应用**

JDK 中也使用了桥模式构造部分代码，例如，AWT 框架使用桥模式构造视图框架组件源码结构，其中，视图框架组件源码由 java.awt.Component 定义的抽象层和 java.awt.peer.ComponentPeer 定义的实现层组成。

开发人员使用 AWT 视图组件抽象层暴露的接口定义和使用组件对象（如 java.awt.Button、java.awt.Label 等），实现层代码面向不同的操作系统平台实现具体组件的行为。例如，sun.awt.windows.WButtonPeer 实现了 Windows 操作系统上按钮组件的行为，当 java.awt.Button 对象收到客户端程序的设置标签 setLabel()请求时，如果程序运行在 Windows 平台上，它会将该请求转发给 sun.awt.windows.WButtonPeer 对象处理。

AWT 视图框架中桥模式的类结构如图 5.14 所示。

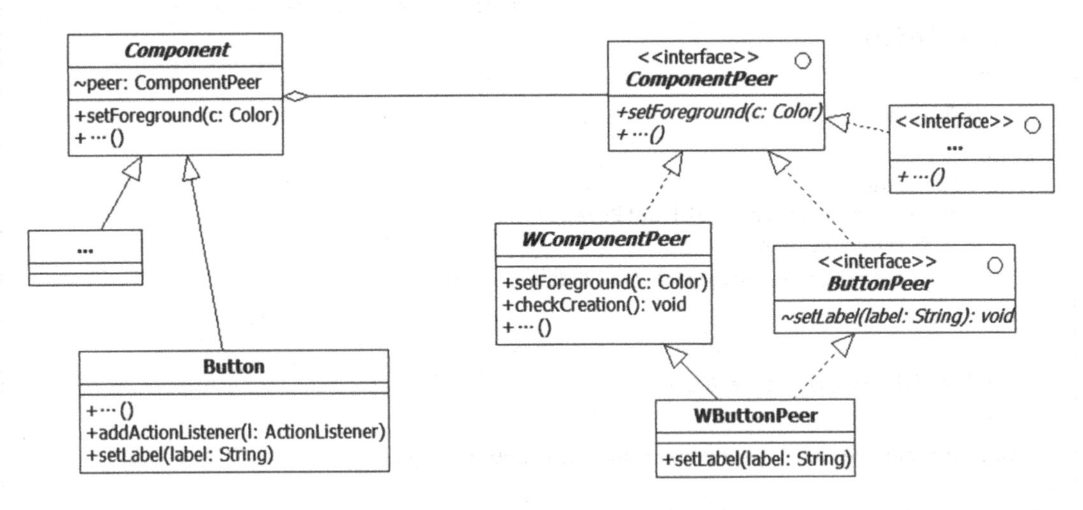


图 5.14　AWT 视图框架使用桥模式的类结构

（注：图中省略号代表其他信息）

图 5.14 所示结构中的 Component 及子类 Button、Label 等组成了 AWT 视图框架的代码抽象层，ComponentPeer 及其实现类 WButtonPeer、WLabelPeer 等组成了 AWT 视图框架的代码实现层。基于抽象层代码的隔离，AWT 组件的客户端程序能够实现跨平台运行。

java.awt.Component 抽象类定义了客户端所需要的视图组件服务接口，委托 ComponentPeer 对象实现客户端请求的具体处理，代码结构如下。

```
public abstract class Component implements ImageObserver, MenuContainer,
                                           Serializable{
    transient ComponentPeer peer;//指向实现层 ComponentPeer 的引用
    //省略其他代码
    /**
     * 设置组件的前景色
     */
        public void setForeground(Color c) {
            Color oldColor = foreground;
            ComponentPeer peer = this.peer;//引用 ComponentPeer
            foreground = c;
            if (peer != null) {
                c = getForeground();
                if (c != null) {
                    peer.setForeground(c);//委托 ComponentPeer 实现设置前景色的功能
                }
            }
            firePropertyChange("foreground", oldColor, c);
    }
}
```

java.awt.peer.ComponentPeer 定义了实现层组件行为，由子类实现面向具体平台的组件行为，以面向 Windows 平台的 java.awt.peer.WComponentPeer 为例，代码结构如下。

```
public abstract class WComponentPeer extends WObjectPeer implements
                                            ComponentPeer, DropTargetPeer{
    //省略其他代码
    /**
     * 设置组件前景色的实现
     */
       @Override
       public synchronized void setForeground(Color c) {
           foreground = c;
           _setForeground(c.getRGB());//调用native方法
    }
    /**
      * 设置组件前景色的native方法
      */
    private native void _setForeground(int rgb);
}
```

java.awt.Button、java.awtLabel 等是 AWT 视图框架抽象层组件类型的扩展，向客户端提供视图接口服务，以 java.awt.Button 为例，其代码结构如下。

```
public class Button extends Component implements Accessible {
     //省略其他代码
       /**
         * 设置按钮标签
         */
       public void setLabel(String label) {
          boolean testvalid = false;
          synchronized (this) {
              if (label != this.label && (this.label == null ||
                                     !this.label.equals(label))) {
                  this.label = label;
                  ButtonPeer peer = (ButtonPeer)this.peer;//引用ButtonPeer
                  if (peer != null) {
                      peer.setLabel(label);//调用ButtonPeer设置标签实现方法
                  }
                  testvalid = true;}
              }
          }
       }
      /**
        * 添加动作监听器
        */
    public synchronized void addActionListener(ActionListener l) {
          if (l == null) {
              return; }
          actionListener = AWTEventMulticaster.add(actionListener, l);
          newEventsOnly = true;
    }
}
```

# 5.3　组合模式

## 5.3.1　模式定义

**1. 模式定义**

**组合（Composite）是指使用组合和继承关系将聚合体及其组成元素分解成树状结构，以便客户端在不需要区分聚合体或组成元素类型的情况下使用统一的接口操作它们。**

首先，客户端需要使用聚合体及其组成元素，但不想区分它们的类型。如，在视图开发过程中，复合视图通常由多个子视图元素组成，客户端绘制复合视图或子视图并不想区分视图的具体类型，只需委托视图对象完成自己的绘制。使用统一的接口绘制复合视图或子视图，能够大大简化客户端的代码结构。

其次，聚合体及其组成元素能够分解成树状结构，即通过继承、组合等方式，聚合体及组成元素可以以树状结构设计。树状结构要求有根节点，子节点都继承根节点，子节点可以聚合形成聚合体，聚合体也是子节点。

**2. 使用场景**

使用组合模式的场景有如下两种。

（1）为了方便聚合体对聚合元素的管理，要将聚合体及组成元素用树状结构表达，并且能很容易地添加新的聚合元素类型。

（2）为了简化代码结构，客户端要以统一的方式操作聚合体及其组成元素。

在场景（1）中，聚合体与聚合元素之间的关系以树状结构表达，是为了方便聚合体对聚合元素的管理。如，当聚合体进行资源管理时，使用树的遍历方式能够方便地实现对子节点的操作。由于软件需求不稳定性，常常需要对聚合元素的子类进行扩展，比如，前端视图子系统在新迭代阶段通常会扩展出新的组件类型，而新的视图组件仍然需要聚合在视图容器中，以便使用或管理。

场景（2）的目标是简化客户端操作聚合体或聚合元素的代码结构。客户端在操作聚合体或聚合元素时，不因聚合体或聚合元素类型不同而改变操作过程（或算法）。这时，可以将聚合体和聚合元素抽象成相同的对象类型，从而简化客户端的代码结构。

**3. 类结构**

组合模式的类结构如图 5.15 所示。

Composite 是聚合体类型，Leaf 是聚合元素叶节点类型，它们共同抽象为统一的 Component 接口向客户端 Client 提供 service()服务。请注意，Composite 聚合体类型需要管理聚合元素，因此定义了 add()、remove()等聚合元素管理行为，聚合元素管理的数据结构可以是 List 或其他集合类型。

当客户端 Client 操作组合元素 Leaf 或聚合体 Composite 时，并不用区分它们的具体类型，只作为 Component 类型即可。Component 类型的对象处理客户端请求的方式有两种，如果接收客户端请求的 Component 对象是 Leaf 类型的实例，则直接处理请求并响应客户端；如果接收客户端请求的 Component 对象是 Composite 类型的实例，则将请求转发至其内部的聚合元素。组合模式对象协作时序如图 5.16 所示。

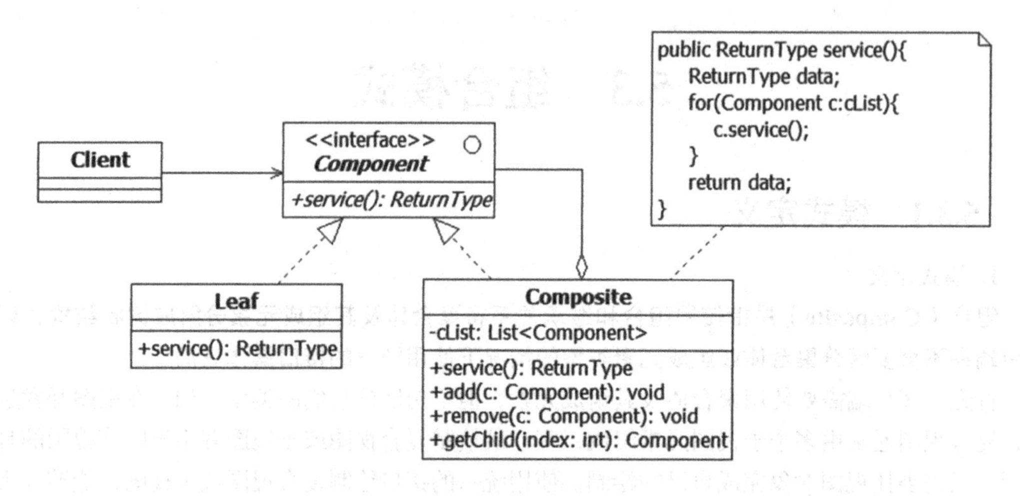


图 5.15　组合模式类结构

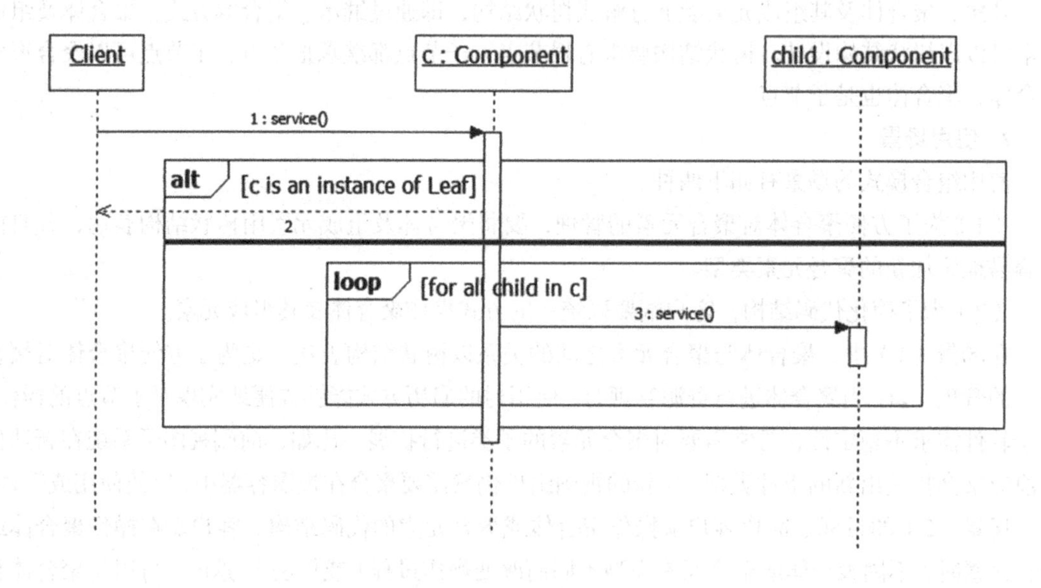


图 5.16　组合模式对象协作时序

## 5.3.2　使用组合

**1. COS 的设计问题**

COS 系统显示订单数据统计视图时，采用分页方式浏览，每个统计页面由若干饼状图或线状图展示统计数据。在 COS 系统升级版本中，会添加新图表类型柱状图或图表新样式。

**2. 分析问题**

（1）统计视图分成多页，每页由多个图表项组成；统计视图页是由图表项聚合而成的聚合体；

（2）COS 升级后，会添加新的图表类型或样式，要求统计视图代码具有可扩展性。

（3）需注意减少新图表类型或样式的添加对视图绘制客户端的影响。

（4）添加的新的图表类型或样式仍然能够通过统计页面进行显示，即新类型或新样式的统计图表项仍然作为统计页面的聚合元素。

**3. 解决问题**

（1）设计 StatisView 作为所有统计图表的接口类型，定义视图绘制抽象行为 draw()。

（2）设计 ChartPage 作为统计视图页类型，同时作为 StatisView 的容器，管理不同类型的 StatisView 对象；ChartPage 实现 StatisView 接口，进行容器内对象绘制。

（3）客户端 ChartViewer 使用 StatisView 类型对象进行统计视图绘制，不区分具体的图表类型或视图统计页。

（4）设计 Pie、Line 等类实现 StatisView 接口，分别实现饼状图、线状图等的绘制行为 draw()。

（5）不同图表类型的子类实现负责实现不同的图表样式。

**4. 解决方案**

设计方案如图 5.17 所示。

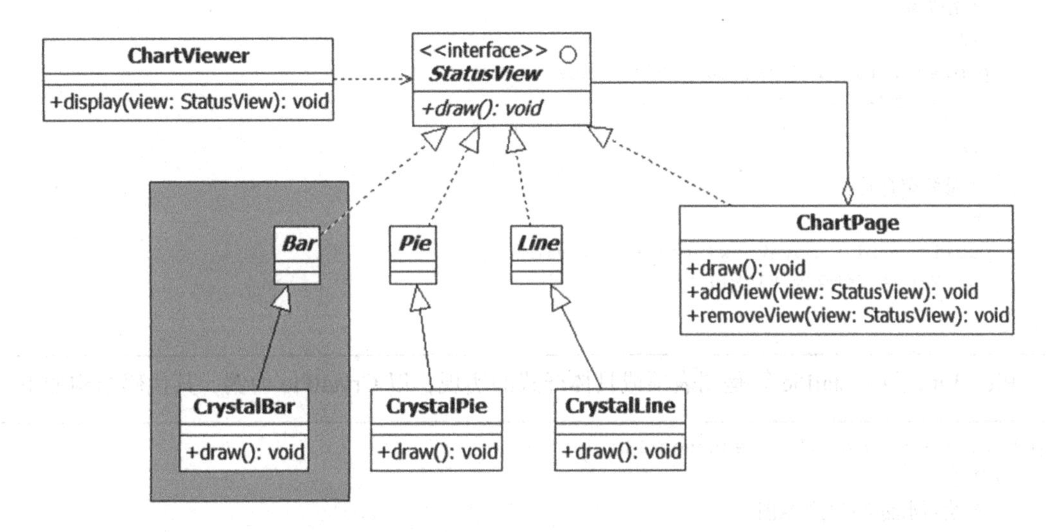


图 5.17 使用组合模式设计图表视图

图 5.17 所示方案中，灰底色部分是 COS 升级后的示意。ChartViewer 作为客户端，使用 StatisView 抽象接口定义的对象绘制统计视图，StatisView 子类的变化不会影响到 ChartViewer。新类型图表 Bar 的添加，只通过实现一个新的 StatisView 的子类就可以完成扩展。ChartPage 聚合元素类型为 StatisView，当新类型图表添加后，仍然可以由 ChartPage 容器进行管理。ChartViewer 客户端代码并不需要区分具体图表类型或视图页类型，只对抽象 StatisView 接口对象进行操作，大大简化了代码复杂度。

客户端 ChartViewer 使用 StatiView 的代码结构如下。

```
public class ChartViewer {
    /**
     * 用于显示给定的统计视图，而不区分统计视图的类型是 Pie、Bar、Line 还是 ChartPage
     */
    public void display(StatisView view){
        view.draw();
    } }
```

ChartPage 是图表项聚合体，负责管理容器中的图表对象；此外，当收到客户端绘制请求后，将请求转发至容器中的所有聚合元素，代码结构如下。

```
public class ChartPage implements StatisView {
    private List<StatisView> views = new ArrayList<StatisView>();//管理聚合元素的数据
结构
    /**
        * 将请求转发至聚合元素对象处理
        */
    @Override
    public void draw() {
        for (StatisView v : views) {
            v.draw();//调用聚合元素的draw()方法
        }
        }
    /**
     * 添加聚合元素
     */
    public void addView(StatisView view) {
        views.add(view);
        }
    /**
     * 移除聚合元素
     */
    public void removeView(StatisView view) {
        views.remove(view);
        }
}
```

Pie、Line、CrystalPie 等是图表项或具体样式的实现，以 CrytalPie 为例，其代码结构如下。

```
public class CrystalPie extends Pie {
   /**
     * 绘制水晶样式的饼状图
     */
      @Override
    public void draw() {
        //省略绘制代码
    }
}
```

使用组合模式简化客户端代码结构，可以降低逻辑复杂度等，但在实际使用中，开发人员还要注意以下问题。

（1）在图 5.15 所示的方案中，聚合体 Composite 无法限制聚合元素 Component 的具体类型。

（2）在图 5.15 方案中，为了使 Client 不必区分 Composite 或 Leaf 类型，会将 Composite 和 Leaf 提供给 Client 的所有服务，全部定义在父类型 Component 中；当 Leaf 和 Composite 向 Client 提供的服务不一致时，设计方案就违反了面向对象设计的“接口隔离原则”。

（3）在图 5.15 方案中，Composite 管理聚合元素的数据结构可以根据程序需求灵活选择不同的集合数据类型。

### 5.3.3 行业案例

**1. Android 视图框架中的组合模式应用**

在大多数视图框架实现中，为了方便视图的渲染与布局，会将复合视图定义成由若干个子视图聚合而成的组合体，并以树状结构组织和管理视图元素（含复合视图和子视图）。例如，Android 用户界面视图就是按树形结构布局子视图或视图组，如图 5.18 所示。

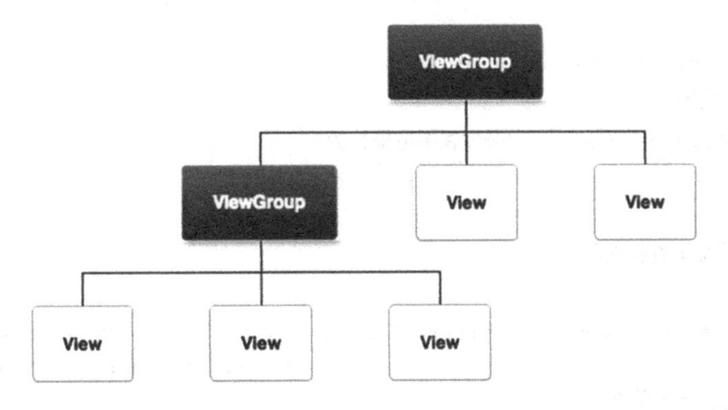


图 5.18　Android 用户界面视图树型结构布局

图 5.18 所示结构中的 android.view.ViewGroup 是 Android 界面视图的根节点，作为容器管理子节点视图等。比如，android.widget.LinearLayout 是 ViewGroup 子类，实现了子节点视图对象的线性布局管理等。ViewGroup 子节点视图类型可以是 View 或 ViewGroup，这样 Android 界面视图就形成了一个树状结构。Android 源码在设计视图框架时使用了组合模式，如图 5.19 所示。

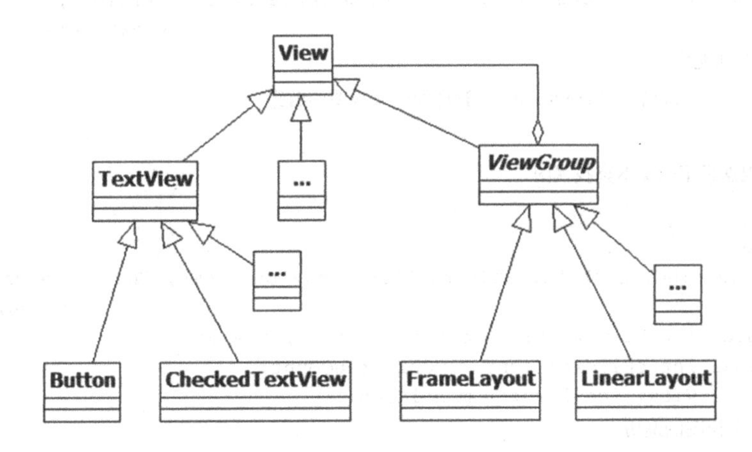


图 5.19　Android 视图框架类图

在 Android SDK 源码中，ViewGroup 和 TextView 都是 View 的子类。ViewGroup 是 View 的聚合体；当 ViewGroup 对象收到客户端请求后，会将该请求委托给聚合元素 View 对象处理。TextView 是 Android 文本视图实现子类，例如 android.widget.Button 和 android.widget.CheckedTextView 分别实现了按钮视图和可选中文本视图。android.view.View 是 Android 视图框架中所有视图组件的父类，定义了视图绘制行为、查找行为等，其代码结构如下。

```
public class View implements Drawable.Callback, KeyEvent.Callback,

AccessibilityEventSource {
        //省略其他代码
```

```
    /**
     * 渲染视图
     */
    public void draw(Canvas canvas) {
      //省略其他代码
      dispatchDraw(canvas);  //分发视图渲染行为
    }
    /**
     * 根据指定的文本查找视图
     */
    public void findViewsWithText(ArrayList<View> outViews, CharSequence searched,
                                            @FindViewFlags int flags) {
        //根据文本查找视图
      } }
```

在 Android 平台的视图框架中，android.view.ViewGroup 有许多实现子类，如 android.widget.LinearLayout、android.widget.FrameLayout、android.widget.RelativeLayout 等分别实现了 Android 界面视图特定样式的布局定义。android.view.ViewGroup 代码结构如下。

```
public abstract class ViewGroup extends View implements ViewParent,
                                                  ViewManager {
        //省略其他代码
       private View[] mChildren;//管理聚合子视图的数组
        /**
         * 根据指定的文本查找视图
         */
    @Override
    public void findViewsWithText(ArrayList<View> outViews, CharSequence text,
                                                       int flags) {
         super.findViewsWithText(outViews, text, flags);
         final int childrenCount = mChildrenCount;
         final View[] children = mChildren;
         //子视图的遍历
         for (int i = 0; i < childrenCount; i++) {
             View child = children[i];
             if ((child.mViewFlags & VISIBILITY_MASK) == VISIBLE
                     && (child.mPrivateFlags & PFLAG_IS_ROOT_NAMESPACE) == 0) {
                  //将请求委托给子视图对象处理
                  child.findViewsWithText(outViews, text, flags);
             }
         }
     }
        //省略其他代码
}
```

android.view.View 的实现子类众多，例如 android.widget.TextView，它定义了所有文本视图的行为与属性，其子类有 android.widget.Button、android.widget.CheckedTextView 等。android.widget.TextView 代码结构如下。

```
@RemoteView
public class TextView extends View implements
                                    ViewTreeObserver.OnPreDrawListener {
    //省略其他代码
    /**
     * 根据指定的文本查找视图
     */
    @Override
    public void findViewsWithText(ArrayList<View> outViews, CharSequence
                                                searched, int flags) {
        //调用父类行为
        super.findViewsWithText(outViews, searched, flags);
        if (!outViews.contains(this) && (flags & FIND_VIEWS_WITH_TEXT) != 0
                && !TextUtils.isEmpty(searched) && !TextUtils.isEmpty(mText)) {
            //将检索文本转换成小写
            String searchedLowerCase = searched.toString().toLowerCase();
            //将当前视图文本转换成小写
            String textLowerCase = mText.toString().toLowerCase();
            if (textLowerCase.contains(searchedLowerCase)) {
                outViews.add(this);//将当前视图对象加入检索结果中
            }
        }
    }
    //省略其他代码
}
```

**2. JDK 的 AWT 框架中的组合模式应用**

JDK 的 AWT 框架中也使用了组合模式，如图 5.20 所示。java.awt.Container 是 java.awt.Component 的容器类，有不同子类实现，如 java.awt.Panel 等，是由子视图组件聚合而成的复合视图组件。当 java.awt.Container 对象收到客户端请求后，会将该请求转发给所有聚合元素。

Component、Button、Choice 等代码省略，不再赘述。

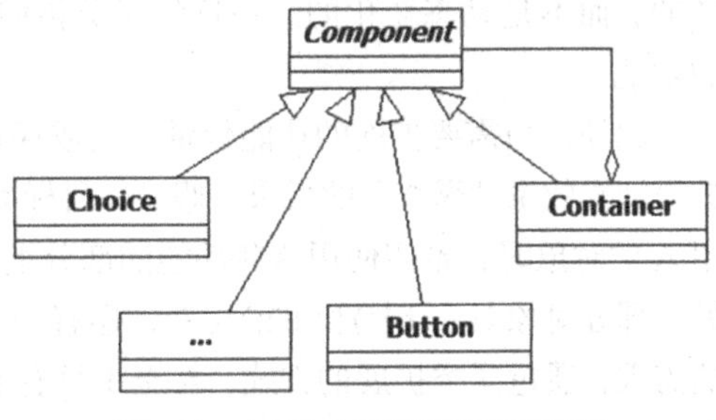


图 5.20　AWT 中容器类和组件类图

java.awt.Container 作为组件容器管理和使用聚合组件，代码结构如下。

```
public class Container extends Component {
    //省略其他代码
    //管理聚合组件的列表数据结构
    private java.util.List<Component> component = new
                                    java.util.ArrayList<Component>();
    /**
     * 更新图形数据
     */
    @Override
    boolean updateGraphicsData(GraphicsConfiguration gc) {
        checkTreeLock();
        boolean ret = super.updateGraphicsData(gc);
```

```
            //遍历所有聚合元素
            for (Component comp : component) {
                if (comp != null) {
                    ret |= comp.updateGraphicsData(gc);//调用聚合元素的行为
                }
            }
            return ret;
        }
    //省略其他代码
}
```

# 5.4 装饰器模式

## 5.4.1 模式定义

**1. 模式定义**

**装饰器（Decorator）通过包装（不是继承）的方式向目标对象中动态地添加或删除功能。**在软件开发中，开发人员一般是通过静态继承方式让子类扩展新的行为，这样做要求子类对父类的继承是静态扩展，需要知道具体的父类型；而且，当扩展功能数量巨大，或有不同的功能组合时，子类数量会急剧增加。

使用子类扩展的方式，可以向目标类型添加新的功能；但这种添加新功能的方式是静态扩展的，而不是动态变化的。一旦将对象指向具有扩展功能的实例时，该对象就无法去除掉扩展的功能。

此外，当需要扩展的功能数量巨大或存在功能组合时，如果采用继承扩展的方式，可能会造成设计类数量“爆炸”的后果。假设，目标类型 A 需要扩展的功能有 b1()、b2()、b3()；客户端使用 A 的对象时，希望使用这些功能的部分组合，即，客户端希望 A 的一部分对象具有 b1()功能，另一部分对象具有 b1()和 b2()功能，还有一些对象具有 b1()和 b3()功能，等等。如果要满足客户端需求，通过子类扩展的方式，A 至少具有 6 个子类，当需要扩展的功能为 *N* 时，设计类的数量是 *N*!（*N* 的阶乘）。无论对什么样的开发人员，这都是灾难!

类的包装或组合是减少子类数量的有效做法。如上述示例，目标类型 A 需要扩展的功能有 *N* 个，采用组合的方式，只需要实现 *N* 个子类，当 A 的对象需要不同的功能时，只需要将目标子类对象聚合在一起即可。

**2. 使用场景**

装饰器模式使用场景主要有如下几种。

（1）动态地向目标对象添加功能，而不影响到其他同类型的对象。

（2）对目标对象进行功能扩展，且能在需要时删除扩展的功能。

（3）需要扩展目标类的功能，但不知道目标类的具体定义，无法定义其子类。

（4）数量巨大的子类只在扩展行为上有区别，需要减少类的数量。

在实际软件开发中，以上场景可能会同时出现在目标类上，也有可能是独立的设计问题。

装饰器模式提供的解决方案是将动态扩展的行为或功能以组合的方式向目标对象添加，新扩展的行为或功能定义在目标类型的装饰器中，装饰器和目标类实现同一接口，向客户端提供服务。

**3. 类结构**

装饰器模式的类结构如图 5.21 所示。

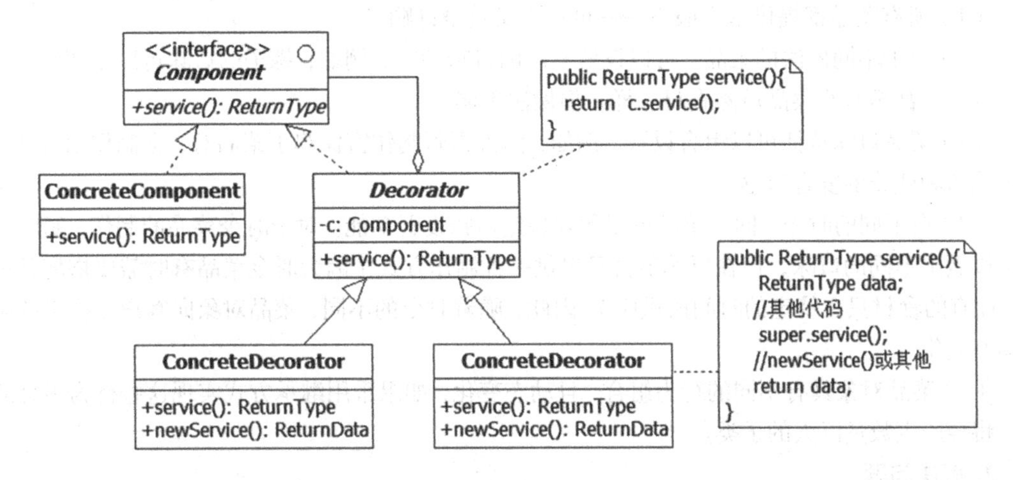


图 5.21　装饰器模式的类结构

图 5.21 所示结构中，Component 接口定义了目标类型的基本行为 service()（所有 Component 类型的对象都具有的行为），由子类 ConcreteComponent 实现；Decorator 是对目标类型进行包装的装饰器抽象类，会将客户端请求转发给被包装对象。ConcreteDecorator 继承 Decorator 抽象类，实现被包装类新功能的扩展。ConcreteDecorator 对象可以用新服务 newService()+service()的方式向客户端提供组合服务，也可以提供单独的服务。

装饰器模式中的类对象协作时序如图 5.22 所示。

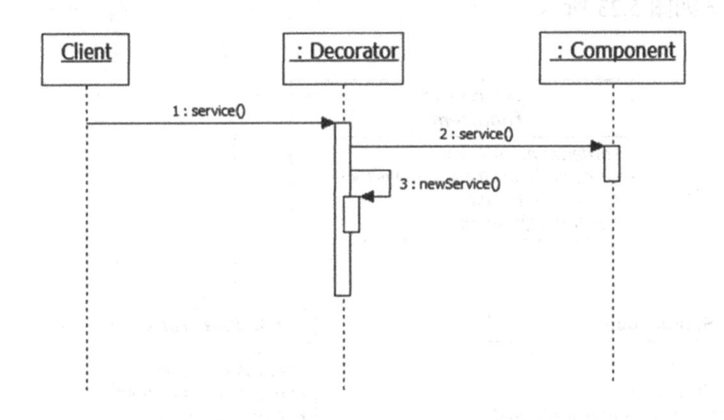


图 5.22　装饰器模式类对象协作时序

Decorator 对象可以在调用 Component 对象的 service()服务之前或之后调用 newService()，就是说，Decorator 对象除了提供 service()服务外，还向客户端提供额外的 newService()服务。

## 5.4.2　使用装饰器

**1. COS 的设计问题**

COS 的所有菜品都提供点餐时按自定义数量订购等服务；对于具有不同做法的菜品，客户在点餐时，可以设置辣味、甜味等级等菜品口味特征，某些菜品也可以组合设置这些口味；在不同的季节，同一菜品也可以删除特定口味设置功能。

**2. 分析问题**

（1）所有菜品都提供基本服务——可自定义数量订购。

（2）对于不同做法的菜品，可以设置不同的口味特征，例如，粽子的口味可以是甜味，也可以是咸味。甚至有些菜品虽然食材一样，但做法不同。

（3）菜品口味特征可以组合设置，例如，南方厨师制作宫保鸡丁菜品时，会制作出辣味、麻味、甜味和咸味的复合口感。

（4）在不同的时令，同一菜品可以删除特定口味设置功能。对于时令菜品的制作，厨师在当季可以做出不同的口味，但在反季节会只提供一种制作方式（因为时令菜品有时需要搭配其他食材，而有的食材只在特定的时间段供应）。因此，随着时令的不同，菜品对象向客户端提供的服务会动态变化。

（5）菜品对象具有不同的行为组合，且动态变化，如果采用继承方式实现这些行为组合的扩展，将会产生数量巨大的子类。

**3. 解决问题**

（1）设计 FoodItem 接口，定义菜品的基本服务 order()等。

（2）设计 SimpleFood 作为 FoodItem 接口子类，实现菜品的基本服务。

（3）设计抽象类 FoodDecorator 作为 FoodItem 的包装类，负责将客户端请求转发给被包装对象。

（4）将菜品对象向客户端提供的不同服务设计成不同的 FoodDecorator 子类实现。

（5）当菜品对象提供不同的服务组合时，使用包装对象对其进行装饰。

**4. 解决方案**

具体设计方案如图 5.23 所示。

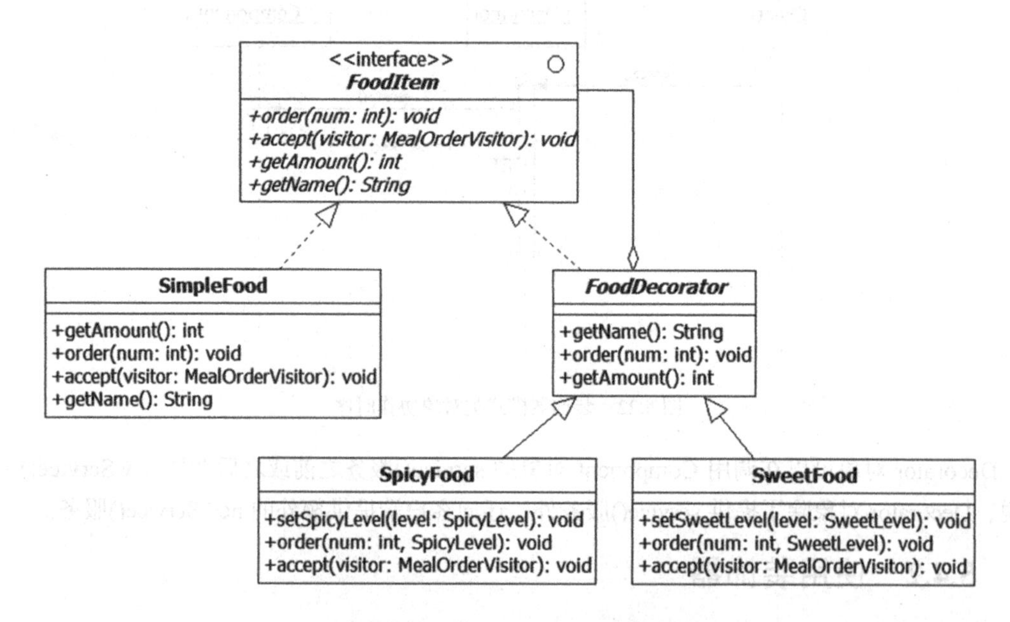


图 5.23 使用装饰器模式设计不同口味菜品的类结构

图 5.23 所示方案中，FoodDecorator 是 FoodItem 对象的包装类，它的每个子类实现一种类型的菜品服务。使用不同的装饰器对象包装后的 FoodItem 对象仍然属于同一个父类型，不同的装饰器通过组合关系可以实现菜品服务的组合，且能够减少需要扩展的子类数量。客户端在使用目标 FoodItem 对象时，可以根据需要自由选择不同的装饰器类动态地向目标对象添加或删除指定的功能。

FoodItem 接口的代码省略，不再赘述。

SimpleFood 实现了菜品对象的基本服务，示例代码结构如下。

```
public class SimpleFood implements FoodItem {
    private String name;// 菜品名称
    private int ammount;// 菜品数量
    /**
    * 获取菜品数量
    */
    @Override
    public int getAmmount() {
        return ammount;
    }
    /**
    * 订购指定数量的菜品
    */
    @Override
    public void order(int num) {
        //订购菜品的业务逻辑
    }
    /**
    * 接受指定的访问者
    */
    @Override
    public void accept(MealOrderVisitor visitor) {
        visitor.visit(this);
    }
    /**
    * 获取菜品的名称
    */
    @Override
    public String getName() {
        return name;
    }
      //省略其他代码
}
```

FoodDecorator 向客户端提供服务时，将客户端的请求转发至被包装对象，代码结构如下。

```
public abstract class FoodDecorator implements FoodItem {
    private FoodItem food;// 被包装的菜品对象
    public FoodDecorator(FoodItem fi) {
        food = fi;//初始化被包装对象
```

```
    }
    /**
    * 获取菜品名称
    */
    @Override
    public String getName() {
        return food.getName();//调用被包装对象的方法
    }
   /**
    * 按指定数量订购菜品
    */
   @Override
   public void order(int num) {
       food.order(num);//调用被包装对象的方法
   }
   //省略其他代码
}
```

SpicyFood、SweetFood 等作为 FoodDecorator 子类，除了提供基本菜品服务外，还额外实现辣味、甜味等菜品服务。以 SpicyFood 为例，代码结构如下。

```
public class SpicyFood extends FoodDecorator {
    private SpicyLevel spicyLevel=SpicyLevel.Middle;//辣味等级，默认为中辣
    public SpicyFood(FoodItem fi) {
        super(fi);        //将被包装对象传递至父类对象
    }
    /**
     * 按指定数量和辣味等级点菜
     */
    public void order(int num,SpicyLevel level){
        order(num);//调用父类 order()方法
        setSpicyLevel(level);//调用子类新定义的 setSpicyLevel()方法
    }
    /**
     * 设置辣味等级（这是装饰器新扩展的菜品服务）
     */
    public void setSpicyLevel(SpicyLevel spicyLevel) {
        this.spicyLevel = spicyLevel;
    }
    //省略其他代码
}
```

**5. 注意事项**

使用装饰器模式能减少扩展子类的数量，可以向客户端提供动态添加或减少对象功能的服务，开发人员在实际使用时要注意以下问题。

（1）装饰器对象和被装饰对象虽然继承或实现同一父类，但不能完全等同使用。因为，它们之间的关系是组合，被装饰对象在包装后，由装饰器对象向客户提供目标服务，或提供新添加的服务。如图 5.23 所示，SpicyFood 和 SimpleFood 虽然都是 FoodItem 接口子类，但它们是不相同的子类，并不能完全等同使用。

（2）装饰器模式会生成较多的小对象。如图 5.21 中的类结构，目标对象 c 每被包装一次，都会生成新的装饰器对象，c 会与这些装饰器对象同时存在当前的运行时容器中。

（3）用装饰器动态地向目标对象添加或删除功能，会使程序调试变得困难。由于装饰器与目标对象都是抽象类型的子类，在调试时很难预判同一个父类的对象到底是装饰器对象的实例，还是被装饰对象的实例；从而增加程序调试的难度。

（4）在有些情况下，可以省略抽象装饰器类。如图 5.23 所示的方案中，当装饰行为变化较少时，可将组合关系在装饰器子类中实现，FoodDecorator 可以省略，只保留装饰器子类。

（5）实现装饰器类时，应符合 Liskov 替换原则，不能改变被装饰对象方法的业务类型或功能。即装饰器类（子类）行为应当和父类行为保持一致的业务类型，避免程序出现业务逻辑异常。

## 5.4.3 行业案例

**1. JDK 中 I/O 框架的装饰器模式应用**

装饰器模式在软件开发中较为常见，如 JDK 对 I/O 流的处理的框架中使用装饰器模式实现了流读写的不同接口。以输入流为例，java.io.InputStream 是输入流抽象类，定义了按字节读取流的操作；java.io.ByteArrayInputStream、java.io.FileInputStream 等是 InpuStream 的子类，分别实现了字节数组和文件数据流的读取操作。为了使程序开发人员更好地使用读写流的接口，JDK 又构造了 java.io.DataInputStream、java.io.ObjectInputStream 等包装类，向开发人员提供面向数据类型和对象等的流读取方法。

JDK 输入流框架使用装饰器模式的类结构如图 5.24 所示。

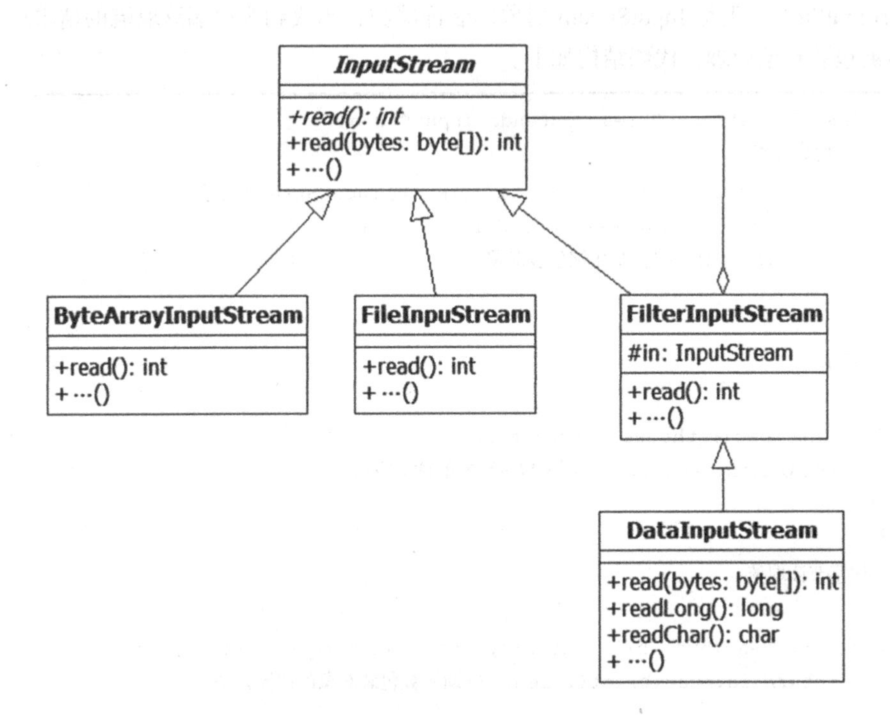


图 5.24 JDK 输入流框架使用装饰器的类结构

（注：省略号代表其他信息）

图 5.24 所示的结构中，InputStream 类为被包装类型，由不同的子类实现具体的数据流读取操作，子类有 ByteArrayInputStream、FileInputStream 等。以 FileInputStream 为例，它实现了文件数据流的读操作，示例代码结构如下。

```
public class FileInputStream extends InputStream {
    //省略其他代码
    /**
     * 读取文件流
     */
    public int read() throws IOException {
          return read0();//调用native方法实现读取流的操作
    }
    /**
     * native方法
     */
    private native int read0() throws IOException;
    /**
     * 按字节读取流
     */
    public int read(byte b[]) throws IOException {
          return readBytes(b, 0, b.length);
    }
}
```

FilterInputStream 类是 InputStream 对象的装饰器类，当收到客户端读取流的请求后，其将请求转发给被包装对象处理，代码结构如下。

```
public class FilterInputStream extends InputStream {
       //其他代码省略
    protected volatile InputStream in;//被包装的InputStream对象
    protected FilterInputStream(InputStream in) {
          this.in = in;//初始化被包装对象
       }
    /**
     * 读取流
     */
    public int read() throws IOException {
          return in.read();//调用被包装对象的读流方法
       }
    /**
     * 按字节读取流
     */
    public int read(byte b[], int off, int len) throws IOException {
          return in.read(b, off, len);//调用被包装对象的读流方法
       }
}
```

DataInputStream 对包装器类 FilterInputStream 进行扩展，定义了按数据类型读取流的新方法，代码结构如下。

```
public class DataInputStream extends FilterInputStream implements DataInput {
    //省略其他代码
    public DataInputStream(InputStream in) {
        super(in);//初始化被包装对象
    }
    /**
     * 按字节读取流
     */
    public final int read(byte b[]) throws IOException {
        return in.read(b, 0, b.length);//调用被包装对象的方法
    }
    /**
     * 按 boolean 类型读取数据（装饰器新扩展的服务）
     */
    public final boolean readBoolean() throws IOException {
        int ch = in.read();//调用被包装对象的方法
        if (ch < 0)
            throw new EOFException();
        return (ch != 0); }
    /**
     * 按 byte 类型读取数据
     */
    public final byte readByte() throws IOException {
        int ch = in.read();//调用被包装对象的方法
        if (ch < 0)
            throw new EOFException();
        return (byte)(ch);
    }
}
```

**2. Apache Tika 框架中的装饰器模式应用**

Apache 开源框架 Tika 是一款内容分析工具包，可以从不同类型文件中抽取元数据或文本，常用于检索引擎索引、内容分析和翻译等领域。Tika 框架定义了解析器接口 org.apache.tika.parser.Parser，使用 parse()方法对输入流进行解析。为了对元数据等增加更多类型的处理方法，Tika 使用了装饰器模式，将扩展的功能定义在装饰器类中。Tika 解析器使用装饰器模式的类结构如图 5.25 所示。

图 5.25 所示的类图中，Parser 定义了解析器接口 parse()方法，AbstractParser 实现了抽象解析器，对具体类型文件对象的解析由其子类完成，如 AudioParser 和 ImageParser 分别实现了音频文件和图像文件的解析。

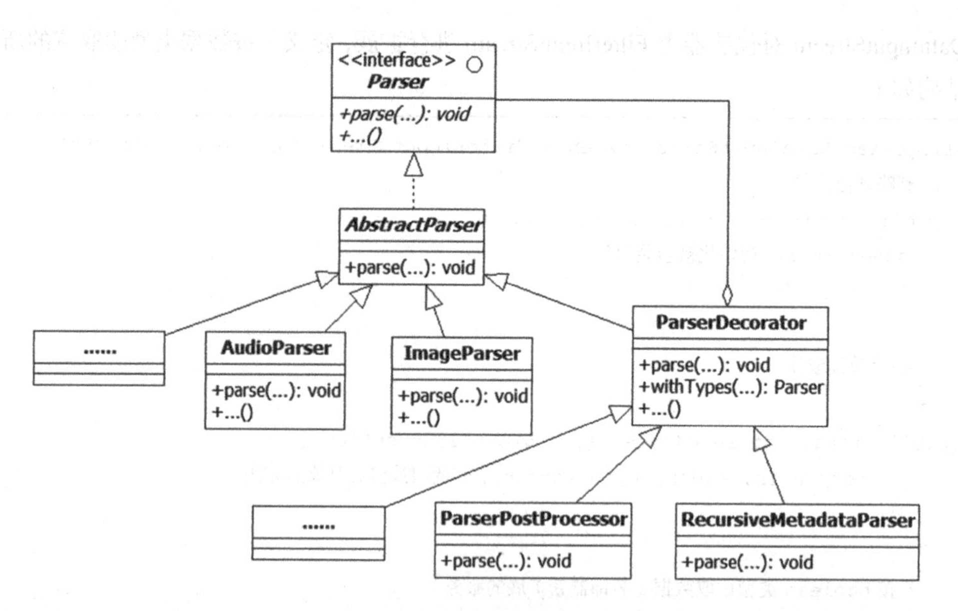


图 5.25　Tika 解析器使用装饰器模式的类结构

（注：图中省略号代表其他类、方法或参数）

Parser、AbstractParser 代码省略。

AudioParser、ImageParser 等子类是对特定类型文件对象的解析器实现，以 AudioParser 为例，代码结构如下。

```
public class AudioParser extends AbstractParser {
    //省略其他代码
    /**
     * 音频输入流的解析服务实现
     */
     public void parse( InputStream stream, ContentHandler handler,Metadata metadata,
ParseContext context) throws IOException, SAXException, TikaException {
        if (!stream.markSupported()) {
            stream = new BufferedInputStream(stream); }
        try {
            AudioFileFormat fileFormat = AudioSystem.getAudioFileFormat(stream);
              Type type = fileFormat.getType();//获取文件类型
              if (type == Type.AIFC || type == Type.AIFF) {
                  metadata.set(Metadata.CONTENT_TYPE, "audio/x-aiff");//设置元数据
              } else if (type == Type.AU || type == Type.SND) {
                  //省略其他代码
              }}
    } }
```

ParserDecorator 定义了装饰器抽象类，其代码结构如下。

```
public class ParserDecorator extends AbstractParser {
    //省略其他代码
    private final Parser parser;//被装饰对象
        public ParserDecorator(Parser parser) {
```

```
        this.parser = parser;//初始化被装饰对象
    }
    /**
    * 解析输入流
    */
    public void parse(InputStream stream, ContentHandler handler,Metadata metadata,
                                            ParseContext context)
                                throws IOException, SAXException, TikaException {
      //将解析请求转发给被装饰对象
      parser.parse(stream, handler, metadata, context);
    }
    /**
    * 添加将指定装饰器的类型（装饰器新添加的服务）
    */
    public static final Parser withTypes( Parser parser, final Set<MediaType> types)
{
          return new ParserDecorator(parser) {
                //省略其他代码
        } };
}    }
```

ParserPostProcessor、RecursiveMetadataParser 等是装饰器实现类，分别实现对文件解析功能的不同扩展。以 ParserPostProcessor 为例，代码结构如下。

```
    public class ParserPostProcessor extends ParserDecorator {
       public ParserPostProcessor(Parser parser) {
         super(parser);//调用父类构造方法
       }
        /**
         * 解析输入流（与父类型的服务保持一致，满足 Liskov 替换原则）
         */
       public void parse( InputStream stream, ContentHandler handler, Metadata
metadata,
               ParseContext context) throws IOException, SAXException, TikaException
{
         super.parse(stream, tee, metadata, context);//调用父类解析方法
         String content = body.toString();
         metadata.set("fulltext", content);//向元数据中添加新属性
       //省略的代码
    } }
```

# 5.5　门面模式

## 5.5.1　模式定义

### 1. 定义及使用场景

**门面（Facade）向客户端提供使用子系统的统一接口，用于简化客户端使用子系统的操作。** 客户端使用子系统，实际上是使用子系统内部服务类提供的服务，当子系统内部服务类较多时，

客户端就会与子系统产生强耦合。客户端与子系统的强耦合关联会有以下缺点。

（1）当子系统升级时，客户端将会受到影响，甚至会迫使客户端不得不升级。

（2）由于客户端使用了不同的子系统服务类，增加了客户端使用子系统服务的复杂程度。

（3）子系统实现细节被暴露给客户端，会给子系统带来安全隐患等问题。

如图 5.26 所示，客户端 Client 使用子系统 SubSystem 的内部服务组件（或组件类）Component，客户端与子系统之间存在强耦合关联，开发人员并不能很好地将客户端与子系统分别独立封装，导致子系统或客户端代码的复用性、可维护性、可扩展性等质量降低。

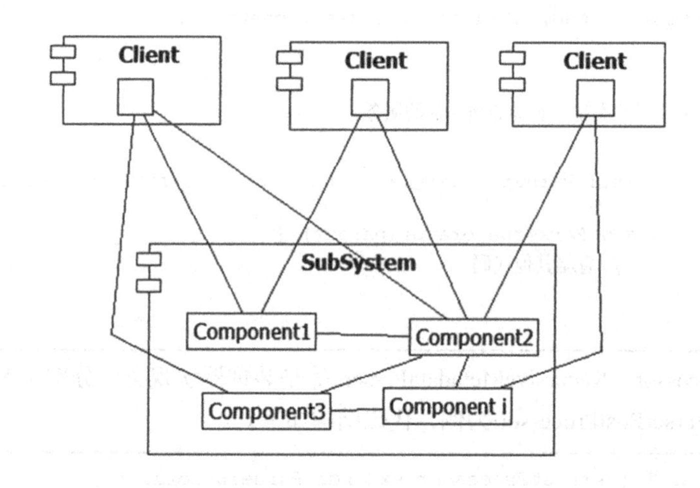


图 5.26　客户端使用子系统不同的服务类

门面模式将子系统提供给客户端的服务统一定义在门面类或接口中，客户端只需要使用门面接口，就能与子系统进行交互，门面类或接口仍然定义在子系统中，作为子系统代码实现的一部分，如图 5.27 所示。

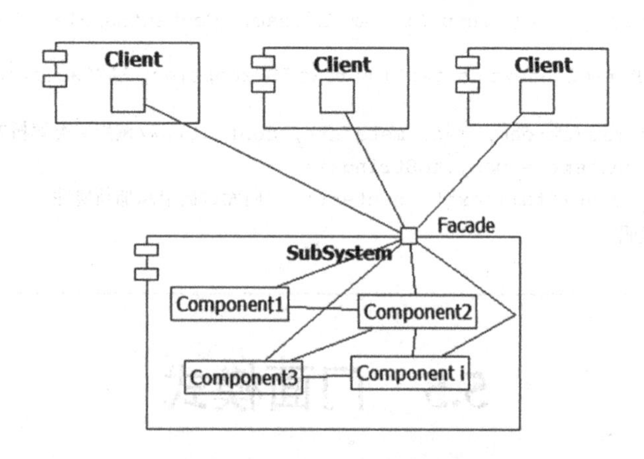


图 5.27　客户端使用门面类与子系统交互

图 5.27 所示的方案使用门面类（或接口）作为子系统 SubSystem 向客户端提供服务的接口，子系统 SubSystem 与客户端 Client 能够独立分层，同时两者之间的耦合度也降低了。使用门面模式的场景有如下 3 种。

（1）想要简化客户端使用子系统的接口。

（2）需要将客户端与子系统进行独立分层。

（3）向客户端隐藏子系统的内部实现，用于隔离或保护子系统。

3种不同的场景在软件开发中都会出现，门面类或接口的职责是向客户端提供子系统的服务接口。当门面对象收到客户端请求后，其负责与子系统内部的服务对象进行交互，处理或响应客户端请求。

**2. 类结构**

门面模式类结构如图 5.28 所示。

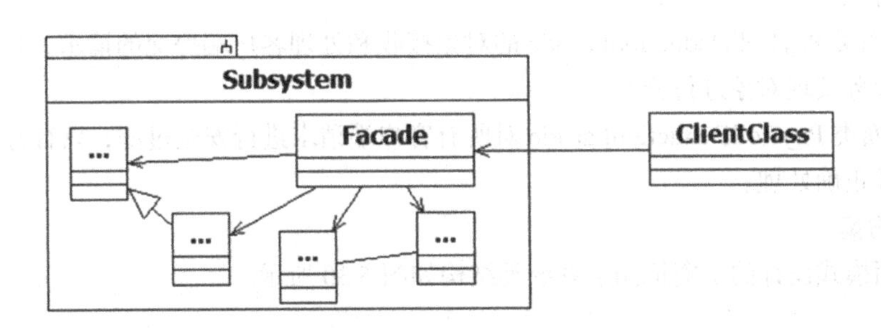


图 5.28 门面模式类结构

（注：图中省略号代表子系统内部的服务对象类型）

在图 5.28 所示的结构中，客户端 ClientClass 访问子系统 Subsystem 的服务都统一由 Façade 提供。Façade 类对象与子系统内部服务对象进行交互，完成客户端对象请求的处理或响应。门面模式中角色类对象的协作时序如图 5.29 所示。

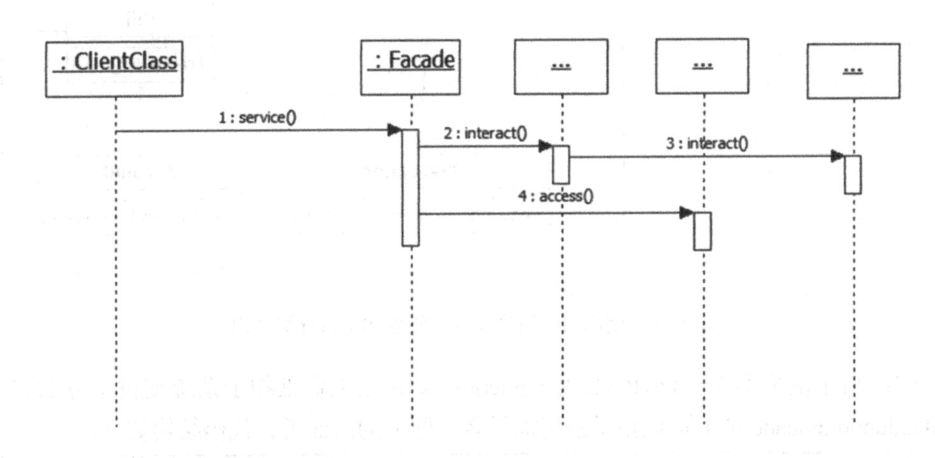


图 5.29 门面模式类对象之间的协作时序

（注：图中省略号代表子系统内部的服务对象）

## 5.5.2 使用门面

**1. COS 的设计问题**

开发人员在设计 COS 订单支付工资抵扣功能时，基于安全需求，需要将客户端程序与工资抵扣子系统分层隔离，并减少它们之间的耦合度。

**2. 分析问题**

（1）客户端依赖工资抵扣子系统实现订单支付服务。

（2）基于安全需求，工资抵扣子系统的实现细节不能暴露给客户端。

（3）工资抵扣子系统提供的订单支付服务由若干个服务组成，如账户服务、账单服务等。

（4）工资抵扣子系统要复用至不同的客户端。

**3. 解决问题**

（1）设计支付子系统门面类 PayRollDeductionFacade，该类负责实现向客户端提供工资抵扣子系统的所有服务。

（2）门面类 PayRollDeductionFacade 的对象接收和处理客户端提交的请求，并与工资抵扣子系统的其他业务实现对象进行交互。

（3）门面类 PayRollDeductionFacade 对所有客户端请求进行安全过滤，只有符合规则的客户端请求才会被正确处理。

**4. 解决方案**

使用门面模式设计的工资抵扣子系统类结构如图 5.30 所示。

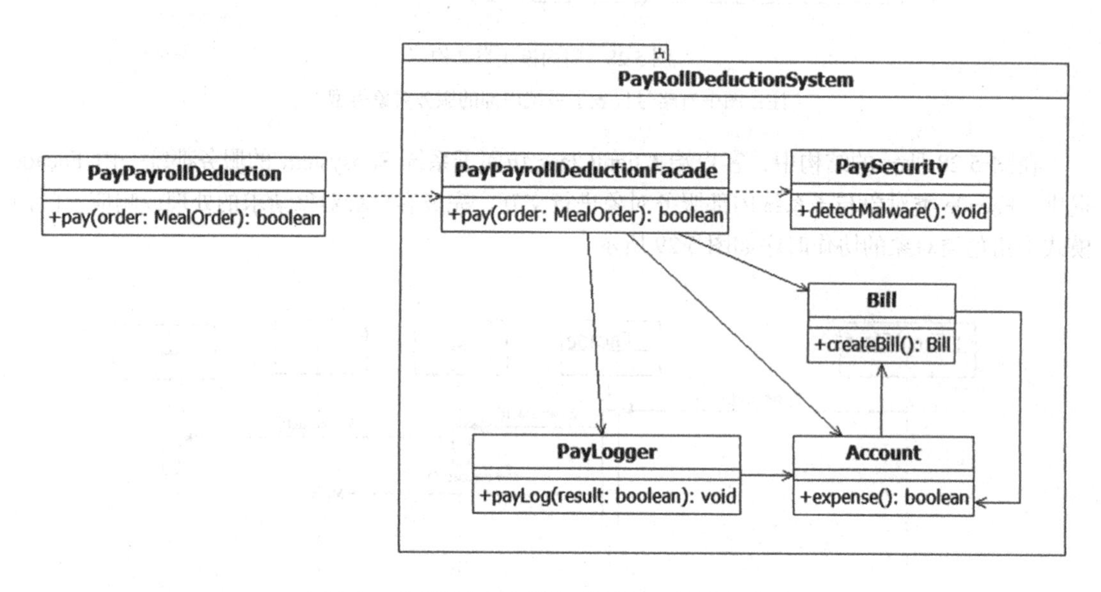


图 5.30　使用门面模式设计工资抵扣子系统类结构

图 5.30 所示的方案中，PayPayRollDeduction 是使用工资抵扣子系统支付服务的客户类，PayRollDeductionFacade 是工资抵扣子系统提供客户服务的门面类，代码结构如下。

```
public class PayRollDeductionFacade {
    private Bill bill;//账单
    private Account account;//账户
    private PayLogger pl;//支付日志
    //省略其他代码
    /**
    * 向客户端提供的支付订单服务接口
```

```
    */
    public boolean pay(MealOrder o){
        PaySecurity.detectMalware();
        boolean result=account.expense();//账户出帐管理
        pl.payLog(result);//记录支付日志
        if(result){
            bill.createBill();//生成支付账单
        }
        return result;//返回支付结果
    }
}
```

Bill、Account 等其他类为工资抵扣子系统的业务实现类，代码不作表述。

所有客户端都将支付订单请求提交至 PayRollDeductionFacade 类型的对象，不与工资抵扣子系统内部的其他服务对象交互，这就降低了客户端与工资抵扣子系统的耦合度，也实现了代码分层。

**5. 注意事项**

门面模式常用于解决代码分层、简化客户端使用子系统的接口等问题，开发人员在使用时需要考虑如下方面。

（1）如果子系统通过门面类的对象向客户端提供所有子系统服务，门面类的代码逻辑将会十分复杂。因为，门面类不仅要定义所有客户端需要的服务接口，还需要和子系统内部的服务实现类进行交互，这样就会导致门面类承担过多业务职责，代码逻辑变得复杂。

（2）子系统的变化将会引起门面类的变化。门面类与子系统内部的服务实现类耦合度很高，任何服务实现类的变化都将影响到门面类的代码稳定性。

（3）如果门面类没有状态，可以将其设计成单例类。门面类对象只提供与状态无关的或无状态的服务时，可以将其设计成单例类。

（4）如果客户端对子系统内部的服务类没有直接依赖，则可以将服务类设计成子系统的私有类；这样做可以使子系统更加独立易用，但私有类的定义需要编程语言提供支持。

## 5.5.3　行业案例

**1. JDK 的门面类 Class**

门面模式在软件开发中极其常用，开发人员通常使用它来简化子系统的操作接口。如 JDK 中的 java.lang.Class 类就是一个门面类，它向客户端提供对 Java 类或接口的简化操作方法，客户端程序不需要直接耦合到复杂的 JVM（Java Virtual Machine，Java 虚拟机）内部实现中，也能完成对目标类或接口的操作。

java.lang.Class 是 JVM 门面类之一，向客户端程序提供类或接口的操作服务，其类结构如图 5.31 所示。

假设客户端 Client 需要获取目标类声明的所有方法，如果不使用 java.lang.Class 门面类，Client 需要与 JVM 中的 java.lang.ClassLoader、java.lang.SecurityManager、sun.reflect.Reflection、java.lang.reflect.Member、java.lang.reflect.Method 等类或接口进行耦合，将会导致客户端程序逻辑变得异常复杂。

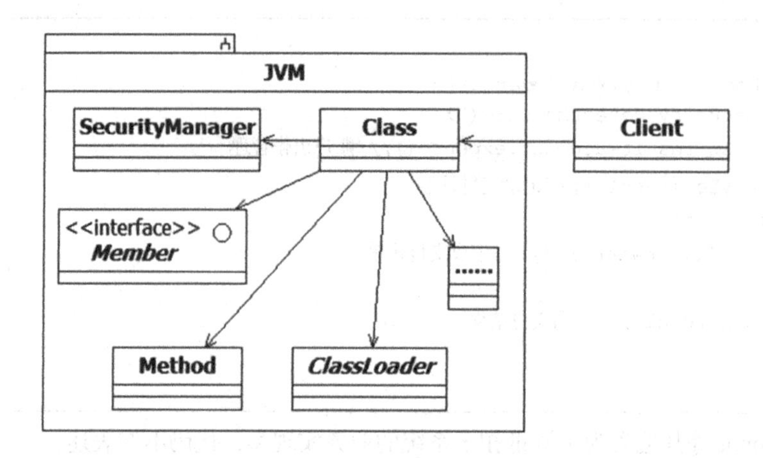


图 5.31　JVM 门面类 Class

（注：图中省略号代表其他信息）

在图 5.31 所示结构中，当客户端 Client 需要访问目标类的服务时，例如获取目标类定义的所有域，只需将请求提交给 java.lang.Class 类型的对象即可，由其与 JVM 内部服务类的对象进行交互处理该请求，最后响应客户端。

客户端 Client 使用 JVM 提供的对类操作的服务接口可以十分简单，代码结构示例如下。

```
public class Client {
    /**
     * 客户端业务请求
     */
    public void doBusiness(){
        //获取 Object 类声明的所有方法
        Method[] methods=Object.class.getDeclaredMethods();
        //其他对 methods 的操作
    }
}
```

java.lang.Class 门面类的代码结构示例如下。

```
public final class Class<T> implements java.io.Serializable, GenericDeclaration,
                              Type, AnnotatedElement {
    //省略其他代码
    /**
     * 获取目标类所声明的方法
     */
    public Method[] getDeclaredMethods() throws SecurityException {
      checkMemberAccess(Member.DECLARED, Reflection.getCallerClass(), true);
      return copyMethods(privateGetDeclaredMethods(false));
    }
    /**
     * 获取目标类声明的所有域
     */
    @CallerSensitive
    public Field[] getDeclaredFields() throws SecurityException {
```

```
            //检查访问权限
            checkMemberAccess(Member.DECLARED, Reflection.getCallerClass(),true);
            return copyFields(privateGetDeclaredFields(false));
        }
}
```

**2. IntelliJ IDEA 中应用的门面模式案例**

IntelliJ IDEA 是插件式的 Java 集成开发环境，向用户提供友好、智能的程序开发服务。IntelliJ IDEA 在实现 PSI（Program Structure Interface）文件处理时，使用门面模式设计不同编程语言 PSI 文件处理服务接口。例如，IntelliJ IDEA 处理 Java 文件时，由门面类 com.intellij.psi.JavaPsiFacade 向客户端提供类查找、包查找等服务，从而简化客户端使用 PSI 文件服务接口。

IntelliJ IDEA 源码处理 Java PSI 文件时，内部服务类或接口有 com.intellij.psi.PsiElementFinder、com.intellij.psi.PsiConstantEvaluationHelper、com.intellij.psi.PsiNameHelper、com.intellij.psi.impl.file.impl.JavaFileManager 等；如果客户端不使用 com.intellij.psi.JavaPsiFacade 门面类进行 Java PSI 文件操作，将会与上述服务类耦合、直接增加客户端代码的复杂度等。

客户端在需要查找指定的 Java 类时，只需要将请求提交给 com.intellij.psi.JavaPsiFacade 对象即可，再由 com.intellij.psi.JavaPsiFacade 与内部服务类进行交互，实现请求的处理。如，com.intellij.psi.util.PsiUtil 是一个使用 com.intellij.psi.JavaPsiFacade 对象的客户端，示例代码结构如下。

```
public final class PsiUtil extends PsiUtilCore {
    //省略其他代码
    /**
     * 查找并添加异常类
     */
    public static void addException(@NotNull PsiMethod method, @NotNull @NonNls
            String exceptionFQName) throws IncorrectOperationException {
        PsiClass exceptionClass = JavaPsiFacade.getInstance
                    (method.getProject()).findClass(exceptionFQName,
                    method.getResolveScope());//使用门面类
            addException(method, exceptionClass, exceptionFQName);}
}
```

com.intellij.psi.JavaPsiFacade 的子类 com.intellij.psi.impl.JavaPsiFacadeImpl 实现了真正的门面职责；其子类 com.intellij.psi.impl.JavaPsiFacadeEx 是一个抽象类，示例代码结构如下。

```
public class JavaPsiFacadeImpl extends JavaPsiFacadeEx {
        //省略其他代码
        /**
         * 查找指定的 Java 类
         */
        @Override
        public PsiClass findClass(@NotNull final String qualifiedName, @NotNull
                                            GlobalSearchScope scope) {
            ProgressIndicatorProvider.checkCanceled();//检查是否撤销操作
            //省略其他代码
            for (PsiElementFinder finder : finders()) {
```

```
            PsiClass aClass = finder.findClass(qualifiedName, scope);//使用 finder 查找类
            if (aClass != null) return aClass; }
        return null;
    }
}
```

# 5.6 享元模式

## 5.6.1 模式定义

**1. 模式定义**

**享元（Flyweight）模式采用共享方式向客户端提供数量庞大的细粒度对象。**所谓细粒度对象，是指实现了业务细节并相互独立的对象。细粒度对象是一种相对概念，一般不会进行更小粒度的拆分。例如，COS系统中的客户（Patron）对象在以下两种情况下会有不同的粒度定义。

（1）在订单业务模块中，客户是不可拆分的细粒度对象。因为，订单中的客户对象作为一个独立的对象单元与订单模块中的其他对象相互关联，如果对客户对象进行拆分，订单模块中的业务对象必须和客户对象拆分后的多个细粒度对象产生关联才能实现完整的客户对象关联，这显然会增加软件设计或开发的成本。

（2）在客户资料管理模块中，客户对象是粗粒度对象，将会被拆分成多个细粒度对象。客户资料包括地址、支付账户等，将客户对象按资料类型分解成多个细粒度对象，有利于数据库设计和子模块的封装。

有时细粒度对象会作为独立的个体向客户端提供服务，有时它们会聚合成聚合体向客户端提供服务。这些细粒度对象的数量庞大，可能会对程序效率产生消极影响，举例说明如下。

开发人员在做文本处理时会使用大量的字符对象，有时是使用单个字符对象，有时则使用多个字符对象聚合形成单词、句子。一段普通的文本中包含的单词、句子个数可能达到成千上万，甚至更多，如果文本单元的单词、句子中的字符都是独立的对象，程序运行时将会生成成千上万个字符对象，这将会耗尽所有程序运行资源。

上述示例中的文本单元是由多个词、多个句子组成的，因此，文本、词或句子都是粗粒度对象，是可拆分的；而字符对象是细粒度对象，不需要再进行拆分（因为再次拆分并不会带来任何好处）。字符在语言中是有限的集合，且数量远远小于文本中的词、句子，例如，常用的英文字符的数量小于100，但英文单词、句子的数量远远大于100。如果将英文字符对象共享地使用到每个单词、句子中，就能使字符对象的数量减少到100以内。

**2. 使用场景**

享元模式是采用共享方式向客户端提供细粒度对象服务的可行方案，使用场景主要有如下两种。

（1）运行时产生大量的相似对象，而这些对象的状态被客户端管理，开发人员想要减少运行时对象生成的数量。

（2）向客户端提供对象的共享实例，以提高程序的效率。

场景（1）描述的开发场景具有的特征包括 4 个方面，一是程序运行时生成了大量的相似对象；二是这些相似对象被不同客户端使用时，仅仅是状态不同；三是可以通过共享使用方式减少它们的数量；四是客户端使用共享对象时，持有该对象的可变状态。共享对象的可变状态称为外部状态（Extrinsic State），不可变状态称为内部状态（Intrinsic State）。

场景（2）是为了提高程序运行效率，将可共享对象的实例共享到所有客户端，这样能够节省程序构造新对象所需要的资源和时间，也能减少对象实例的数量。

**3. 类结构**

享元模式的类结构如图 5.32 所示。

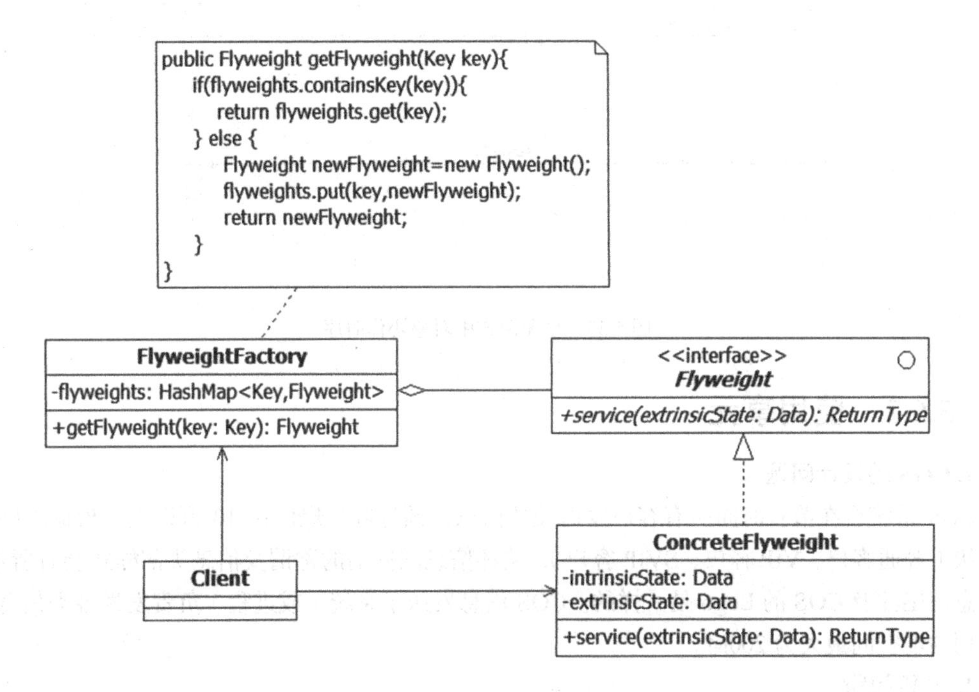


图 5.32　享元模式类结构

图 5.32 所示类图中，Flyweight 是享元接口，定义了享元对象提供给客户端的服务 service()，客户端 Client 使用享元对象的服务时，设置享元对象的外部状态；ConcreteFlyweight 是具体享元类，实现享元接口，向客户端提供 service()服务的实现；ConcreteFlyweight 对象状态分为内部状态 instrinsicState 和外部状态 extrinsicState，instrinsicState 共享给所有客户端，extrinsicState 由客户端持有。

由于要实现享元对象的共享，必须有专门管理享元实例的对象，享元实例管理类为 FlyweightFactory，其负责享元实例的创建、存储与管理。FlyweightFactory 类定义了享元实例共享接口 getFlyweight()。

当客户端 Client 需要使用享元对象时，向 FlyweightFactory 类发出请求，并在请求中携带享元实例的标识信息 key。FlyweightFactory 类根据 key 查找是否有对应的享元实例。如果有，直接返回该实例；如果无，则创建新享元实例，并将该实例按对应的 key 存储在管理享元实例的数据结构中，最后返回该新建实例。

享元模式中的类对象协作时序如图 5.33 所示。

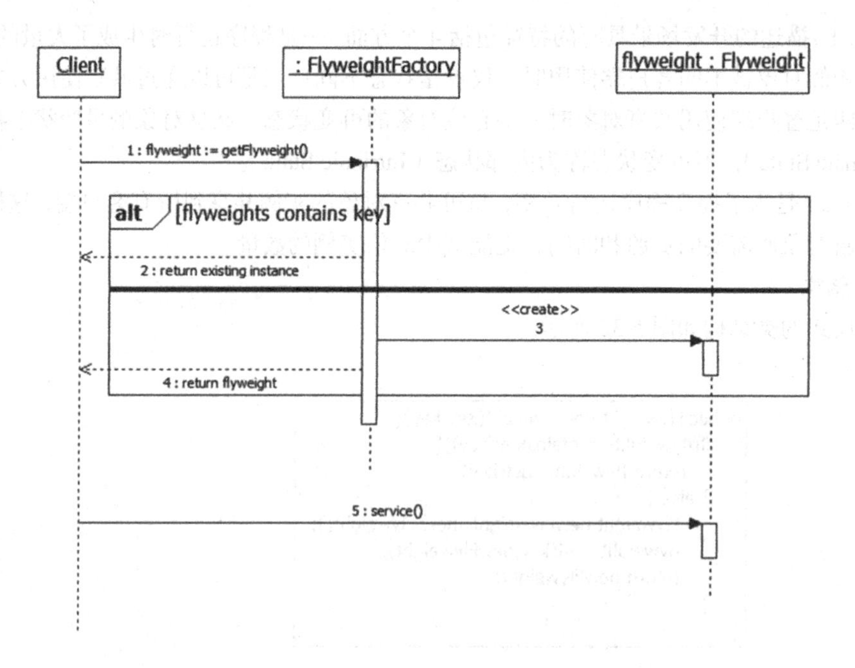


图 5.33　享元模式中对象协作时序

## 5.6.2　使用享元

**1. COS 的设计问题**

COS 系统会在节日时向所有客户发送关怀信息，预计客户规模在 10 万以上。根据不同的客户等级（普通客户、VIP 客户、SVIP 客户），关怀信息问候语的称谓及信息头部样式会有所不同，但信息的尾注及 COS 的 Logo 是一样的。COS 消息发送子系统（或进程）负责发送各类信息，允许使用的堆空间最大为 200M。

**2. 分析问题**

（1）消息发送子系统的堆空间有限，且可能会同时发送除关怀消息外的其他类型消息。

（2）每个客户关怀消息是独立的单元，不能将消息头、尾注等拆分发送。

（3）需要发送的消息对象数量达到 10 万以上，如果每个消息都构造单独的对象，消息对象的数量将会在 10 万以上。

（4）按客户等级进行关怀消息的分类，同一等级消息对象的接收客户不同，不同等级的消息对象除接收客户不同外，问候语及信息样式也不同。

**3. 解决问题**

（1）设计消息接口 IMessage，定义消息发送行为 send()，其输入参数类型为消息接收者 Patron。

（2）设计消息类 GreetingMessage 实现 IMessage 接口，封装客户关怀消息结构及发送行为。

（3）设计 GreetingMessageFac 类作为消息对象的创建工厂，按客户等级创建、存储和管理消息共享实例，并定义消息实例共享方法 obtainMessage()，方法的传入参数类型为客户等级。

（4）消息发送客户类 MessageSender 每次向客户发送关怀消息时，都从 GreetingMessageFac 对象获取对应等级的客户关怀消息。

**4. 解决方案**

设计方案如图 5.34 所示。

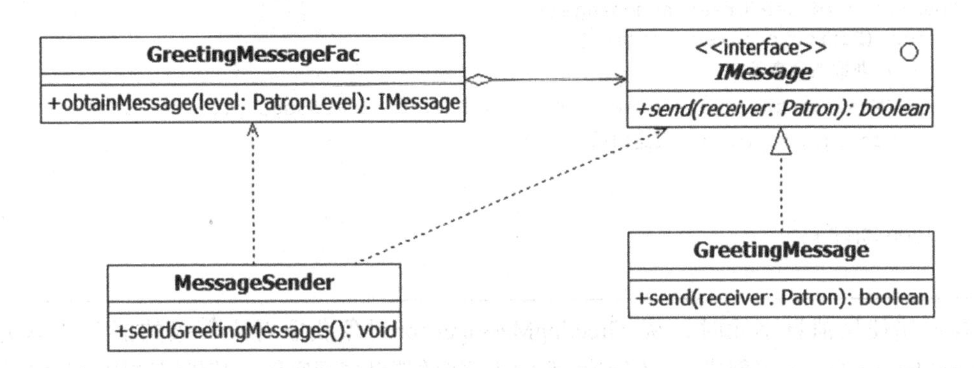


图 5.34　使用享元模式设计消息发送

图 5.34 所示方案中，IMessage 是享元接口，GreetingMessage 是享元实现类，GreetingMessage Fac 是享元对象工厂，MessageSender 是使用享元对象的客户端。

IMessage 接口代码省略不描述。

GreetingMessage 对象有 CosLog、Footer 等状态，其中消息接收者 Patron 是随着消息接收者变化而变化的状态，定义为外部状态，并作为 send()行为的方法参数，其他状态定义为内部状态被所有同类型的消息实例共享。GreetingMessage 代码结构示例如下。

```
public class GreetingMessage implements IMessage {
    private CosLogo logo = CosLogo.instance();// 商标
    private Footer footer = Footer.instance();// 尾注
    private Header header;// 消息头
    /**
      * 构造对象时，初始化消息头
      */
    public GreetingMessage(Header h) {
        header = h;//初始化消息头
      }
   /**
     * 发送当前消息
     */
    @Override
    public boolean send(Patron r) {
        //将消息发送至消息接收者
        //return 语句
   }
}
```

MessageSender 存储消息接收者列表，并使用消息享元对象发送消息，其代码结构示例如下。

```
public class MessageSender {
    private List<Patron> receivers;// 消息接收者
    /**
```

```
        * 根据接收者列表发送消息
        */
    public void sendGreetingMessage() {
      for (Patron p : receivers) {
        //获取消息享元
        IMessage message = GreetingMessageFac.obtainMessage(p.getLevel());
        message.send(p);//发送消息
      }
    }
    //省略其他代码
}
```

客户端使用消息享元时，从 GreetingMessageFac 对象获取对应等级的消息共享实例，GreetingMessageFac 负责创建、存储和管理不同等级的消息享元实例，其代码结构示例如下。

```
public class GreetingMessageFac {
    private static HashMap<PatronLevel, IMessage> messagePool =
                        new HashMap<PatronLevel, IMessage>();// 消息池
     /**
    * 根据客户等级构造并返回消息池中的享元消息
    */
    public static IMessage obtainMessage(PatronLevel level) {
        IMessage m = messagePool.get(level);//获取指定等级的消息享元
        if (m == null) {
            //构造对应等级的消息，并放入消息池 messagePool 中共享
            switch (level) {
            case Normal: {
                Header h = new Header(PatronLevel.Normal);
                m = new GreetingMessage(h);
                messagePool.put(PatronLevel.Normal, m);
                break;
            }
            case VIP: {
                Header h = new Header(PatronLevel.VIP);
                m = new GreetingMessage(h);
                messagePool.put(PatronLevel.VIP, m);
                break;
            }
            case SVIP: {
                Header h = new Header(PatronLevel.SVIP);
                m = new GreetingMessage(h);
                messagePool.put(PatronLevel.SVIP, m);
                break;
            }
            }
        }
        return m;
    }
}
```

在图 5.34 所示的方案中，运行时共生成消息享元对象实例的数量为 3，即为每个等级的客户构造一个共享消息实例。

**5. 注意事项**

享元模式的设计方式大大减少了细粒度对象的数量，为提高程序效率提供了帮助，开发人员实际使用享元模式时，需要注意以下问题。

（1）享元对象的外部状态需要由客户端存储或计算。享元对象外部状态由使用享元对象的客户端决定，被客户端计算或保存，在使用时进行注入。

（2）使用享元对象的客户端不能初始化享元实例。享元实例的初始化和管理由享元工厂负责，否则有可能会破坏共享机制，产生冗余的享元实例。

## 5.6.3 行业案例

**1. JDK 中 Character 类的享元模式应用**

JDK 中 java.lang.Character 类的设计使用了享元模式。java.lang.Character 是基本数据类型 char 的包装器（Wrapper），向客户端提供字符对象的服务，如大小写转换、字符比较等服务。

同时，java.lang.Character 使用享元模式设计源码时，将自身作为享元类型。java.lang.Character 定义了私有类 CharacterCache 作为享元工厂，构造和存储享元实例。java.lang.Character 类向客户端提供获取享元实例的接口 valueOf()，如图 5.35 所示。

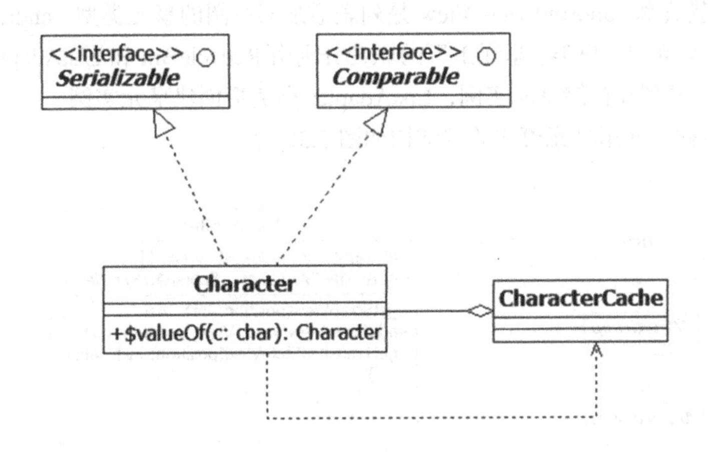


图 5.35　java.lang.Character 的享元模式类结构

当客户端需要获取 java.lang.Character 享元实例时，调用 java.lang.Character 对象的 valueOf() 方法，valueOf()有两个执行分支，如果 char 的索引值小于等于 127，则返回 CharacterCache 中存储和管理的享元实例；如果 char 的索引值大于 127，则构造新的 Character 对象返回。

java.lang.Character 源码结构示例如下。

```
//外部类 Character
public final class Character implements
                        java.io.Serializable, Comparable<Character> {
    //省略其他代码
    /**
     * 获取享元实例的接口（如果 char 的索引小于等 127，则返回享元实例）
     */
    public static Character valueOf(char c) {
        if (c <= 127) {
```

```
            return CharacterCache.cache[(int)c];//返回享元实例
        }
        return new Character(c);//构造新实例
    }
    //内部类 CharacterCache
    private static class CharacterCache {
        private CharacterCache(){}
        static final Character cache[] = new Character[127 + 1];
        static {
            for (int i = 0; i < cache.length; i++)
                cache[i] = new Character((char)i);//初始化享元实例
        }
    //省略其他代码
    }
}
```

**2. Android SDK 中列表视图使用的享元模式**

在 Android SDK 的视图框架中，列表视图使用了享元模式复用其视图项的享元实例，以提高视图项构造和加载效率。android.view.View 是列表适配器视图的享元类型。android.widget.AbsList View 是使用享元实例的客户类。享元工厂的职责分别由 RecycleBin 和 ListAdapter 类实现，其中，RecycleBin 类负责管理和存储享元实例，ListAdapter 类负责创建享元实例。

Android 列表视图使用享元模式的类结构如图 5.36 所示。

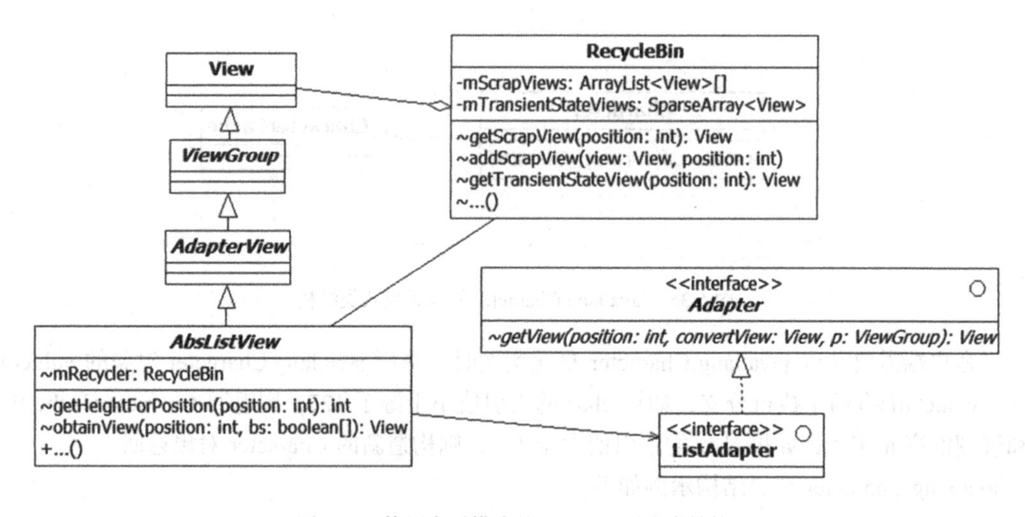


图 5.36　使用享元模式的 Android 列表类结构

图 5.36 中，AbsListView 定义了使用享元实例的 getHeightForPosition()方法，也定义了获取享元对象的 obtainView()方法；AbsListView 使用 RecycleBin 对象存储和管理享元实例，享元实例的创建则是由 ListAdapter 对象的 getView()方法实现。

Android 设备屏幕显示 AbsListView 列表视图时，为了节省视图占用的资源或绘制的时间，那些被移出当前屏幕的视图项（Offscreen View，回收状态的视图项）和当前屏幕上的视图项（Onscreen View，瞬时状态的视图项）将会被 RecycleBin 对象暂存，以备复用。当 AbsListView

列表视图需要将新的视图项显示到屏幕时，会从 RecycleBin 对象中查找是否存在可复用的对象，如果有，就直接取出复用。AbsListView 使用 RecycleBin 对象的示意图如图 5.37 所示。

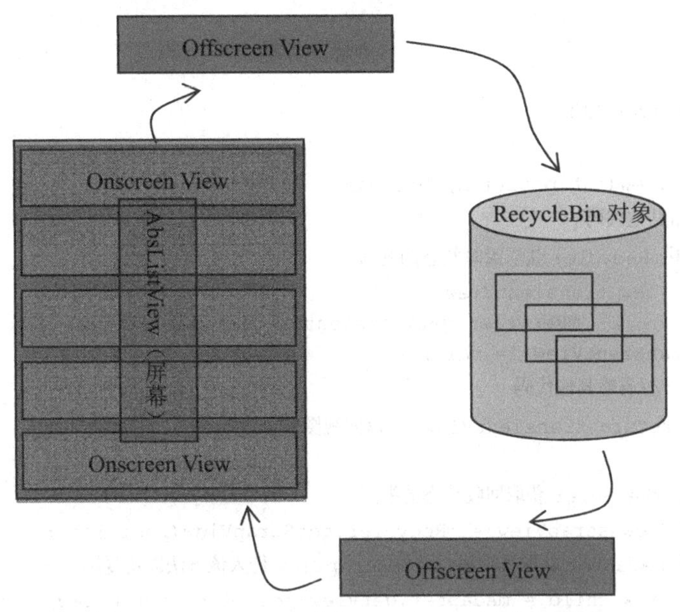


图 5.37　AbsListView 使用 RecycleBin 对象的示意图

图 5.36 所示示意图中，AbsListView 是使用享元对象的客户端，getHeightForPosition()方法调用 obtainView()方法获取视图项，并计算指定位置的视图项的高度。AbsListView 示例代码结构如下。

```
public abstract class AbsListView extends AdapterView<ListAdapter>
        implements … {
    //省略其他代码
    ListAdapter mAdapter;//适配器对象
    final RecycleBin mRecycler = new RecycleBin();//初始化 mRecycler 对象
    /**
     * 获取指定列表项的高度
     */
    int getHeightForPosition(int position) {
            final int firstVisiblePosition = getFirstVisiblePosition();
            final int childCount = getChildCount();
            final int index = position - firstVisiblePosition;
            if (index >= 0 && index < childCount) {
                //当前屏幕显示范围区内的处理
            } else {
                //当前屏幕显示范围区外的处理
                final View view = obtainView(position, mIsScrap);//获取视图
                view.measure(mWidthMeasureSpec, MeasureSpec.UNSPECIFIED);
                final int height = view.getMeasuredHeight();
                //使用 mRecycler 管理 Offscreen 视图项
```

```
            mRecycler.addScrapView(view, position);
            return height;//返回高度
        }
    }
    /**
     * 获取指定位置的视图
     */
    View obtainView(int position, boolean[] outMetadata) {
        //省略其他代码
        //使用 mRecycler 获取瞬时状态的视图
        final View transientView =
                mRecycler.getTransientStateView(position);
        if (transientView != null) {
            //省略其他代码
            return transientView;//返回视图项
        }
        //使用 mRecycler 获取回收状态的视图
        final View scrapView = mRecycler.getScrapView(position);
        //使用 mAdapter 获取视图项，并将 scrapView 传入该方法以备复用
        final View child = mAdapter.getView(position, scrapView, this);
        //省略其他代码
        return child;//返回视图项
    }
}
```

RecycleBin 是 AbsListView 的内部类，负责存储、管理瞬时状态（Onscreen）和回收状态（Offscreen）的视图项，其代码结构示例如下。

```
//外部类 AbsListView
public abstract class AbsListView extends AdapterView<ListAdapter>
        implements … {
    //省略其他代码
    //内部类 RecycleBin
    class RecycleBin {
        //省略其他代码
        private ArrayList<View>[] mScrapViews;//管理回收状态视图项的数据结构
        //管理瞬时状态视图项的数据结构
        private SparseArray<View> mTransientStateViews;
        /**
         * 获取指定位置的瞬时状态视图项
         */
        View getTransientStateView(int position) {
            //省略其他代码
            //return 语句
        }
```

```
        /**
          * 获取指定位置的回收状态视图项
          */
        View getScrapView(int position) {
            //省略其他代码
            //return 语句
          }
          /**
            * 将抓取的图保存起来
            */
          void addScrapView(View scrap, int position) {
            //省略其他代码
            //return 语句
          }
      }
}
```

ListAdapter 接口的实现子类众多，它们负责实现 getView()方法，创建享元对象，以 android.widget. SimpleAdapter 为例，其代码结构示例如下。

```
public class SimpleAdapter extends BaseAdapter implements Filterable,ThemedSpinner
Adapter{
      //省略其他代码
      /**
      * 获取列表视图的视图项
      */
   public View getView(int position, View convertView, ViewGroup parent) {
         //调用 createViewFromResource()方法
           return createViewFromResource(mInflater,position, convertView, parent,
mResource);
       }
      /**
      * 创建视图项（当在目标视图项已存在时，复用已有的享元实例；
      * 否则，创建新实例）
      */
       private View createViewFromResource(LayoutInflater inflater, int
               position, View convertView, ViewGroup parent, int resource) {
      View v;
      if (convertView == null) {
          v = inflater.inflate(resource, parent, false);//创建新视图项实例
      } else {
          v = convertView;//复用传入的 convertView 享元实例
      }
      bindView(position, v);
      return v;
    }
 }
```

# 5.7 代理模式

## 5.7.1 模式定义

### 1. 模式定义

**代理（Proxy）是用于控制客户端访问目标对象的占位对象。**为了减少客户端对目标对象实现细节的耦合，开发人员会让客户端只耦合到目标对象的抽象类或接口。在代理模式中，代理对象与目标对象通常继承（或实现）同一抽象类型（或接口），客户端耦合到抽象的目标类，它无法判断目标类的对象是代理对象还是真实的服务对象，这种机制为保护或隐藏真实服务对象提供了可行方案。

在软件开发中，需要对真实服务对象实施保护或隐藏的场景极其常见。如，为了避免目标服务器遭受来自网络的攻击，软件服务提供商在部署目标服务器时，通常会设置服务器代理节点，客户端所有的请求都提交到服务器代理，由其实现安全策略过滤，确认安全后，再将请求转交给目标服务器处理业务。

使用服务器代理的软件架构示意如图 5.38 所示。

图 5.38 使用服务器代理的软件架构示意图

在图 5.38 所示的示意图中，服务器代理作为隔离层将客户端与目标服务器分离，能够起到保护目标服务器的作用。软件服务提供商会将所有面向客户端的软件服务通过服务器代理暴露出去，客户端并不知道提供服务的目标对象是服务器代理还是真实的服务器。

### 2. 使用场景

使用代理模式的场景有如下几种。

（1）向客户端提供远程对象的本地表示。

（2）向客户端提供按需使用的昂贵对象，如写时复制（由于目标对象是昂贵的，只在其状态被改变时进行复制）。

（3）控制（过滤）客户端对目标对象的访问。

（4）客户端访问目标对象服务时，需要执行额外的操作。

在场景（1）中，客户端需要访问远程对象的服务，由于远程对象运行在另一个地址空间（进程空间或网络空间），客户端无法通过方法调用的方式访问其服务。为了向本地客户端提供目标服务，可以设计与远程对象实现相同服务接口的代理对象，作为目标服务本地接口的提供者，客户端将请求提交至代理对象，代理对象再将请求转交给远程对象，由远程对象实现请求的处理。作为远程对象在客户端本地表示的代理对象称为远程代理（Remote Proxy）。

在场景（2）中，向客户端提供服务的目标对象是一个昂贵对象。对象昂贵指该对象占用较多的程序资源，或对象实例化是耗时操作，或其他影响程序运行效率的情况。由于昂贵对象会对程序运行效率带来较大影响，在没真正调用昂贵对象的服务前，可以向客户端提供代价较小的同类型对象引用，作为保障客户端程序正常运行的条件。以较小代价代替目标昂贵对象，保障客户端程序正常运行的代理称为虚拟代理（Virtual Proxy）。

场景（3）所描述的控制客户端访问目标对象的代理称为保护代理（Protection Proxy），与图 5.38 描述的场景一样。

在场景（4）描述中，客户端访问目标对象服务时，需要执行额外的操作，这些额外的操作既不是客户端的行为，也不是目标对象的行为，因此，需要将这些额外的操作定义到一个单独的类型中，当客户端提交目标对象请求时，在目标对象处理该请求之前或之后执行那些被额外定义的操作。定义了额外操作的代理称为智能引用（Smart Reference）。

**3. 类结构**

代理模式类结构如图 5.39 所示。

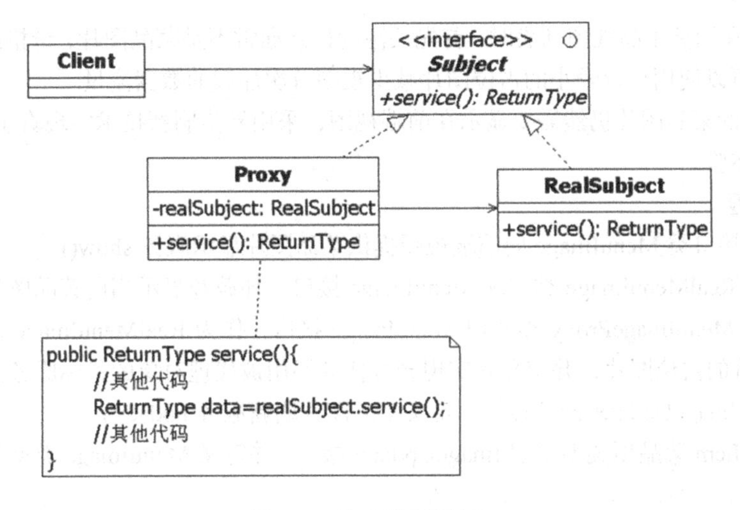


图 5.39　代理模式类结构

图 5.39 所示的结构中，Subject 接口定义了目标类向客户端提供的所有服务方法；Proxy 和 RealSubject 分别实现 Subject 接口；RealSubject 实现了真正的客户服务。代理模式类对象的交互时序时如图 5.40 所示。

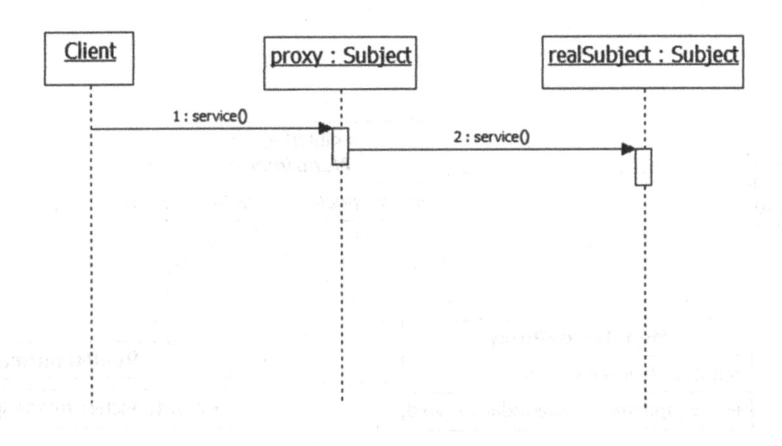


图 5.40　代理模式类对象交互时序

在程序运行时，客户端 Client 持有的 Subject 对象引用指向 Proxy 实例，因此，客户端对象提交的请求由 Proxy 对象接收，Proxy 对象将该请求转交给 RealSubject 对象处理。

## 5.7.2 使用代理

**1. COS 的设计问题**

COS 系统前端视图在显示菜品列表时，需要下载大量的菜品图片，导致菜品列表页面的加载速度缓慢，如何提高菜品列表页面的加载速度？

**2. 分析问题**

（1）每个菜品都有配图，而且是前端显示菜品列表时不可缺少的数据。

（2）一个视图显示多条菜品信息，需要下载多个菜品图片，菜品图片流量过大导致了视图页面加载速度缓慢。

（3）顾客在浏览菜品视图列表时，首先关注的信息通常不是菜品图片，价格或菜品名称更受关注，因此，可以使用代价较小的占位图片减少视图首次加载的数据流量。

（4）真正的菜品图片仍然需要显示在前端视图，采用异步刷新技术实现真正目标图片加载，可以提高用户体验。

**3. 解决问题**

（1）设计接口类 MenuImage 向前端视图提供菜品图片显示服务 show()。

（2）设计 RealMenuImage 类实现 MenuImage 接口，加载和显示当前菜品图片。

（3）设计 MenuImageProxy 类实现 MenuImage 接口，作为 RealMenuImage 的代理类，加载和显示极小代价的占位图片，并定义和实现异步任务调用被代理对象的目标服务。

（4）设计 ImageUpdater 回调接口，定义菜品图片刷新服务 update()。

（5）MenuItem 菜品项类型实现 ImageUpdater 接口，并定义 MenuImage 类型的域作为当前菜品图片对象。

**4. 解决方案**

具体设计方案如图 5.41 所示。

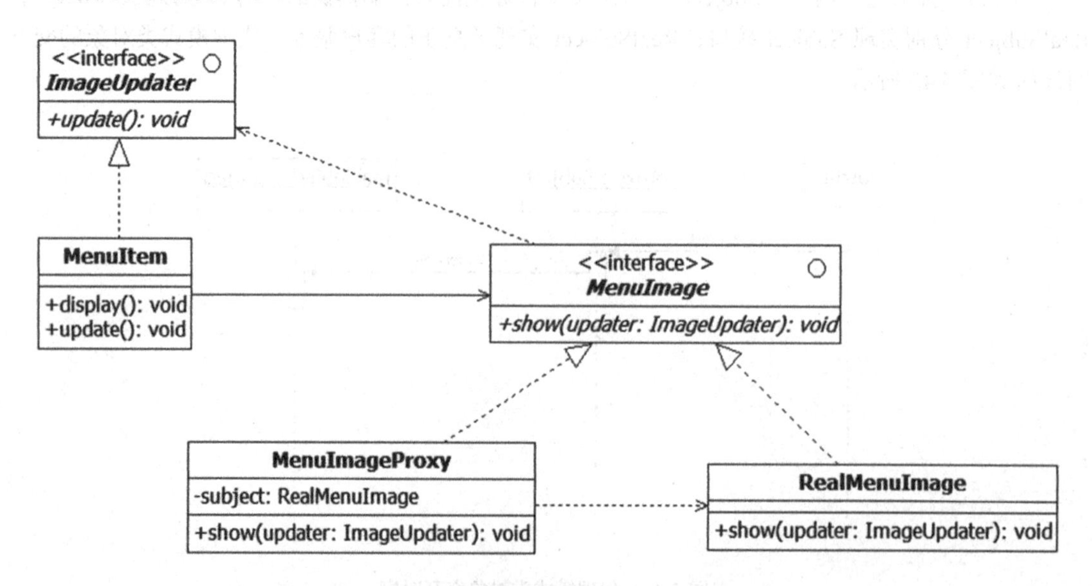


图 5.41　使用代理模式设计菜品图片的异步加载

图 5.41 所示方案中，MenuItem 是客户类，使用 MenuImage 类型对象显示菜品图片；RealMenuImage 是提供真正菜品图片显示服务的目标类；MenuImageProxy 是 RealMenuImage 的代理类；ImageUpater 定义了图片异步加载的回调接口。

当 MenuImageProxy 类对象收到菜品图片显示请求时，首先判断 RealMenuImage 域是否为空，如果为空，则显示占位图片，并启动异步加载任务；否则，调用被代理对象的图片服务，代码结构示例如下。

```
public class MenuImageProxy implements MenuImage {
    private RealMenuImage subject;//被代理的目标对象
    private ImageUpdater callback;//图片刷新回调接口对象
    /**
    * 显示菜品图片（如果目标对象为空，则显示占位图片；否则调用目标对象）
    */
    @Override
    public void show(ImageUpdater updater) {
        callback=updater;//初始化 callback
        if(subject==null){
            //加载和显示占位图片，代码省略
            new Thread(new LazyLoadingTask()).start(); //启动异步加载任务
        }else{
            subject.show(callback);//调用被代理对象的图片服务
        }
    }
    /**
     * 延迟加载目标菜品图片任务
     */
    class LazyLoadingTask implements Runnable{
        @Override
        public void run() {
            subject=new RealMenuImage();//初始化被代理对象
            subject.show(callback);//调用被代理对象的图片服务
        }
    }
    //省略其他代码
}
```

RealMenuImage 类实现了真正菜品图片的加载和显示，其代码结构示例如下。

```
public class RealMenuImage implements MenuImage {
    //省略其他代码
    /**
     * 加载并显示真正菜品图片
     */
    @Override
    public void show(ImageUpdater updater) {
        //加载真正菜品图片,省略代码
        updater.update();//调用回调刷新菜品图片
    }
}
```

MenuItem 是使用 MenuImage 图片服务的客户类，并实现图片刷新接口 ImageUpdater,代码结构示例如下。

```
public class MenuItem implements ImageUpdater{
    private MenuImage mImage;//菜品图片对象，指向 MenuImageProxy 类型的实例
     /**
       * 显示菜品图片
       */
    public void display(){
        mImage.show(this);//调用 mImage 的图片显示服务
    }
      /**
        * 刷新当前菜品图片
        */
     @Override
     public void update() {
          //刷新当前菜品图片
     }
     //省略其他代码
}
```

**5. 注意事项**

代理模式是软件架构设计中常用的模式，为目标对象隐藏、保护、访问控制等问题提供了一种可行的解决方案。开发人员使用代理模式解决问题时，需要注意以下问题。

（1）图 5.39 所示的类结构中，代理类 Proxy 不一定需要持有真实目标类 RealSubject 的引用，也可以是 Subject 接口类的引用。这时，Proxy 类可以作为所有 Subject 的子类的代理类。

（2）在软件架构中，代理服务器（Proxy Server）分为正向代理（Forward Proxy）和反向代理（Reverse Proxy）。一般地，客户端通过正向代理服务器穿过内部网的防火墙访问 Internet 服务（网络上称为翻墙代理）；而服务端使用反向代理服务器隔离外部的 Internet 请求，形成服务端的内部网。

（3）实现代理的方式有静态代理和动态代理。静态代理指软件开发人员自己构造代理类的代码，动态代理指通过代码生成工具，在软件运行时动态生成代理类的代码和对象。如，Java 编程语言的动态代理实现支持两种方式，一是使用 java.lang.reflect.Proxy；二是使用开源库 CGLib。

### 5.7.3 行业案例

**1. MyBatis 框架延迟加载特性的代理模式应用**

代理模式是非常受软件开发人员喜爱的一种代码设计方案，许多 Java 前端或后端框架使用它构造延迟加载（Lazy Loading）、拦截器（Interceptor）、AOP（Aspect Oriented Programming）等框架特性，如 MyBatis、Hibernate 等数据持久化框架即使用了代理模式实现了延迟加载框架特性。

以 MyBatis 为例，其使用 org.apache.ibatis.executor.resultset.ResultSetHandler 接口处理查询结果，接口默认实现子类是 org.apache.ibatis.executor.resultset.DefaultResultSetHandler，示例代码结构如下。

```
public class DefaultResultSetHandler implements ResultSetHandler {
    //省略其他代码
   /**
    * 获取行数据
    */
   private Object getRowValue(ResultSetWrapper rsw, ResultMap resultMap)
                                               throws SQLException {
      Object resultObject = createResultObject(rsw, resultMap,lazyLoader, null);
      //省略其他代码
      return resultObject;
   }
   /**
    * 构造结果对象（如果满足分支条件，则构造代理对象）
    */
   private Object createResultObject(ResultSetWrapper rsw, ResultMap
    resultMap, ResultLoaderMap lazyLoader, String columnPrefix) throws SQLException {
      //if … else …省略逻辑代码
          return configuration.getProxyFactory().createProxy(resultObject, lazy
          Loader,configuration, objectFactory, constructorArgTypes, constructorArgs);
      //return 语句
    }
}
```

DefaultResultSetHandler 类在处理行数据时使用私有方法 getRowValue()，getRowValue()调用 createResultObject()方法创建结果对象；在 createResultObject()方法中，代码判断目标对象是否需要延迟加载，如果是，则使用 org.apache.ibatis.executor.loader.ProxyFactory 创建该对象的代理。ProxyFactory 接口定义了 createProxy()方法，由 org.apache.ibatis.executor.loader.cglib.CglibProxyFactory 和 org.apache.ibatis.executor.loader.javassist.JavassistProxyFactory 子类实现。

org.apache.ibatis.executor.loader.cglib.CglibProxyFactory 是使用开源库 CGLib 动态生成普通 Java 类代理对象的工厂类，其实现代码结构如下。

```
    public class CglibProxyFactory implements ProxyFactory {
        //省略其他代码
        /**
          * 创建目标对象的代理
          */
        @Override
        public Object createProxy(Object target, ResultLoaderMap lazyLoader,
                 Configuration configuration, ObjectFactory objectFactory,
                 List<Class<?>> constructorArgTypes, List<Object> constructorArgs) {
           return EnhancedResultObjectProxyImpl.createProxy(target, lazyLoader,
                  configuration, objectFactory, constructorArgTypes,
constructorArgs);
         }
         //内部类 EnhancedResultObjectProxyImpl 实现 MethodInterceptor 接口
         private static class EnhancedResultObjectProxyImpl implements Method
Interceptor {
            public static Object createProxy(Object target, ResultLoaderMap
lazyLoader,
```

```
            Configuration configuration, ObjectFactory objectFactory,
List<Class<?>>
                        constructorArgTypes, List<Object> constructorArgs)
{
             //省略代码
            Object enhanced = crateProxy(type, callback, constructorArgTypes,
                                            constructorArgs);
            //省略代码
            return enhanced;
     }
    /**
     * 使用CGLib创建目标对象代理
     */
    static Object crateProxy(Class<?> type, Callback callback, List<Class<?>>
                constructorArgTypes, List<Object> constructorArgs) {
       Enhancer enhancer = new Enhancer();//定义Enhancer对象
       enhancer.setCallback(callback);//设置回调对象
       enhancer.setSuperclass(type);//设置代理对象类型
       //省略其他代码
       Object enhanced = null;//定义创建后代理对象的引用
       if (constructorArgTypes.isEmpty()) {
           enhanced = enhancer.create();//使用空构造方法创建代理对象
       } else {
           //省略代码
           //使用有参构造方法创建代理对象
           enhanced = enhancer.create(typesArray, valuesArray);
        }
      return enhanced;//返回构造后的代理对象
     }
}
```

**2. Spring AOP 框架中的代理模式应用**

Spring AOP 框架的实现也采用了代理模式。Spring AOP 本质上是一种拦截器的实现，即目标请求被执行之前或被执行之后执行额外的操作。Spring AOP 框架会为每个目标请求处理对象生成 AOP Proxy 对象。

Spring AOP 框架定义了 org.springframework.aop.framework.AopProxy 接口，由子类实现 getProxy()方法，获取目标对象的代理。AopProxy 实现子类有 org. springframework.aop.framework. JdkDynamicAopProxy 和 org.springframework.aop. framework.CglibAopProxy；Spring AOP 框架默认使用 JdkDynamicAopProxy 生成目标对象的代理。JdkDynamicAopProxy 的代码结构如下。

```
  final  class  JdkDynamicAopProxy  implements  AopProxy,  InvocationHandler,
Serializable {
      //省略其他代码
      /**
       * 获取代理对象
       */
      @Override
   public Object getProxy() {
```

```
        return getProxy(ClassUtils.getDefaultClassLoader());
    }
        /**
         * 创建代理对象
         */
       @Override
    public Object getProxy(ClassLoader classLoader) {
        //省略其他代码
            Class[] proxiedInterfaces = AopProxyUtils.
                                completeProxiedInterfaces(this.advised);
        findDefinedEqualsAndHashCodeMethods(proxiedInterfaces);
            //调用 Proxy 的 newProxyInstance()方法生成代理对象
        return Proxy.newProxyInstance(classLoader, proxiedInterfaces, this);
    }
        /**
         * 实现 invoke()方法
         */
        public Object invoke(Object proxy, Method method, Object[] args) throws
Throwable {
            //省略代码
            //return 语句
        }
    }
```

# 5.8 总　　结

本章按模式定义、使用方式和行业案例的思路阐述了 GoF 结构型模式。结构型模式一般使用类或对象之间的组合、继承、接口实现等关系，通过灵活的代码结构达到解耦、提高程序效率和增加可扩展性等目的。在使用 GoF 结构型模式时，开发人员需要注意，有些模式从类结构上看是相同或相似的，因此，笔者提醒学习者，**不能按类的结构特征来定义和区分模式，而应根据它们所解决的问题或实现的业务目标进行辨别。**

GoF 结构型模式的特点总结见表 5.1。

表 5.1　　GoF 结构型模式总结

| 模式名称 | 定义 | 使用场景 |
| --- | --- | --- |
| 适配器（Adapter） | 将某种接口或数据结构转换为客户端期望的类型，使得与客户端不兼容的类或对象，能够一起协作 | （1）想要使用已存在的目标类（或对象），但它没有提供客户端所需要的接口，而更改目标类（或对象）或客户端已有代码的代价都很大；<br>（2）想要复用某个类，但与该类协作的客户类信息是预先无法知道的 |
| 桥（Bridge） | 使用组合关系将代码的实现层和抽象层分离，让实现层与抽象层代码可以分别自由变化 | （1）抽象层代码和实现层代码分别需要自由扩展时；<br>（2）减弱或消除抽象层与实现层之间的静态绑定约束；<br>（3）向客户端完全隐藏实现层代码时；<br>（4）需要复用实现层代码，将其独立封装 |

续表

| 模式名称 | 定义 | 使用场景 |
|---|---|---|
| 组合（Composite） | 使用组合和继承关系将聚合体及其组成元素分解成树状结构，以便客户端在不需要区分聚合体或组成元素类型的情况下，使用统一的接口操作它们 | （1）将聚合体及组成元素用树状结构表达，并且能够很容易添加新的组成元素类型；<br>（2）为了简化客户端代码，需要以统一的方式操作聚合体及其组成元素 |
| 装饰器（Decorator） | 通过包装（不是继承）的方式向目标对象动态地添加功能 | （1）动态地向目标对象添加功能，而不影响到其他同类的对象；<br>（2）对目标对象进行功能扩展，且能在需要时删除扩展的功能；<br>（3）需要扩展目标类的功能，但不知道目标类的具体定义，无法完成子类定义；<br>（4）目标类的子类只在扩展行为上有区别，但数量巨大，需要减少设计类 |
| 门面（Facade） | 向客户端提供使用子系统的统一接口，简化客户端使用子系统 | （1）想要简化客户端使用子系统的接口；<br>（2）需要将客户端与子系统进行独立分层；<br>（3）向客户端隐藏子系统的内部实现，用于隔离或保护子系统 |
| 享元（Flyweight） | 采用共享方式向客户端提供服务的数量庞大的细粒度对象 | （1）运行时产生大量的相似对象，这些对象可被不同的客户端共享，需要要减少它们实例的数量；<br>（2）向客户端提供对象的共享实例，以提高程序运行的效率 |
| 代理（Proxy） | 用于控制客户端对目标对象访问的占位对象 | （1）向客户端提供远程对象的本地表示；<br>（2）向客户端按需提供昂贵对象的实例；如，写时复制（由于目标对象是昂贵的，只在其状态被改变时进行副本的复制，这是一种按需提供服务的做法）；<br>（3）控制客户端对目标对象的访问；<br>（4）客户端访问目标对象服务时，需要执行额外的操作 |

## 5.9 习　题

一、选择题

1. JDK 中的 java.lang.Byte 方法 valueOf(byte b)返回一个 Byte 类型对象，该方法功能实现代码符合哪个模式思想？（　）

A. 适配器模式

B. 组合模式

C. 代理模式

D. 享元模式

2. Struts 2 框架中，分发器（Dispatcher）分发 Http 请求，请求的接收者是 Action 类对象，拦截器（Interceptor）需要在请求到达 Action 对象之前进行拦截，拦截器对象无状态，下面哪些模式会对解决这个问题有帮助？（　　）

A. 代理模式
B. 桥模式
C. 单例模式
D. 组合模式
E. 门面模式

3. JDK 中的 java.io.InputStream 仅提供了按字节读取数据流的方法，而构造 DataInputStream 对象时需要传入 InputStream 对象，java.io.DataInputStream 继承了 InputStream 类，除了提供按子节读取数据流方法外，还提供了按类型读取数据流的方法，DataInputStream 和 InputStream 代码实现与哪个模式思想最接近？（　　）

A. 享元模式
B. 工厂方法模式
C. 装饰器模式
D. 适配器模式
E. 组合模式

4. 前端视图框架中包含一个列表视图组件 ListView，ListView 绘制的视图数据由 ArrayList 数据结构进行管理；后端代码获取的视图数据源类型有 Cursor，JSONObject，HashMap 等。开发人员不能改变前端视图框架，需要用一种代价较小的代码方案解决数据显示问题，你会优先采用哪种模式方案？（　　）

A. 单例模式
B. 享元模式
C. 装饰器模式
D. 适配器模式
E. 组合模式
F. 代理模式

二、简答题

Struts 2 框架在进行 Http 请求分发时，分发器 org.apache.struts2.dispatcher.Dispatcher 会将有效的请求分发至 com.opensymphony.xwork2.ActionProxy 类对象，再进行 Http 请求的处理。请阅读 Struts 2 源码，完成以下事项。

1. 说明 ActionProxy 代理的目标对象类型是什么？

2. 说明 ActionProxy 代理属于远程代理、虚拟代理、保护代理或智能引用的哪一种或几种，并阐述理由。

3. 使用 UML 绘制 Struts 2 框架分发 Http 请求的时序图。

# 第 6 章 GoF 行为型模式

**行为型模式主要针对类或对象业务行为的设计问题提供解决方案。**软件开发中，为了定义可复用、可扩展的算法或业务行为，开发人员会专门针对类或对象的行为设计代码方案。例如，模板方法模式是针对算法中某些可扩展的步骤进行设计；命令模式则是将行为以类的方式封装，用于行为的存储或重做等。另外，GoF 行为型模式，比如责任链模式、仲裁模式、观察者模式等，在一定程度上可以降低代码耦合度，使代码结构更为灵活。

## 6.1 责任链模式

### 6.1.1 模式定义

**1. 模式定义**

**责任链（Chain of Responsibility）是指将客户端请求处理的不同职责对象组成请求处理链。**客户端只需要将请求交付到该链上，而不需要关心链上含有哪些对象。请求处理链上的对象收到请求后，执行自身业务职责，并将该请求传递到下一个链节点。由于客户端不需要了解责任链上节点对象的具体类型，大大降低了客户端与请求处理对象之间的耦合度。

对链式行为职责进行封装的需求在实际软件开发中也常会遇到。例如，Java Web 框架在处理 Http 请求时，需要对请求对象进行解析、验证、分发、响应等处理，验证又可以分为表单数据有效性验证、安全性验证、自定义业务验证等。假设对 Http 请求的不同处理行为由不同类型的对象封装，那么 Http 请求分发对象就要和这些不同类型的行为对象产生耦合。此外，当增加新类型的业务行为对象时，Http 请求分发对象又要和新行为对象耦合，破坏了原有代码的稳定性。

**2. 使用场景**

责任链模式为降低客户端与目标对象之间耦合度提供了一种可行的设计方案，使用场景主要有如下 3 种。

（1）动态设定请求处理对象的集合。

（2）处理请求对象的类型有多个，且请求需要被所有对象处理，但客户端无法显式地指定具体处理对象的类型。

（3）请求处理行为封装在不同类型的对象中，这些对象之间的优先级由业务决定。

对于场景（1），链式数据结构是较优的一种选择。相比于数组、树等数据结构，链式数据结构在数据节点的插入或删除操作方面具有更好的性能。

在场景（2）中，请求的处理对象类型有多个，且请求需要被所有目标对象处理，但是客户端无法预知这些对象的具体类型；或为了降低代码耦合度，客户端不能耦合到具体的请求处理对象类型上。例如，拦截器是对目标系统中公共关注点（Common Concerns，指在多个类或模块中具有相同或相似业务目的的程序行为，如数据验证、权限检查、加密/解密等）行为的一种封装，由具体的业务决定。在很多 Java Web 框架中，用户请求的分发器（Dispatcher）是使用拦截器的客户端，由于拦截器是面向软件的具体业务，所以 Java Web 框架的请求分发器无法预知具体的拦截器类型，责任链模式是解决该类问题的一种可行方案。

场景（3）中的请求处理对象具有不同的优先级，但优先级是由业务决定，请求处理对象不能决定自己的优先级。那么，通过责任链的方式管理请求处理对象，每个节点的优先级就可以由初始化责任链的业务客户端决定，并且同一个请求处理对象在不同的链中可以具有不同的优先级。

责任链模式为了减少客户端与链节点对象之间的耦合度，将所有处理请求的对象类型进行泛化，定义成请求处理对象的抽象类，使用请求处理对象的客户端耦合到抽象类定义的引用上，提高了代码稳定性。

**3. 类结构**

责任链模式类结构如图 6.1 所示。

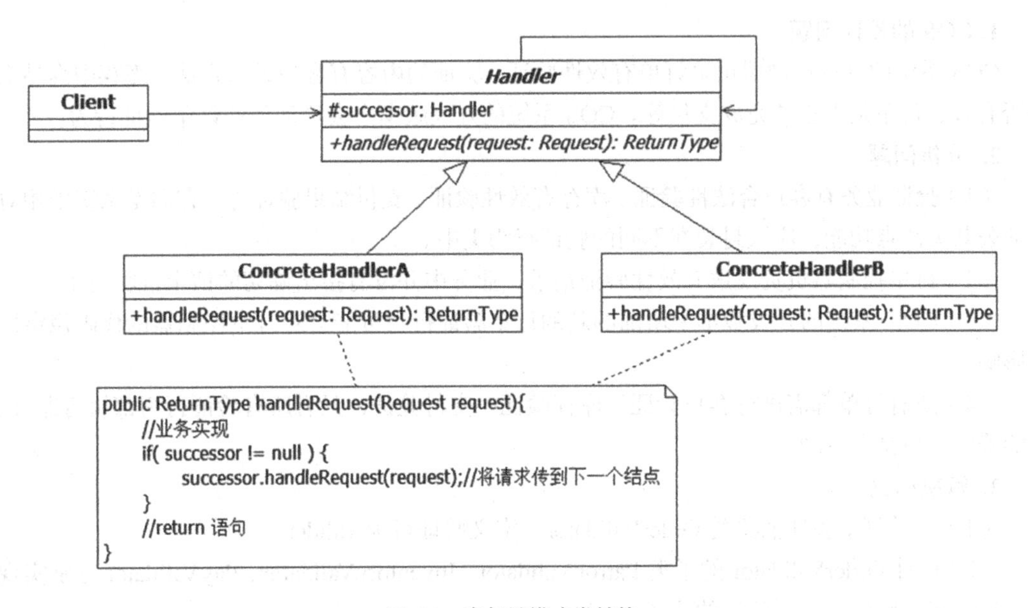


图 6.1 责任链模式类结构

图 6.1 所示结构中，客户端 Client 耦合到请求对象抽象类型 Handler，因此，Handler 具体子类的变化不会影响到 Client；Handler 定义后继节点 successor 指向同类型的对象。ConcreteHandlerA 或 ConcreteHandlerB 是请求处理行为的不同实现类，继承 Handler。

当 Handler 对象收到客户端请求后，开始执行自己的业务职责，之后将该请求传递给后继节点。客户端的请求会在责任链上一直被传递到尾节点后返回，或满足特定条件在某中间节点返回。

责任链模式类对象之间的协作时序如图 6.2 所示。

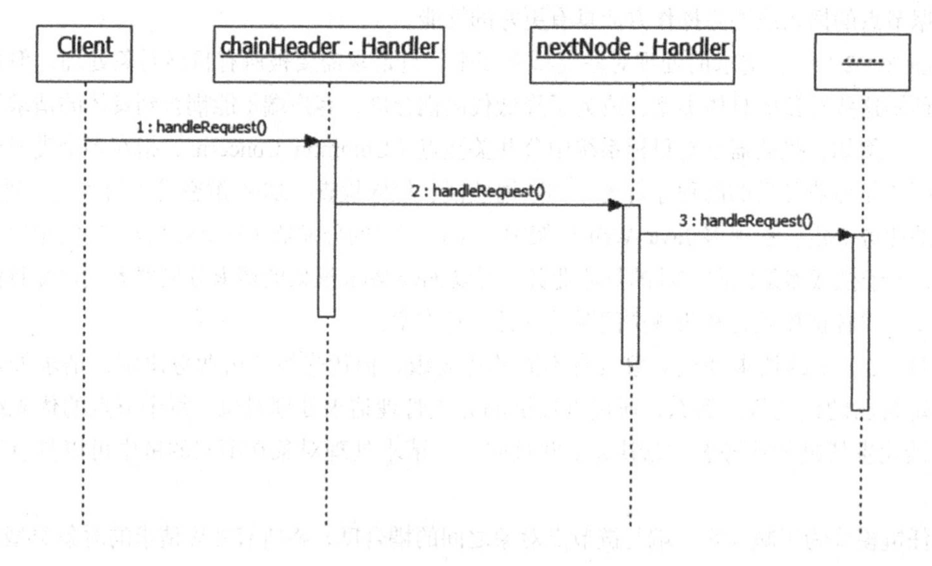


图 6.2　责任链模式类对象协作时序

（注：省略号代表责任链的其他节点对象）

## 6.1.2　使用责任链

**1. COS 的设计问题**

COS 系统的订单控制器负责订单有效性验证，验证的内容有客户是否合法、库存中商品数量是否有效、订单是否正常完成支付等。COS 系统的升级版本中会增加新的订单验证行为。

**2. 分析问题**

（1）验证业务有客户合法性验证、库存有效性验证、支付结果验证等，它们是系统中相对独立的公共关注点功能，应该封装在不同的验证行为类中。

（2）订单控制器负责发送有效性验证请求，业务中并没有指出确切的请求接收类型。

（3）COS 系统的升级版本中增加的新的订单验证行为可能会对订单控制器的代码稳定性带来影响。

（4）所有订单都需进行客户验证、库存验证、支付验证，只有所有验证行为都执行通过后，才能确定订单是有效的。

**3. 解决问题**

（1）设计订单验证抽象类 OrderValidator，定义验证行为 valid()。

（2）设计 OrderValidator 的子类 PatronValidator、InventoryValidator、PayValidator 分别实现客户验证、库存验证和支付验证的业务。

（3）在抽象类 OrderValidator 中定义 OrderValidator 类型的对象域，使所有验证行为对象能够组成一条链，作为整体向客户端提供服务。

（4）客户端 MealOrderController 使用 OrderValidator 抽象类型对象指向的验证行为链进行订单验证，减少与具体验证行为类的耦合。

**4. 解决方案**

详细设计方案如图 6.3 所示。

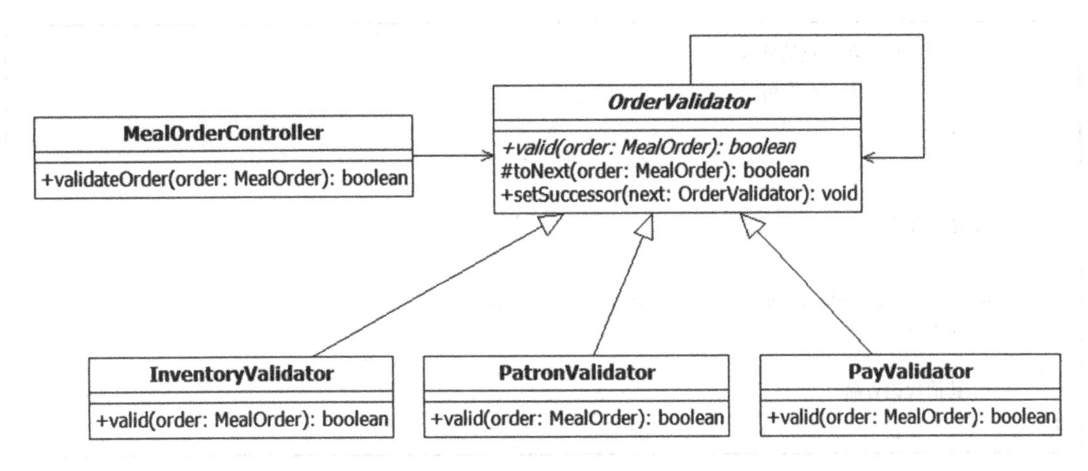


图 6.3 使用责任链模式设计订单验证功能

图 6.3 所示方案中，MealOrderController 是客户类，使用抽象类型 OrderValidator 定义的责任链进行订单验证。MealOrderController 不需要耦合到 OrderValidator 的具体实现类，这样有助于提高代码的稳定性。MealOrderController 代码结构示例如下。

```
public class MealOrderController {
    private OrderValidator validator;//验证行为的责任链
   /**
    * 验证目标订单是否有效
    */
    public boolean validateOrder(MealOrder order) {
        return validator.valid(order);//将请求委托给责任链处理
    }
    //省略其他代码
}
```

所有 OrderValidator 类型的对象通过域 successor 组成一条责任链，客户端请求在不同节点间的传递由 toNext()方法实现。OrderValidator 定义了验证行为的抽象方法 valid()，由具体的子类实现特定的验证行为，代码结构示例如下。

```
public abstract class OrderValidator {
    private OrderValidator successor;// 当前节点的后继
    /**
    * 抽象验证行为，由不同子类实现
    */
    public abstract boolean valid(MealOrder o);
    /**
    * 将目标对象传递到责任链下一个节点
    * 当后继节点不为空时，继续传递请求；否则当前节点为链尾，做相应业务处理
    */
    protected boolean toNext(MealOrder o){
        if(successor!=null){
            return successor.valid(o);
        }else{
```

```
                //末尾节点的处理
                //return 语句
            }
        }
        /**
        * 设置后继节点
        */
        public void setSuccessor(OrderValidator next){
            successor=next;
        }
        //其他代码省略
}
```

InventoryValidator、PatronValidator 等是具体验证器的实现类，除了执行验证业务外，还需要将请求传递至它的后继节点。以 InventoryValidator 为例，代码结构如下。

```
public class InventoryValidator extends OrderValidator {
    /**
    * 订单的库存验证实现
    */
    @Override
    public boolean valid(MealOrder o) {
            //订单库存验证
            return toNext(o);//请求传递到后继节点
    }
}
```

图 6.3 所示使用责任链模式设计的订单验证方案具有良好的可扩展性，当需要扩展新的验证内容时，只需要继承抽象类 OrderValidator 创建新的子类即可，而且 OrderValidator 子类的添加不会对 MealOrderController 客户类产生影响。

当客户对象向 OrderValidator 类的责任链提交订单验证请求后，该请求会在链上的每个节点被处理，直到返回。因此，链上的所有节点以整体链的方式向客户端提供服务，保证了服务的整体执行特性。

**5. 注意事项**

开发人员常使用责任链模式进行代码解耦合，或者实现向集合中动态地添加新行为对象，使该集合具有良好的可扩展特性。另外，实际项目使用中还需要关注以下问题。

（1）无法保证请求在链上一定会被正确处理。由于责任链上的每个节点只执行自己的业务职责并将请求向后传递，它们无法了解请求是否被其他节点处理过，当请求传递到最后一个节点时也是如此。

（2）链的结构可以不使用后继节点的方式实现。图 6.1 所示的方案使用后继节点方式生成责任链，不同的面向对象编程语言都实现了链表或其他具有链特征的数据结构，也可以使用这些数据结构管理节点对象。

（3）在图 6.1 所示的方案中，方法调用嵌套的深度取决于链的长短；因此，链的节点越多，方法调用嵌套的深度越大，将越不利于程序资源的回收（已执行过的方法不能返回），最终还有可能会导致程序异常（如栈溢出异常）。

### 6.1.3　行业案例

Java Servlet 框架源码中设计了 javax.servlet.FilterChain 类，负责将 Servlet 请求在 Filter 对象组成的责任链（以下简称 Filter 责任链）上进行传递。而开发人员在实际构造 javax.servlet.Filter 对象组成的责任链时，一般不使用后继节点的方式生成链，而是使用某种动态数据结构管理链的节点，如 java.util.List。该案例不再详述，学习者可以查阅相关资料进一步学习。本节着重分析 Java Servlet 容器 Jetty 的源码中对责任链模式的应用。

Jetty 是一款开源 Web 服务器和 Servlet 容器，提供 Http、Web Socket、JNDI 等功能。Jetty 在处理不同类型的请求时，使用 org.eclipse.jetty.server.Handler 接口对象；Handler 有不同的子类实现，每一个子类负责实现一个具体类型的请求的处理。org.eclipse.jetty.servlet.ServletHandler 是 Handler 的子类，实现了 Jetty 容器对 Servlet 请求的处理逻辑。

Jetty 处理 Servlet 请求的类结构如图 6.4 所示。

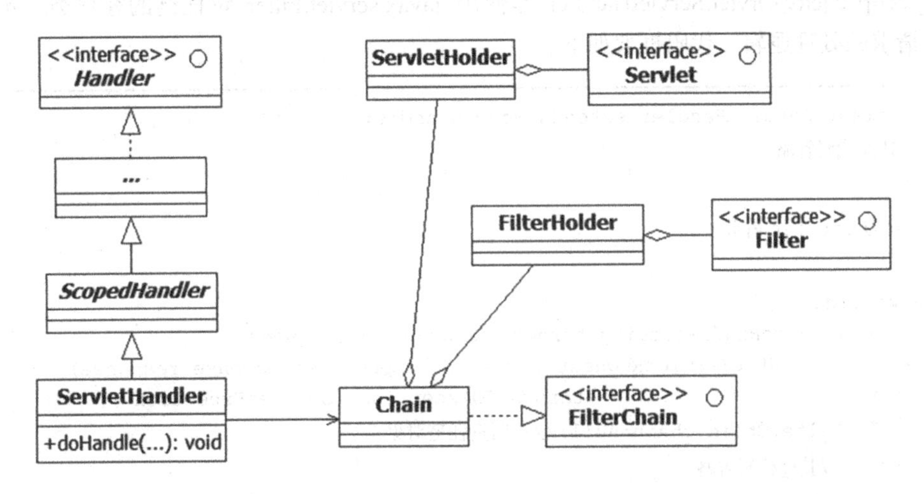


图 6.4　Jetty 处理 Servlet 请求的责任链类结构

（注：图中省略号代表其他信息）

在图 6.4 所示结构中，ServletHolder、FilterHolder 分别是 Servlet、Filter 接口类型对象的管理器；Chain 是 Filter 责任链的管理类，实现了 FilterChain 接口。Jetty 在实现 Filter 责任链时，并没有使用后继节点生成责任链的方式，而是单独定义私有类 Chain 进行链的管理，将 Servlet 请求在链节点之间传递。

FilterHolder 和 ServletHoLder 分别对 Filter 和 Servlet 对象和上下文进行管理，当收到客户端请求时，将请求委托给目标 Filter 和 Servlet 对象处理。以 ServletHolder 为例，它定义了 handle() 方法，将请求转交给目标 Servlet 对象处理，示例代码结构如下。

```
public class ServletHolder extends Holder<Servlet> implements
                                UserIdentity.Scope, Comparable<ServletHolder> {
      private transient Servlet _servlet;//被管理的 Servlet 实例
      /**
        * 将请求转交给 Servlet 处理
        */
```

```
        public void handle(Request baseRequest, ServletRequest request,
                    ServletResponse response) throws ServletException,
                            UnavailableException, IOException {
            //其他代码省略
            Servlet servlet = ensureInstance();//Servlet实例
            try {
                //调用Servlet的service()方法
                servlet.service(request,response);
                //省略其他代码
            }// catch{ } finally{ }省略其他代码
        }
    //省略其他代码
}
```

org.eclipse.jetty.servlet.ServletHandler 是使用 javax.servlet.Filter 责任链的客户类，负责实现 Servlet 请求的处理逻辑，代码框架如下。

```
public class ServletHandler extends ScopedHandler {
    //其他代码省略
    /**
    * 处理Servlet请求
    */
    @Override
    public void doHandle(String target, Request baseRequest,
            HttpServletRequest request, HttpServletResponse response)
                    throws IOException, ServletException {
        FilterChain chain=null;//声明责任链对象
        //其他代码省略
        //实例化链
        if (target.startsWith("/")) {
            if (servlet_holder!=null && _filterMappings!=null &&
                                    _filterMappings.length>0)
                chain=getFilterChain(baseRequest, target, servlet_holder);
        }
        else {
            if (servlet_holder!=null) {
                if (_filterMappings!=null && _filterMappings.length>0) {
                    chain=getFilterChain(baseRequest, null,servlet_holder);
                }
            }
        }
        try {
            //使用链处理请求，省略代码
        }
        //其他代码省略
    }
    /**
```

```
     * 构造链对象
     */
    protected FilterChain getFilterChain(Request baseRequest, String
                    pathInContext, ServletHolder servletHolder) {
        //省略其他代码
        FilterChain chain = null;//声明 chain
        //实例化 chain 或其他代码
        return chain;//返回
    }
}
```

Chain 是 ServletHandler 的私有内部类，实现了 FilterChain 接口，负责维护 Filter 责任链和将请求在链节点之间传递，示例代码结构如下。

```
//外部类 ServletHandler
public class ServletHandler extends ScopedHandler {
    //内部类 Chain
    private class Chain implements FilterChain {
        final List<FilterHolder> _chain;//责任链
        final ServletHolder _servletHolder;//目标 Servlet 的管理器
        int _filter= 0;//游标
        //其他代码省略
        /**
         * 将 Serlvet 请求在责任链节点间传递
         */
        @Override
        public void doFilter(ServletRequest request, ServletResponse response)
                        throws IOException, ServletException {
            //其他代码省略
            //将请求传递到下一个节点
            if (_filter < _chain.size()) {
                FilterHolder holder= _chain.get(_filter++);//Filter 管理器
                Filter filter= holder.getFilter();//Filter 对象
                try {
                    //省略其他代码
                    //执行当前节点职责
                    filter.doFilter(request, response, this);
                } finally {
                    //省略其他代码
                }
                return;
            }
            HttpServletRequest srequest = (HttpServletRequest)request;
            if (_servletHolder == null)
                //没有目标 ServletHolder 对象
            else {
                //省略其他代码
```

```
                //将请求传递给目标 ServletHolder 对象
                _servletHolder.handle(_baseRequest,request, response);
            }
        }
    }
}
```

从 Jetty 容器处理 Servlet 请求的示例中可以看到，虽然 Filter 责任链与 GoF 定义的模式类结构不一致，但它们所解决的问题和意图是一致的。

因此，笔者提醒读者：**在学习与使用设计模式时，不能形而上学，要以解决问题为出发点；设计模式是目标问题的一种解决方案，并没有严格的定义和约束条件；降低软件开发成本是设计模式的价值体现。**

# 6.2 命令模式

## 6.2.1 模式定义

### 1. 模式定义

**命令（Command）将类的业务行为以对象的方式封装，以便实现行为的参数化、撤销或重做等需求。**类的行为在运行时是以实例方法的形式调用的，当方法执行完毕并返回后，方法栈将会消除；方法的运行状态（主要指局部变量）保存在栈帧中，它会随着方法栈的销毁而丢失。当方法的运行状态丢失时，撤销、重做等类似操作就很难顺利实现。

命令模式将目标类的业务行为分离出去，并用单独的对象类（称为命令类）封装。在程序运行时，被分离的业务行为作为一个独立的对象存在，可以被存储或参数化（作为参数在不同对象间传递），为实现该行为的撤销、重做等提供支持。

### 2. 使用场景

命令模式的主要应用场景有如下几种。

（1）需要对目标类对象的行为实现撤销或重做等操作。

（2）将目标类对象的行为作为参数在不同的对象间传递。

（3）需要对目标业务行为及状态进行存储，以便在需要时调用。

（4）在原子操作组成的高级接口上构建系统。

场景（1）中的目标行为在执行完后，需要实现撤销或重做。例如，在对文件进行写数据时，文件写行为中含有状态（数据），当执行完毕后，该行为方法栈帧会被清除，其包含的数据也一并被清除。如果对上述写行为进行撤销操作，但其状态（或数据）已经丢失，则无法直接完成。

使用命令模式可将文件写行为封装在对象中，行为状态将以对象域的形式存储；同时在对象类中定义写行为的撤销方法。当文件写数据执行完后，该操作的状态（或数据）会保存在行为对象域中，当需要对已写数据撤销时，只需执行对应对象的撤销方法即可。

场景（2）中的需求是将行为作为参数在不同对象间传递。多数面向对象语言不支持方法作为参数类型，而实际软件开发中存在将方法作为参数类型的需求，如方法回调（Callback）。以对象封装行为的方式可以解决编程语言不支持方法作为参数类型的问题。

场景（3）描述的是将执行完毕的行为进行存储，可以是持久化存储或暂时存储，以便在需要执行时调用。比如，COS 系统发消息的业务行为需要进行有序执行，将它们进行队列化是一种好的实现方式。使用对象封装行为，可以将行为对象队列化。

场景（4）中，所谓原子操作，是指不可分割的操作，在执行时一次完成，而不会被其他事务打断或干扰。例如，数据库系统的事务操作是由一系列原子操作组成的。将原子操作对象化，可以实现操作类型的抽象，客户端依赖于抽象类会提高代码的稳定性或可扩展性。

**3. 类结构**

GoF 定义的命令模式相对复杂，类结构如图 6.5 所示。

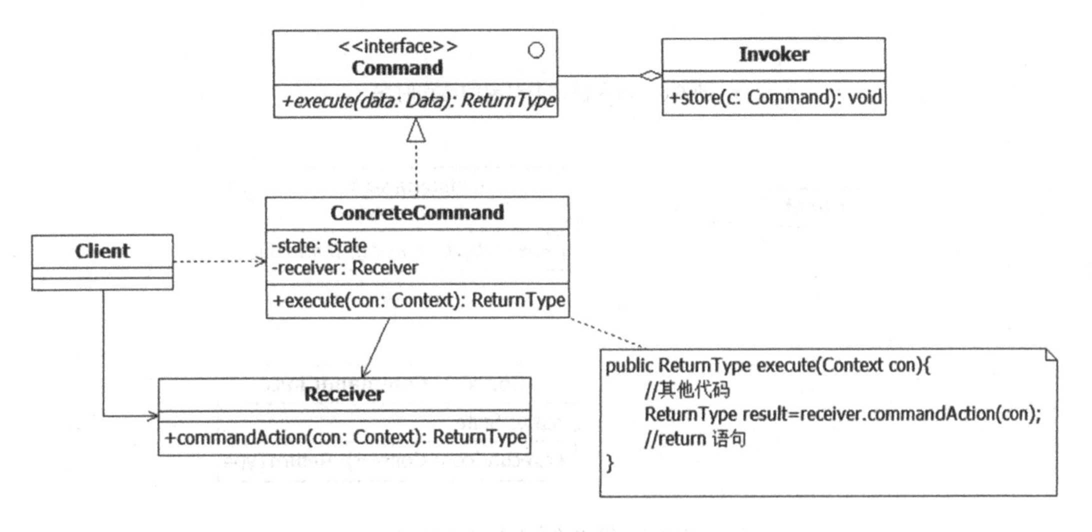


图 6.5　命令模式类结构

图 6.5 所示结构中，Client 是客户类，创建 ConcreteCommand 对象，并将命令对象存储在 Invoker 中；Command 接口定义了命令对象的行为，由 ConcreteCommand 子类实现；Receiver 封装具体的命令操作；Invoker 负责存储和管理 Command 对象，并触发命令行为的执行。

当客户端 Client 需要使用具体的命令时，它自己创建该命令对象，并指定命令对应的 Receiver 对象；命令对象创建完成后，Client 调用 Invoker 对象存储它；Invoker 对象存储命令对象的同时，执行命令对象的行为；命令对象收到执行请求后，将请求委托给 Receiver 对象实现业务处理。命令模式类对象的协作时序如图 6.6 所示。

开发人员实际使用命令模式时，可以根据具体业务简化 GoF 命令模式的类结构。如果不需要对命令对象进行保存或不需要单独的对象类型管理命令对象，Invoker 类可以从图 6.5 所示的方案中删除；如果不需要将命令对象的状态与操作分离，也可以将图 6.5 所示方案中的 Receiver 类删除。简化后的命令模式如图 6.7 所示。

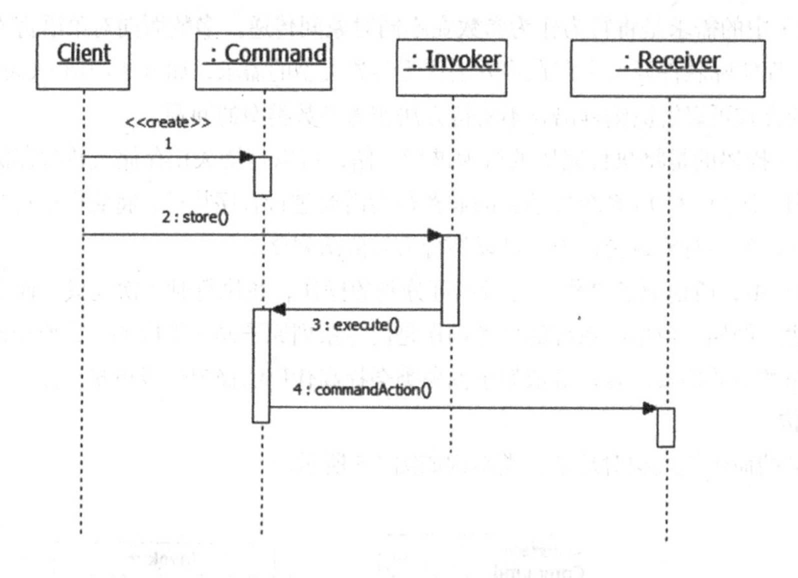


图 6.6　命令模式类对象的协作时序

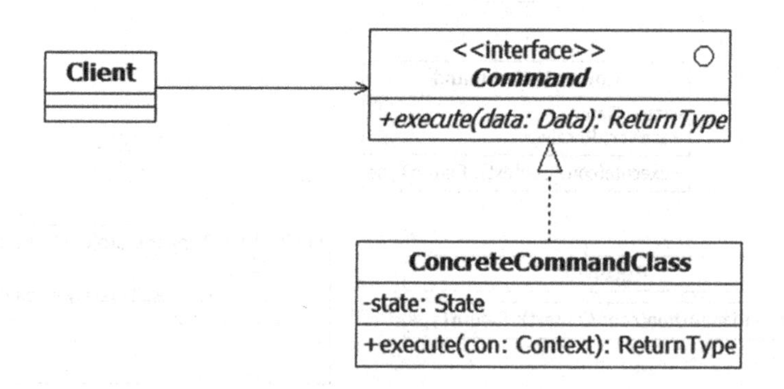


图 6.7　简化的命令模式类结构

## 6.2.2　使用命令

**1. COS 的设计问题**

COS 系统的购物车模块需要实现菜品添加、删除和撤销操作（添加、删除）的功能。即，当执行过菜品添加操作后，撤销操作将会删除刚添加进购物车中的菜品；当执行过菜品删除操作后，撤销操作将会把刚被删除的菜品重新添加到购物车中。

**2. 分析问题**

（1）菜品添加、删除操作以及撤销操作都是属于购物车对象的业务行为。

（2）撤销操作呈现多态特征。对菜品“添加操作”执行撤销，购物车中指定的菜品将被删除；对菜品“删除操作”执行撤销，指定的菜品将被添加到购物车中。

（3）撤销业务的实现依赖于被撤销行为的状态（数据）。由于撤销是将购物车状态恢复到目标行为执行之前，所以目标行为执行状态（数据）必须保存下来以备撤销操作使用。

（4）购物车是一个复杂的大对象，除了实现菜品添加、删除功能外，还具有其他业务行为，如菜品统计、排序等。如果把所有代码都封装在一个类中，将导致该类变成巨型类。

**3. 解决问题**

（1）将菜品添加、删除行为用命令对象类封装，从购物车类中分离出去，降低购物车类代码的复杂程度。

（2）设计 CartCommand 接口作为命令对象的抽象类，定义 execute()作为该命令的业务方法，定义 undo()作为该命令的撤销方法。

（3）设计 AddFoodCommand 和 RemoveFoodCommand 作为 CartCommand 接口的实现类，分别实现添加菜品操作、删除菜品操作及对应操作的撤销方法。

（4）设计 CartCommandReceiver 类分别定义和实现菜品添加和删除业务方法。

（5）设计 CommandInvoker 类管理购物车命令对象，并触发对应命令的执行。

**4. 解决方案**

具体设计方案如图 6.8 所示。

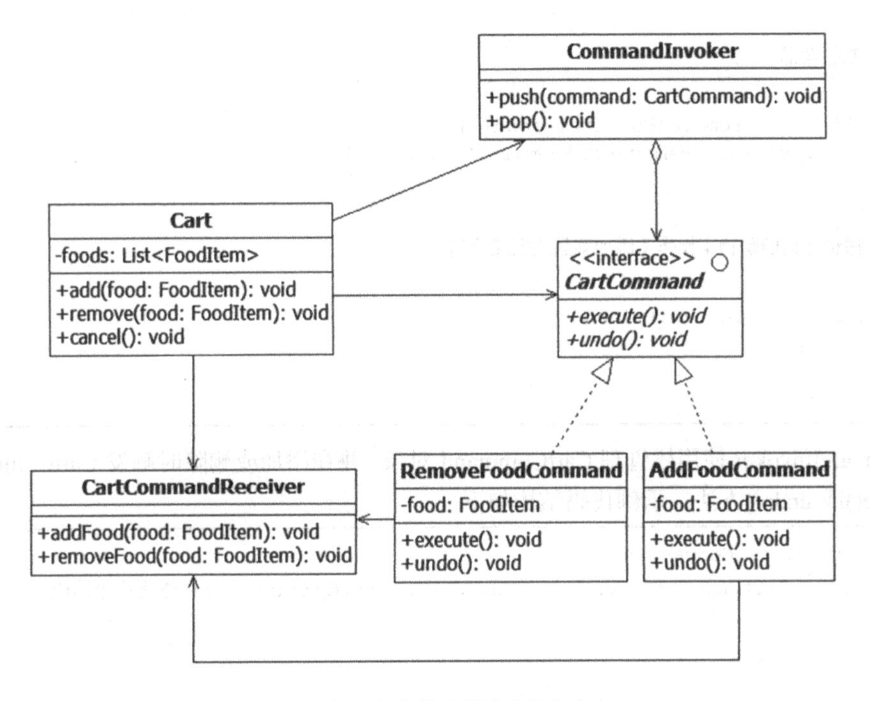


图 6.8　使用命令模式设计购物车命令

在图 6.8 所示的方案中，CartCommand 定义了购物车行为的命令接口，示例代码结构如下。

```
public interface CartCommand {
    /**
    * 执行命令
    */
    public void execute();
   /**
     * 撤销命令
     */
    public void undo();
}
```

Cart 是使用命令对象的客户类，负责创建具体的购物车命令，并调用 CommandInvoker 保存和管理命令对象。Cart 创建 CartCommand 对象时，指定 CartCommandReceiver 对象作为该命令的执行者。Cart 客户类的代码结构如下。

```
public class Cart {
    private List<FoodItem> foods = new ArrayList<FoodItem>();// 菜品列表
    CommandInvoker ci = new CommandInvoker();// 命令激活器
    CartCommandReceiver cr = new CartCommandReceiver(foods);// 命令接收者
        /**
     * 添加菜品
     */
    public void add(FoodItem food) {
        ci.push(new AddFoodCommand(food, cr));
    }
    /**
     * 删除菜品
     */
    public void remove(FoodItem food) {
        ci.push(new RemoveFoodCommand(food, cr));
    }
    /**
     * 撤销之前的购物车操作（添加菜品或删除菜品）
     */
    public void cancel() {
        ci.pop();
    }
}
```

CommandInvoker 使用栈管理 CartCommand 对象，并在添加或删除时触发 CartCommand 对象的 execute()或 undo()方法，示例代码结构如下。

```
    public class CommandInvoker {
      Stack<CartCommand> commands=new Stack<CartCommand>();//管理命令的栈
      /**
        * 命令入栈
        */
    public void push(CartCommand command){
        command.execute();//执行命令
        commands.push(command);  }
    /**
    * 命令出栈
    */
    public void pop(){
        CartCommand command=commands.pop();
        command.undo();  //撤销命令
    }
}
```

AddFoodCommand 与 RemoveFoodCommand 是 CartCommand 接口的实现类，作为菜品添加和删除的命令类，保存命令的状态，并委托指定的 CartCommandReceiver 类对象实现对应的菜品操作。以 AddFoodCommand 为例，示例代码结构如下。

```
public class AddFoodCommand implements CartCommand {
    private CartCommandReceiver receiver;// 命令接收器
    private FoodItem food;//被操作菜品对象（命令行为的状态）
    public AddFoodCommand(FoodItem f, CartCommandReceiver r) {
        food = f;//初始化 food
        receiver = r;//初始化 receiver
    }
    /**
    * 菜品添加操作
    */
    @Override
    public void execute() {
        receiver.addFood(food);//委托 receiver 向购物车添加指定菜品对象
    }
    /**
    * 撤销菜品添加
    */
    @Override
    public void undo() {
        receiver.removeFood(food);//委托 receiver 从购物车删除指定菜品对象
    }
}
```

CartCommandReceiver 是命令接收者，封装和实现了购物车命令的具体操作，其示例代码结构如下。

```
public class CartCommandReceiver {
    private List<FoodItem> foods;// 购物车菜品列表
    public CartCommandReceiver(List<FoodItem> fs) {
        foods = fs;//初始化 foods
    }
    /**
      * 加指定菜品到购物车菜品列表
      */
    public void addFood(FoodItem food) {
        foods.add(food);
        }
       /**
      * 从购物车菜品列表中删除指定的菜品
      */
    public void removeFood(FoodItem food) {
        foods.remove(food);
    }
}
```

**5. 注意事项**

图 6.8 所示的方案使用命令模式设计购物车命令时，可以大大简化购物车类的代码结构，也能实现购物车操作的撤销行为。但是，在不同场景中使用命令模式解决设计问题时，开发人员还需要注意以下几个方面。

（1）可能会导致设计类的数量“爆炸”。不同的业务行为需要由不同的命令类封装，如果频繁使用命令模式单独封装业务行为，将会导致设计类的数量急剧增大，甚至不可控制。

（2）对命令类扩展时，可能会影响到客户端代码的稳定性。客户端耦合到具体命令类，当添加新的命令类时，需要修改客户端代码以适应新需求。

（3）特定的应用场景中，用简化的命令模式会使代码结构更加简洁。

### 6.2.3 行业案例

**1. JDK 中 Thread 类的命令模式的应用**

JDK 中的线程类 java.lang.Thread 使用了命令模式设计源码，线程任务由 java.lang.Runnable 接口类型的对象封装，从 Thread 类中分离出去。通过线程与任务行为的分离，实现了线程任务的参数化、重做等功能。

java.lang.Thread 既是使用 Runnable 命令对象的客户类，也是 java.lang.Runnable 接口的实现类，因此，java.lang.Thread 是具体的命令类，代码框架如下。

```
public class Thread implements Runnable {
    //其他代码省略
    private Runnable target;//命令对象
    /**
     * 将线程任务行为作为参数传递到线程对象中
     */
    public Thread(Runnable target) {
        init(null, target, "Thread-" + nextThreadNum(), 0);//初始化线程
    }
    /**
     * 执行线程任务
     */
    @Override
    public void run() {
        if (target != null) {
            target.run();//调用目标命令对象
        }
    }
}
```

**2. NetBeans 中 CVS 模块应用的命令模式**

NetBeans 是一款开源、免费的集成开发环境，可用于开发 Java、PHP、JavaScript 等编程语言的应用程序，支持 CVS（Concurrent Versions System，并发版本控制系统或版本控制系统）进行源码版本控制。在实现 CVS 客户端模块时，NetBeans 使用了命令模式，类结构如图 6.9 所示。

图 6.9 所示结构中，Client 是执行命令 Command 的客户类；Command 是定义了 CVS 版本控制行为的抽象类，由子类实现具体的版本控制行为，如 AddCommand、ImportCommand、RepositoryCommand 等。ClientServices 接口向 Command 类的对象提供其执行环境的信息查询服务，如获取当前仓库服务 getRespository()等。

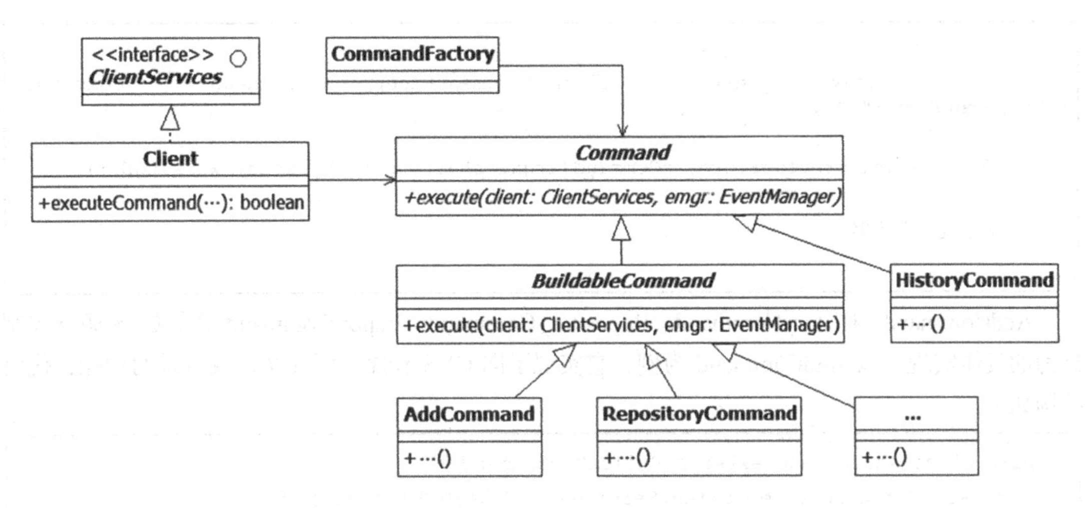


图 6.9　NetBeans 的 CVS 客户端模块命令类结构

（注：图中省略号代表其他信息）

Command 类定义了版本控制命令对象的执行方法 execute()。Command 类对象不是由使用它的客户类创建，而是由 CommandFactory 工厂类负责统一创建，CommandFactory 代码结构如下。

```
public class CommandFactory {
    //定义 CVS 命令类型
    private static final String[] COMMAND_CLASSES = new String[] {
        "Import", "add", "annotate", "checkout", "commit", "diff", "export",
        "locbundlecheck", "log", "rannotate", "remove", "rlog", "rtag", "status",
        "tag", "update" };
    private static CommandFactory instance;//定义 CommandFactory 的实例
    private CommandFactory() {
        createCommandProviders();
    }
    /**
     * 客户端访问 CommandFactory 单例的接口
     */
    public static synchronized CommandFactory getDefault() {
        if (instance == null) {
            instance = new CommandFactory();
        }
        return instance;
    }
    /**
     * 创建 Command 对象
     */
    public Command createCommand(String commandName, String[] args,int startingIndex,
        GlobalOptions gopt, String workingDir) throws IllegalArgumentException {
        CommandProvider provider = (CommandProvider)
                                commandProvidersByNames.get(commandName);
```

```
            if (provider == null) {
                throw      new      IllegalArgumentException("Unknown      command:
'"+commandName+"'");
            }
            return provider.createCommand(args, startingIndex, gopt, workingDir);
      }
      //其他代码省略
}
```

AddCommand、HistoryCommand、RepositoryCommand、ImportCommand 等是 CVS 版本控制行为的具体实现，以 AddCommand 为例，它实现了向 CVS 仓库中添加文件或目录的功能，代码结构如下。

```
public class AddCommand extends BuildableCommand {
    private ClientServices clientServices;//请求接收者（receiver）
    private List requests;//命令请求
    //省略其他代码
    /**
      * 命令行为
      */
    public void execute(ClientServices client, EventManager em)
                        throws CommandException, AuthenticationException {
           //省略其他代码
           clientServices = client;//设置 clientServices
           super.execute(client,em)//执行父类的行为
           try {
              //省略其他代码
              requests = new LinkedList();//初始化 requests
              //省略 requests 构造代码
              client.processRequests(requests);//将请求委托给接收者处理
           }
           catch (CommandException ex) {
               throw ex;//抛出异常
           }
           catch (Exception ex)
           {
               throw new CommandException(ex, ex.getLocalizedMessage());//抛出异常
           }
           finally
           {
               requests.clear();
           }
    }
}
```

Client 类实现了 ClientServices 接口，是命令接收者实现类，同时它也是使用 Command 对象的客户类，其代码结构示例如下。

```
public class Client implements ClientServices, ResponseServices {
    //省略其他代码
    /**
     * 使用命令行为
     */
    public boolean executeCommand(Command command, GlobalOptions
                                                    globalOptions){
      //省略的代码
      try {
          eventManager.addCVSListener(command);//加入事件监听器
          command.execute(this, eventManager);//调用 command 对象
      } finally {
          eventManager.removeCVSListener(command);//移除事件监听器
      }
      return !command.hasFailed();//返回执行结果
    }
    /**
     * 接收并处理命令对象请求
     */
    public void processRequests(List requests)
                    throws IOException, UnconfiguredRequestException,
                        ResponseException, CommandAbortedException {
        //连接 CVS 服务器，处理请求
    }
}
```

从上述案例可以看出，实际使用命令模式设计代码时，可以根据需求简化 GoF 命令模式的类结构，图 6.5 所示结构中的 Receiver 和 Invoker 类都可以省略，或只设计其中一个。更特殊地，如 NetBeans 的做法一样，为了方便执行对上下文，可以将 Client 与 Receiver 封装在同一个类中。这仍然符合命令模式解决设计问题的思路，只是在形式上与 GoF 定义的命令模式不同而已。

# 6.3 解释器模式

## 6.3.1 模式定义

**1. 模式定义**

**解释器（Interpreter）是用于表达语言语法树和封装语句解释（或运算）行为的对象。**

语言是信息表达的一种方式，按使用对象分为自然语言（如汉语、英语等）、计算机语言（如 Java、C#等）等。语言的定义包括语法和语义，语法是一组规则，包括词法规则和句法规则等；一般使用文法来描述语法结构的形式化规则，如上下文无关文法、正则文法等。文法包含终结符、非终结符、生成式规则等。计算机编译器表达语法结构时，使用树状的数据结构，称为语法树。

语义指语言中符号的含义，依赖于使用语言符号的上下文。语言中的语句由若干个相互关联的词组成，每个词由若干个符号组成。计算机程序中的语句分为表达式语句、控制语句、赋值语句等，读者可以查阅语言相关的文献进一步了解。

**2. 使用场景**

解释器模式使用类的规则构造语言的语法树，表达满足语法规则的表达式语句，其使用场景有如下两种。

（1）目标语言的语法规则简单。

（2）目标语言程序效率不是设计的主要目标。

解释器模式将语法树上的根节点定义为抽象表达式类型，子节点作为终结表达式或非终结表达式类型。客户端使用解释器对目标表达式进行解释（或运算）时，传入该表达式所依赖的上下文对象，上下文对象中含有解释（或运算）表达式所需的所有信息。

**3. 类结构**

解释器模式类结构如图 6.10 所示。

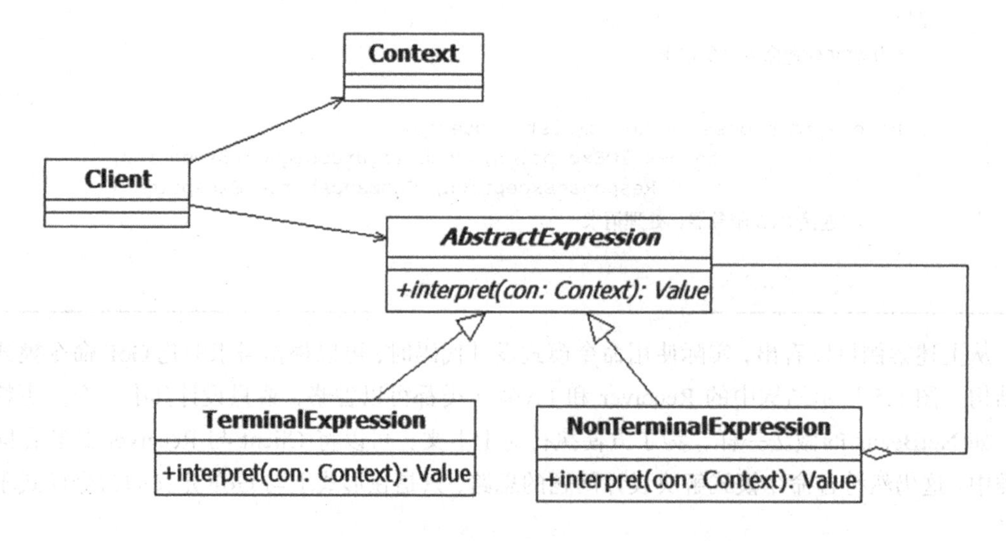


图 6.10　解释器模式类结构

图 6.10 所示的结构中，Client 是构造和使用表达式对象的客户类，AbstractExpression 定义了抽象表达式类型和解释行为，TerminalExpression 是终结表达式类型，NonTerminalExpression 是非终结表达式类型，Context 是表达式解释行为执行所依赖的上下文。

当 Client 需要对表达式进行运算时，先使用终结或非终结表达式类构造出目标表达式的聚合对象，再调用该对象的解释行为，并传入指定的上下文。终结表达式对象执行解释行为时，根据上下文返回运算的结果值；非终结表达式对象执行解释行为时，递归地调用其组合元素的解释行为进行值的运算。解释器模式类对象之间的协作时序如图 6.11 所示。

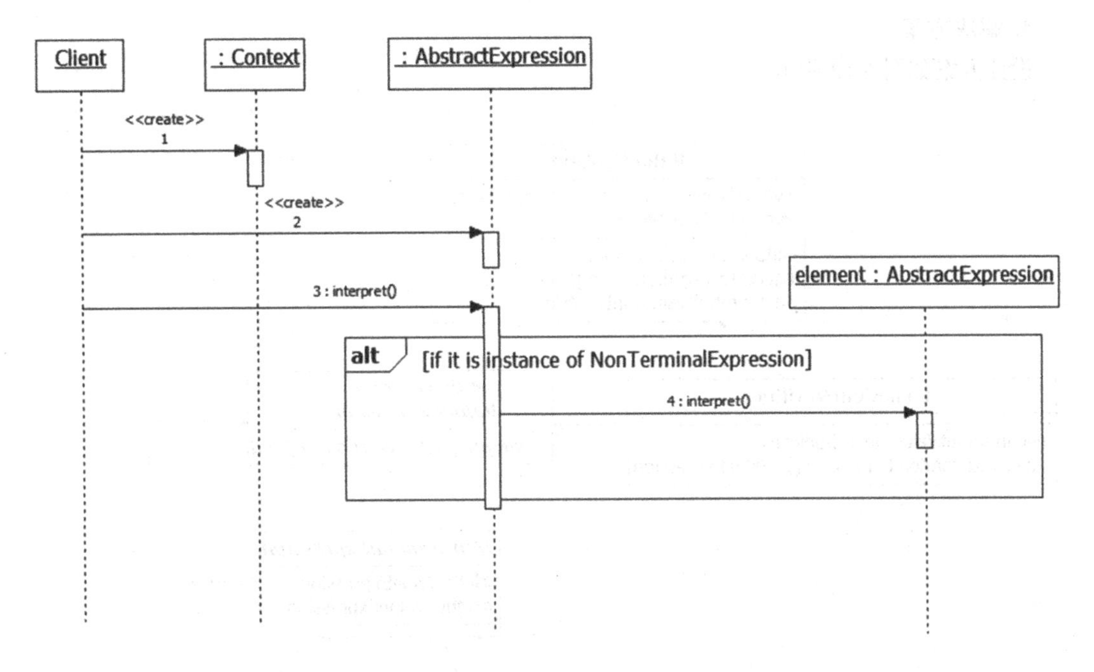


图 6.11 解释器模式类对象协作时序

## 6.3.2 使用解释器

**1. COS 的设计问题**

COS 系统为了防止网络攻击，要求客户登录时计算登录界面验证码公式，并填入正确验证码数值。登录页面的验证码公式是中文大写个位数的加法或减法运算。

**2. 分析问题**

（1）验证码公式是算术表达式——加法或减法运算，而且是二元运算表达式，由左子表达式和右子表达式组成。

（2）公式中使用的中文大写数字等语言符号在表达式运算时应按照特定的上下文转换成对应的整型数值。

（3）验证码公式可以由若干子表达式组成。

**3. 解决问题**

（1）设计抽象表达式接口 ValueExpression，定义表达式运算方法 interpret()。

（2）设计 TerminalExpression 类，实现 ValueExpression 接口，作为终结表达式类型。

（3）设计 NonTerminalExpression 类，实现 ValueExpression 接口，作为非终结表达式类型，定义二元运算的左子表达式域和右子表达式域。

（4）设计 AddExpression 和 SubExpression 类，继承 NonTerminalExpression 类，分别实现加法和减法表达式的值运算。

（5）定义 ValueContext 表达式运算的上下文类，封装中文字符与整型数值的映射表，并向客户类提供符号值查询接口 getValue()。

（6）客户类 LoginCodeVerifier 构造和使用表达式对象。

**4. 解决方案**

设计方案如图 6.12 所示。

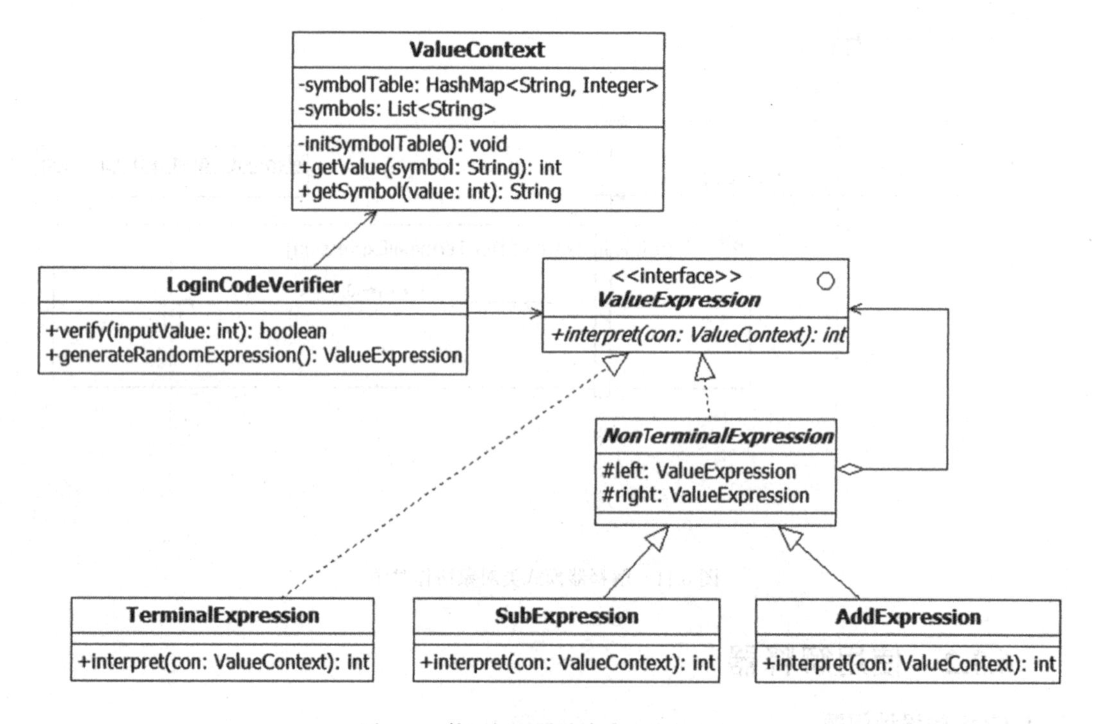


图 6.12　使用解释器设计验证码表达式

图 6.12 所示方案中，LoginCodeVerifier 是构造和使用表达式对象的客户类，ValueContext 是表达式运算的上下文类，ValueExpression 定义了表达式接口行为 interpret()。TerminalExpression、NonTerminalExpression、SubExpression、AddExpression 分别是表达式子类。

LoginCodeVerifier 类型的对象使用表达式时，先初始化表达式运算需要的 ValueContext 类型的上下文对象，再构造 ValueExpression 的子表达式对象。LoginCodeVerifier 的业务行为调用表达式解释方法 interpret()时，会将上下文对象传入该方法。LoginCodeVerifier 的示例代码结构如下。

```
public class LoginCodeVerifier {
    private ValueExpression exp;// 目标表达式
    private ValueContext con;// 表达式上下文
      public LoginCodeVerifier() {
        con = new ValueContext();// 初始化表达式上下文
        generateRandomExpression();//生成表达式
    }
    /**
    * 验证用户输入值与表达式计算结果是否一致
    */
    public boolean verify(int inputValue) {
        int expValue = exp.interpret(con);//计算表达式值
        return inputValue == expValue;//返回验证结果
    }
```

```
    /**
    * 生成表达式
    */
    private ValueExpression generateRandomExpression() {
        //构造表达式（构造后的表达式可用于计算或验证页面可视化）
        return exp;
    }
}
```

TerminalExpression 是终结表达式类型，实现了终结表达式的解释行为，示例代码结构如下。

```
public class TerminalExpression implements ValueExpression {
    private String symbol;// 终结符
    /**
     * 构造对象时，对终结符初始化
     */
    public TerminalExpression(String sym) {
        symbol = sym;//初始化终结符
    }
    /**
    * 计算终结表达式的值
    */
    @Override
    public int interpret(ValueContext con) {
        return con.getValue(symbol);//返回上下文中终结符的整型值
    }
    //省略其他代码
}
```

NonTerminalExpression 是非终结表达式类型，定义了左子表达式域和右子表达式域，其解释行为由子类实现，代码省略，不作表述。

ValueContext 提供表达式对象解释行为所需的上下文数据，其代码结构如下。

```
public class ValueContext {
    // 表达式语言的符号表
    private HashMap<String, Integer> symbolTable = new HashMap<String, Integer>();
    private String[] symbols = new String[10];// 符号数组
    /**
     * 构造对象时，初始化符号映射表和符号数组
     */
    public ValueContext() {
        initSymbolTable();//初始化符号表
        symbolTable.keySet().toArray(symbols);//初始化符号数组
    }
    /**
    * 初始化符号表
    */
    private void initSymbolTable() {
        //省略其他代码
```

```
    }
     /**
    * 获取符号对应的整型值
    */
    public int getValue(String symbol) {
        Integer value = symbolTable.get(symbol);
        if (value == null) {
            new Exception("表达式中含有不合法的符号!").printStackTrace();
        }
        return value;
    }
     //省略其他代码
}
```

AddExpression 和 SubExpression 分别实现了加法表达式运算和减法表达式运算，执行解释行为时，递归调用子表达式的解释行为计算结果。以 AddExpression 为例，示例代码结构如下。

```
public class AddExpression extends NonterminalExpression {
    public AddExpression(ValueExpression lexp, ValueExpression rexp) {
        super(lexp, rexp);//初始化左元和右元
    }
   /**
    * 实现加法表达式的运算
    */
    @Override
    public int interpret(ValueContext con) {
          //递归调用左元和右元的解释行为
        return left.interpret(con)+right.interpret(con);
    }
      //省略其他代码
}
```

**5. 注意事项**

使用解释器模式能够构造简单语言的语法树结构、定义和实现表达式语句的解释行为等，在实际使用时，开发人员还需要注意以下问题：

（1）解释器模式不适合具有复杂语法规则的语言。当语言的语法规则相对复杂时，每个语法规则都需要设计一个单独的类实现，这会使类方案变得极为复杂，设计模型也难以维护。此外，在构造表达式语句聚合对象时，计算代价也将会很大。

（2）在图 6.10 所示方案中加入新的子类型表达式，将会影响到客户端代码的稳定性。具体表达式对象的构造需要客户端实现，当增加新类型的子表达式时，客户端代码必须更改，以适应新表达式类型对象的构造。

（3）解释器模式是组合模式应用实例之一。

## 6.3.3 行业案例

**1. JSP 表达式语言使用的解释器模式**

J2EE 平台提供了 EL（Expression Language，表达式语言）技术，用于构造视图层与业务逻辑层之间的交互关联。EL 技术被前端视图框架 JSF（JavaServer Faces）和 JSP（JavaServer Pages）

用于实现页面访问 Java Bean 组件数据或调用 Java Bean 方法等。

EL 定义了特殊的语法规则，如“${customer.name}”表示获取“customer” Bean 的 name 域值。EL 可定义的表达式类型有值运算表达式、方法调用表达式和字符运算表达式等。

以 JSP 框架为例，其源码中的 javax.el.ELResolver 是 EL 表达式运算的抽象类，定义了表达式解释行为 getValue();JSP 框架在执行 EL 表达式运算时，向 ELResolver 对象提供 javax.el.ELContext 上下文对象；不同类型表达式的运算由 ELResolver 的子类实现，如 ArrayELResolver 和 BeanELResolver 分别实现了数组运算和 Bean 运算；多个子表达式组成的复合表达式运算，由 javax.el.CompositeELResolver 实现。

JSP EL 表达式运算类的类结构如图 6.13 所示。

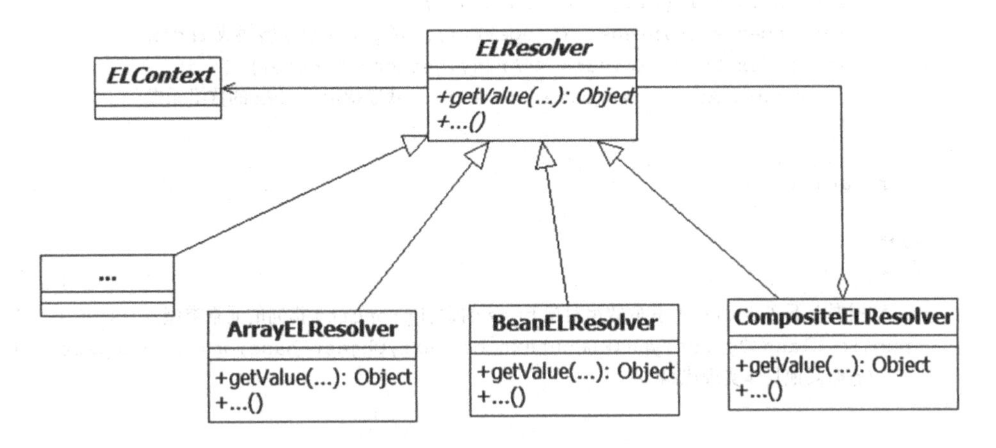


图 6.13 JSP EL 表达式运算类结构

（注：图中省略号代表其他信息）

图 6.13 所示结构中，ELResovler 是表达式抽象运算类，ELContext 是表达式运算所依赖的上下文，ArrayELResolver、BeanELResolver 等代表终结表达式运算类，CompositeELResolver 代表非终结表达式运算类。

抽象类 ELResolver 定义了表达式解释行为 getValue()，其子类实现具体表达式类型的运算。ELResolver 代码结构如下。

```
public abstract class ELResolver {
    //省略其他代码
    /**
     * 根据上下文 context 获取指定对象 base 的属性 property 的值
     */
    public abstract Object getValue(ELContext context, Object base, Object property);
    /**
     * 根据上下文 context 获取指定对象 base 的属性 property 的类型
     */
    public abstract Class<?> getType(ELContext context, Object base, Object property);
}
```

ELResolver 的子类 ArrayELResolver 等实现了具体表达式类型运算 getValue()和其他行为。以

ArrayELResolver为例，它实现了数据对象表达式的运算，代码结构如下。

```
public class ArrayELResolver extends ELResolver {
    //省略其他代码
    /**
     * 根据上下文 context 获取数组对象 base 的索引 property 指向的元素值
     */
    public Object getValue(ELContext context, Object base,Object property) {
      if (context == null) {
          throw new NullPointerException();//上下文为空时，抛出异常
      }
      if (base != null && base.getClass().isArray()) {
          context.setPropertyResolved(true);
          int index = toInteger (property);//将 property 转换成 index
          if (index >= 0 && index < Array.getLength(base)) {
              return Array.get(base, index);//获取指定 index 的数组元素
          }
       }
      return null;
    }
    /**
     *
     */根据上下文 context 获取数组对象 base 的索引 property 指向的元素类型
    public Class<?> getType(ELContext context,Object base,Object property) {
      //省略其他具体实现代码
  }
}
```

ELContext定义了表达式运算的上下文抽象类，其代码结构如下。

```
public abstract class ELContext {
    private boolean resolved;//是否已找到需要的数据
    //上下文映射
    private HashMap<Class<?>, Object> map = new HashMap<Class<?>, Object>();
     //省略其他代码
    /**
     * 获取指定的上下文对象
     */
    public Object getContext(Class key) {
      if(key == null) {
          throw new NullPointerException();
      }
      return map.get(key);
     }
     /**
      * 获取当前上下文中的表达式对象（由子类实现）
      */
     public abstract ELResolver getELResolver();
     /**
      * 获取当前上下文中的类和包的导入处理对象
      */
     public ImportHandler getImportHandler() {
```

```
        if (importHandler == null) {
            importHandler = new ImportHandler();
        }
        return importHandler;
      }
    /**
     * 获取变量映射器（由子类实现）
     */
    public abstract VariableMapper getVariableMapper();
     /**
      * 获取当前上下文的运算监听器
      */
    public List<EvaluationListener> getEvaluationListeners() {
      return listeners;
    }
}
```

CompositeELResolver 实现了复合 EL 表达式的解释行为，在执行解释行为时，CompositeELResolver 调用组合元素的解释行为完成表达式运算，代码结构如下。

```
public class CompositeELResolver extends ELResolver {
    //定义管理组合元素的数据结构 elResolvers
    private final ArrayList<ELResolver> elResolvers =
                                new ArrayList<ELResolver>();
    //省略其他代码
    /**
     * 添加组合元素
     */
    public void add(ELResolver elResolver) {
        if (elResolver == null) {
            throw new NullPointerException();
        }
        elResolvers.add(elResolver); }
    /**
     * 根据上下文 context 获取对象 base 的 property 值
     */
    public Object getValue(ELContext context,Object base,Object property) {
     context.setPropertyResolved(false);
     int i = 0, len = this.elResolvers.size();
     ELResolver elResolver;
     Object value;
     while (i < len) {
        elResolver = this.elResolvers.get(i);//获取指定位置的组合元素
        //调用组合元素的 getValue()方法
        value = elResolver.getValue(context, base, property);
        if (context.isPropertyResolved()) {
            return value;//返回结果
        }
        i++;
     }
     return null;
    }
}
```

**2. OGNL 中解释器模式的应用**

OGNL（Object-Graph Navigation Language，对象图导航语言）是一种针对 Java 对象属性运算的表达式语言，可用于建立 UI 组件与控制器之间的关联。Struts、Tapestry 等开源框架均使用 OGNL 作为其表达式语言。

OGNL 构建目标表达式的语法树时，将树节点接口类型定义为 ognl.Node，不同类型的表达式定义不同 Node 子类实现，如赋值运算表达式实现类 ASTAssign、投影运算表达式 ASTProject、选择运算表达式 ASTSelect 等。OGNL 语法树每个节点都包含父节点域和子节点域，由 Node 子类 ognl.SimpleNode 定义。

ognl.Node 接口定义了表达式解释方法 getValue()，由具体的表达式类实现运算业务。getValue()方法在执行时，依赖于表达式上下文 ognl.OgnlContext 类型的对象。OgnlContext 类实现了 java.util.Map 接口，封装了表达式运算所需的所有信息。OGNL 语法树节点类结构如图 6.14 所示。

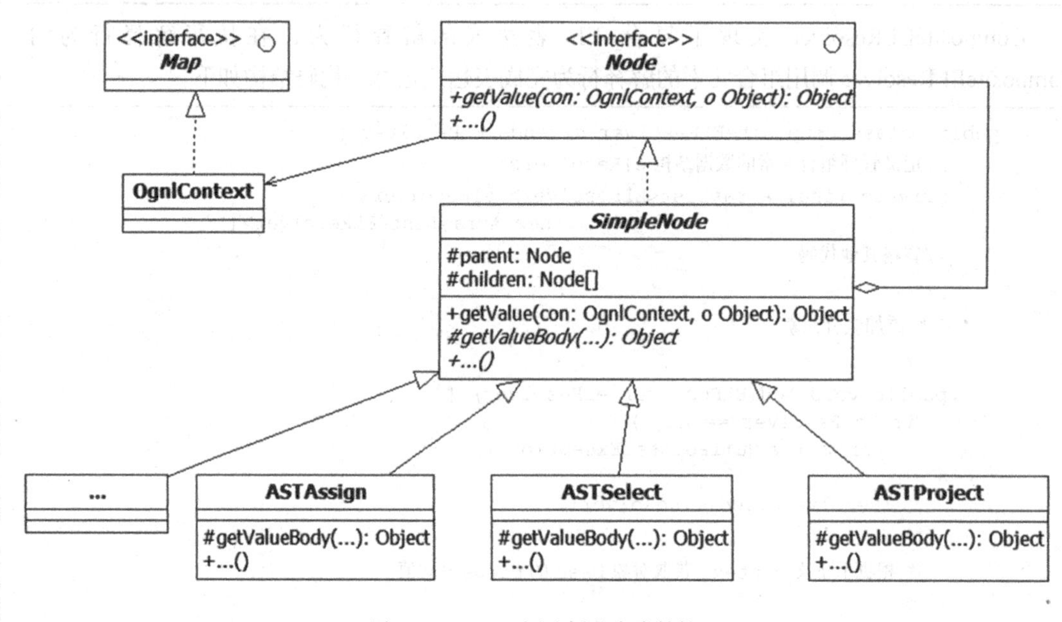


图 6.14　OGNL 语法树节点类结构

（注：图中省略号代表其他信息）

图 6.14 所示结构中，Node 是抽象表达式接口，用于表达 OGNL 语法树节点类型。SimpleNode 实现 Node 接口，是子节点的聚合体，定义了域 parent、children 分别指向父节点和子节点。ASTAssign、ASTSelect 等子类继承 SimpleNode，依赖 OgnlContext 上下文对象执行表达式解释行为。

Node 接口定义代码结构如下。

```
public interface Node {
    /**
     * 根据上下文计算当前节点针对 source 对象的表达式值
     */
    public Object getValue( OgnlContext context, Object source ) throws OgnlException;
```

```
    //省略其他代码
    }
```

抽象类 SimpleNode 实现了 getValue()方法，该方法依赖 getValueBody()返回表达式运算结果。SimpleNode 子类实现 getValueBody()方法，进行具体表达式运算，示例代码结构如下。

```
public abstract class SimpleNode implements Node, Serializable {
   protected Node _parent;//父节点
   protected Node[] _children;//子节点
   protected OgnlParser _parser;//Ognl 表达式解析器
   //省略其他代码
   /**
     * 依据 context 上下文运算当前节点针对 source 对象的表达式结果
     */
   public   final   Object   getValue(OgnlContext   context,   Object   source)throws
OgnlException {
        Object result = null;//结果
        //省略其他代码
        //调用 evaluateGetValueBody()方法
         result = evaluateGetValueBody(context, source);
         return result;//返回结果
   }
   /**
     * 获取表达式结果值的抽象方法，由子类实现
     */
   protected abstract Object getValueBody(OgnlContext context, Object source)
             throws OgnlException;
}
```

ASTAssign、ASTSelect 等实现了具体表达式运算行为。以 ASTAssign 为例，它实现了赋值表达式的运算行为，示例代码结构如下。

```
    class ASTAssign extends SimpleNode {
        //省略其他代码
        /**
          * 实现赋值表达式运算，并返回结果
          */
        protected Object getValueBody( OgnlContext context, Object source )
                                          throws OgnlException {
            //调用_children[1]子节点 getValue()方法
            Object result = _children[1].getValue( context, source );
            //设置_children[0]子节点值
            _children[0].setValue( context, source, result );
            return result;//返回结果
        }
    }
```

OgnlContext 定义了表达式运算行为的上下文类型，其代码结构示例如下。

```
    public class OgnlContext extends Object implements Map {
        private Object _root;//根节点
        private Node _currentNode;//当前节点
        private Map _values = new HashMap(23);//值映射集合
        //省略其他代码
        /**
         * 根据指定的 key 查找对象
         */
        public Object get(Object key) {
            //省略其他代码
            //return 语句
        }
        /**
         * 获取值映射键值集合
         */
        public Set keySet() {
            return _values.keySet();
        }
        /**
         * 获取根节点
         */
        public Object getRoot(){
            return _root;
        }
        /**
         * 设置当前节点
         */
        public void setCurrentNode(Node value) {
            _currentNode = value;
        }
        /**
         * 获取当前节点
         */
        public Node getCurrentNode() {
            return _currentNode;
        }
    }
```

# 6.4 迭代器模式

## 6.4.1 模式定义

### 1. 模式定义

**迭代器（Iterator）能够在不暴露聚合体内部表示的情况下，向客户端提供遍历聚合元素的方法。**客户端程序有时需要访问目标数据集或聚合对象的内部元素，为了降低客户端程序与目标对象的耦合度或隐藏目标对象的内部表示等，不能向客户端暴露聚合对象内部的具体表示。例如，查询关系数据库时，查询结果的数据集会以临时表形式进行管理，为了避免客户端程序耦合到表的行列操作，向其提供游标（Cursor）对象访问查询结果集中的数据。游标是一种目标数据集的迭代对象，支持数据的遍历操作。

**2. 使用场景**

使用迭代器模式的场景有如下 3 种。

（1）需要提供目标聚合对象内部元素的遍历接口，但不暴露其内部表示（一般指聚合元素的管理方式或数据结构）。

（2）目标聚合对象向不同的客户端提供不同的内部元素遍历方法。

（3）为不同类型的聚合对象提供统一的内部元素遍历接口。

在场景（1）中，为了保护聚合对象的内部数据结构，降低与客户端程序的耦合度，向客户端提供遍历方法的同时，隐藏聚合对象内部的具体表示。

场景（2）描述的问题是目标聚合体对象向不同的客户端提供不同的内部元素遍历方法，因此，聚合元素遍历方法需要具有多态特征。一般地，方法多态特征的实现是将方法抽象成统一接口，通过接口实现类定义多态行为。迭代器是将聚合元素访问方法以接口形式定义，通过实现类定义多态行为对目标聚合对象进行元素访问的一种可行方案。

在场景（3）中，开发人员为了降低使用目标服务的客户端复杂度，或为了以统一的方法提供目标服务，会将不同聚合对象内部元素的访问方法抽象为统一接口，客户端只使用接口即可完成聚合对象内部元素的访问。

**3. 类结构**

迭代器模式类结构如图 6.15 所示。

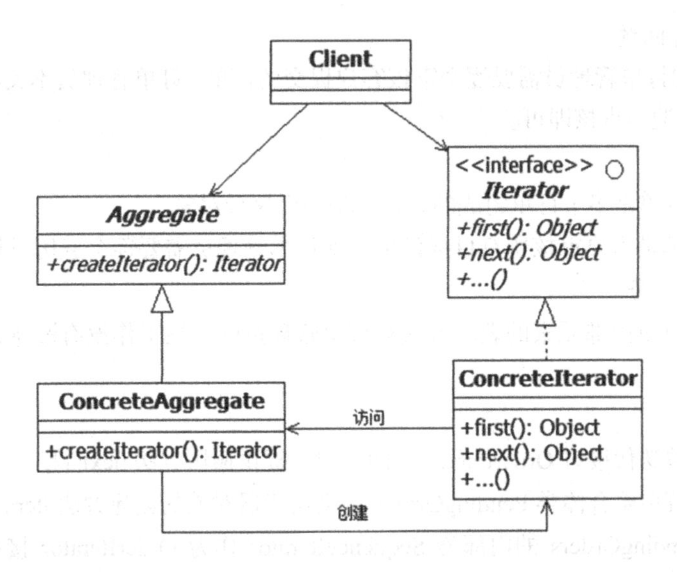


图 6.15 迭代器模式类结构

（注：省略号代表其他信息）

图 6.15 所示结构中，Iterator 定义了目标聚合体 Aggregate 类型对象的内部元素的抽象访问接口 first()、next()方法等；ConcreteIterator 是 Iterator 的实现类，实现具体的访问行为；Aggregate 是不同聚合对象的抽象类型，向客户端提供迭代器对象的创建服务 createIterator()。

ConcreteAggregate 子类继承 Aggregate，实现聚合元素的内部表示，创建针对自己的迭代器对象。

客户端 Client 使用 Iterator 对象访问目标聚合体 Aggregate 内部元素之前，先通过调用 Aggregate 对象的 createIterator()方法创建针对该对象的迭代器，再使用迭代器提供的访问服务对 Aggregate 类型对象进行访问。迭代器模式类对象之间的协作时序如图 6.16 所示。

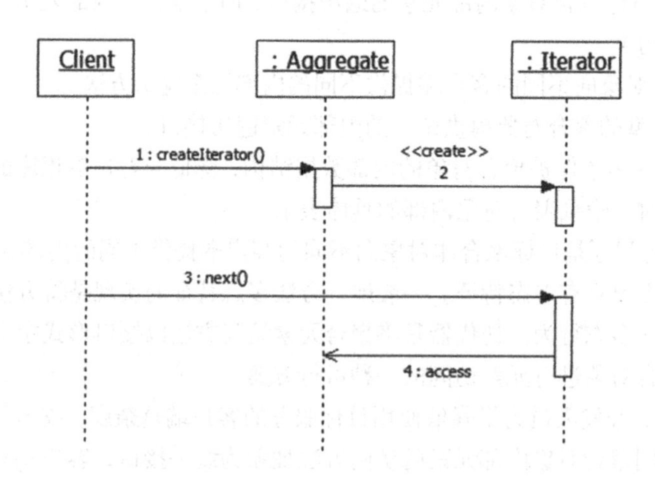


图 6.16　迭代器模式类对象协作时序

## 6.4.2　使用迭代器

**1. COS 的设计问题**

COS 系统中的订单管理员需要逐个审核客户提交的订单，订单管理员不关心订单集的排序或组织方式，只逐个遍历审核即可。

**2. 分析问题**

（1）未审核订单是多个订单组成的集合，是一个聚合对象。

（2）订单管理员需要审核所有目标订单，即订单管理员需要逐个遍历目标集合，针对每个遍历元素执行审核任务。

（3）目标订单集内部元素的表示方式对订单管理员的审核工作没有影响，系统只需提供遍历访问的接口。

**3. 解决问题**

（1）设计订单迭代接口 OrderIterator，向客户端提供遍历方法 next()等。

（2）未审核订单聚合体类 PendingOrders 定义迭代器对象的创建方法 iterate()。

（3）设计 PendingOrders 的内部类 SequenceIterator 作为 OrderIterator 接口的实现类，实现 PendingOrders 聚合元素的遍历行为等。

**4. 解决方案**

具体方案如图 6.17 所示。

图 6.17 所示的方案中，Staff 是使用迭代器 OrderIterator 的客户类，需要对订单集合 PendingOrders 进行遍历审核操作；SequenceIterator 实现 OrderIterator 接口，作为 PendingOrders 内部私有类；PendingOrders 向客户端提供针对自己的迭代器创建接口 iterate()。

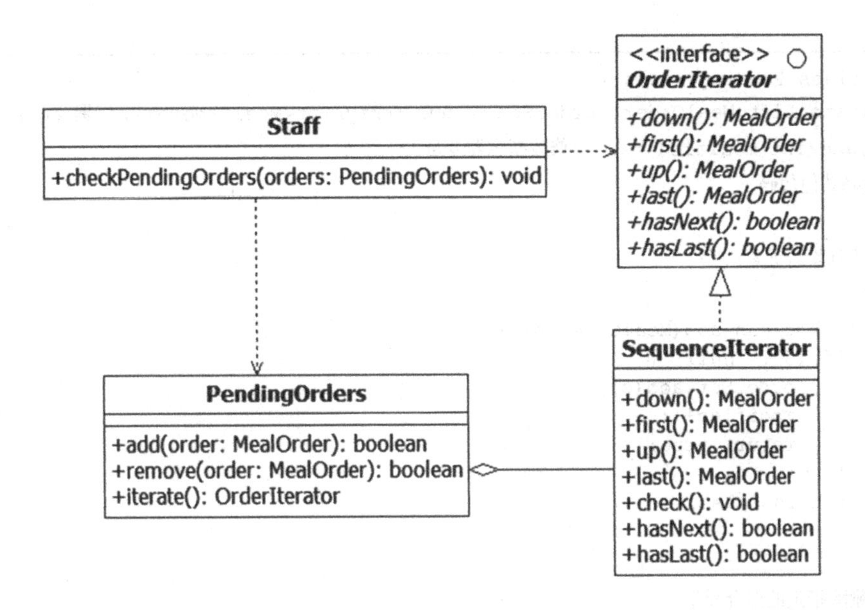


图 6.17　订单迭代器类结构

Staff 对象审核订单时，它调用 PendingOrders 对象的 iterate()方法创建迭代器对象，再根据业务逻辑使用迭代器对象提供的 next()、first()或其他遍历接口获取 PendingOrders 对象内部的聚合元素。

Staff 客户类使用 OrderIterator 对象完成订单集遍历的示例代码结构如下。

```
public class Staff extends Employee implements Colleague {
    //省略其他代码
    /**
     * 逐个遍历并审核订单
     */
    public void checkPendingOrders(PendingOrders orders) {
        //获取迭代器对象
        OrderIterator iterator = orders.iterate();
        //获取首个聚合元素
        MealOrder order = iterator.first();
        if (order != null) {
            //设置订单状态
            order.setState(new PlacedState(order));
            //使用迭代器遍历其他元素
            while (iterator.hasNext()) {
                //调用迭代器，向下遍历
                order = iterator.down();
                //设置订单状态
                order.setState(new PlacedState(order));
            }
        }
    }
}
```

PendingOrders 是未审核订单聚合体类型，负责管理聚合元素和创建迭代器对象，示例代码结构如下。

```
public class PendingOrders {
     private List<MealOrder> orderSet = new ArrayList<MealOrder>();//聚合订单
    private int modified = 0;//修改指示器变量
    //省略其他代码
    /**
      * 添加聚合元素
      */
    public boolean add(MealOrder o) {
          if (o != null) {
               orderSet.add(o);
               modified++;
               return true;
          }
          return false;
    }
    /**
      * 删除指定的聚合元素
      */
    public boolean remove(MealOrder o) {
          if (o != null) {
               orderSet.remove(o);
               modified++;
               return true;
          }
          return false;
    }
    /**
      * 创建迭代器对象
      */
        public OrderIterator iterate() {
          return new SequenceIterator(modified);
     }
    /**
      * 迭代器实现类
      */
    private class SequenceIterator implements OrderIterator {
          //实现迭代器接口
    }
}
```

SequenceIterator 实现 OrderIterator 接口，是 PendingOrders 的内部类，代码结构示例如下。

```
    //外部类 PendingOrders
    public class PendingOrders {
        //省略其他代码
        //内部类 SequenceIterator
        private class SequenceIterator implements OrderIterator {
             int currentIndex = 0;// 当前元素索引，即迭代状态
             int changed = 0;// 聚合体修改指示器初始值
```

```
        int size = 0;// 聚合体大小
          //省略其他代码
          /**
            * 向下迭代聚合元素
            */
          @Override
          public MealOrder down() {
           check();//检查指示器状态是否被修改
           if (size == 0 || currentIndex >= (size - 1)) {
                return null;
           } else {
                currentIndex++;
                return orderSet.get(currentIndex);//返回结果
           }  }
          /**
            * 检查指示器状态是否被修改过
            */
          private void check() {
           if (changed != modified) {
                  //抛出迭代异常
           }
           }
        }
    }
```

**5. 注意事项**

使用迭代器访问聚合对象的内部元素，不仅可以简化客户端程序逻辑，还可以隐藏聚合对象内部的具体表示。实际运用迭代器模式解决设计问题时，开发人员还需要关注下面几个方面。

（1）迭代行为可以由使用迭代器的客户端或迭代器自己控制。由客户端控制迭代行为的迭代器对象称为外部迭代器。由对象内部控制迭代行为的迭代器称为内部迭代器。图 6.17 所示方案示例代码中的迭代器实现是外部迭代器类型，由客户类 Staff 调用迭代行为 down()、first()等。

（2）迭代状态由迭代器对象定义和保存，迭代算法由聚合体或迭代器实现。注意，由于迭代状态和聚合元素分离，当聚合体中增加或删除聚合元素时，会影响到迭代状态的有效性。因此，在实现迭代行为时，必须使用额外的指示器变量，确保迭代状态有效。SequenceIterator 类示例代码结构中，currentIndex 是迭代状态变量，changed 是聚合体的修改指示器变量。

（3）迭代器需要访问聚合体对象内部元素，有可能破坏聚合体的封装特性。如果聚合体和迭代器在不同命名空间中，聚合体必须提供聚合元素跨命名空间访问接口，这对聚合体的封装性特性是一种破坏。一般地，为了保证聚合体的封装特性，都会将迭代器实现定义为聚合体的内部类；图 6.17 所示结构中的迭代器实现类即内部类。

（4）含有递归聚合结构的聚合体迭代器实现较为困难。聚合体内部元素也有可能是由其他元素聚合而成，遍历时还要针对聚合元素内部再次进行迭代，含有递归聚合结构的聚合体迭代行为的控制算法在外部迭代器中无法实现，虽然使用内部迭代器可以实现，但定义递归迭代行为相对复杂。

### 6.4.3 行业案例

**1. JDK 集合框架中的迭代器模式应用**

JDK 在实现集合框架时，对不同类型集合对象的遍历定义了统一的 java.util.Iterator 接口。无论遍历的对象集合类型是 java.util.List，还是 java.util.Set 或其他，客户端程序都可以使用统一的 java.util.Iterator 接口进行目标集合对象的遍历，大大降低了客户端程序的复杂度。

JDK 集合框架使用迭代器模式的类结构如图 6.18 所示。

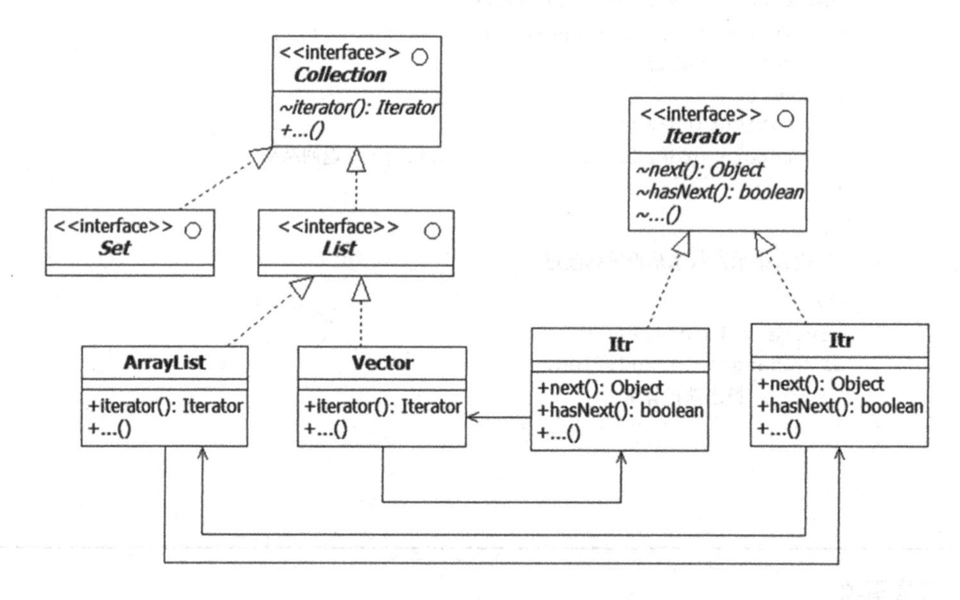


图 6.18 JDK 集合框架迭代器模式类结构

（注：省略号代表其他信息）

图 6.18 所示的结构中，Collection 是抽象集合接口，定义了迭代器 Iterator 对象的创建方法 iterator()；ArrayList、Vector 等是具体集合类型；Itr 是迭代器的实现类。

具体集合类型 ArrayList、Vector 实现具体的集合数据结构，管理聚合元素，向客户端提供迭代器对象创建接口实现。以 ArrayList 为例，示例代码结构如下。

```
public class ArrayList<E> extends AbstractList<E>
        implements List<E>, RandomAccess, Cloneable, java.io.Serializable {
    //省略其他代码
    transient Object[] elementData;//聚合元素数组
    /**
     * 获取指定索引的聚合元素
     */
    public E get(int index) {
        rangeCheck(index);//检查 index 是否有效
        return elementData(index);//返回结果
    }
    /**
     * 添加元素
     */
```

```
    public boolean add(E e) {
      ensureCapacityInternal(size + 1);
      elementData[size++] = e;
      return true;
    }
    /**
      * 创建当前对象的迭代器
      */
    public Iterator<E> iterator() {
      return new Itr();//返回迭代器对象
    }
    /**
     * 内部私有类 Iterator 实现了迭代器接口
     */
    private class Itr implements Iterator<E> {
         //实现迭代器
    }
}
```

ArrayList 定义了内部类 Itr 实现 Iterator 接口，实现对聚合体 ArrayList 的元素的迭代行为，示例代码结构如下。

```
//外部类 ArrayList
public class ArrayList<E> extends AbstractList<E>
 implements List<E>, RandomAccess, Cloneable, java.io.Serializable {
//省略其他代码
//内部迭代器实现类 Itr
private class Itr implements Iterator<E> {
      int cursor;       // 游标
      int expectedModCount = modCount;//聚合体修改指示器变量
      /**
        * 判断是否还有下一个元素
        */
      public boolean hasNext() {
          return cursor != size;
      }
      /**
        * 遍历下一个元素
        */
      public E next() {
          checkForComodification();//检查聚合体是否被修改
          int i = cursor;//使用游标
          if (i >= size)
              throw new NoSuchElementException();
          Object[] elementData = ArrayList.this.elementData;
          if (i >= elementData.length)
              throw new ConcurrentModificationException();
          cursor = i + 1;//游标向下移动一个元素
          return (E) elementData[lastRet = i];//返回结果
      }
```

```
        /**
         * 检查聚合体是否被修改
         */
        final void checkForComodification() {
            if (modCount != expectedModCount)
                //如果被修改，则抛出异常
                throw new ConcurrentModificationException();
        }
    }
}
```

**2. DOM 框架中迭代器模式的应用**

JDK 的 XML 解析技术提供了对 SAX（Simple API for XML，XML 简单接口）框架和 DOM（Document Object Model，文档对象模型）框架的支持。DOM 框架将 XML 文档对象解析成树形结构，提供了对树节点操作的方法。

DOM 框架定义了 org.w3c.dom.Node 抽象接口，作为 DOM 树节点类型。org.w3c.dom.NodeList 是 DOM 树节点聚合体接口类型，对树节点元素进行管理；其子类有 com.sun.org.apache.xpath.internal.NodeSet、com.sun.org.apache.xerces.internal.dom.NodeImpl 等。

DOM 框架使用迭代器对树节点遍历，定义了 org.w3c.dom.traversal.NodeIterator 迭代器接口，迭代器实现类有 com.sun.org.apache.xerces.internal.dom.NodeIteratorImpl、com.sun.org.apache.xpath.internal.NodeSet 等。DOM 框架中使用迭代器模式的类结构如图 6.19 所示。

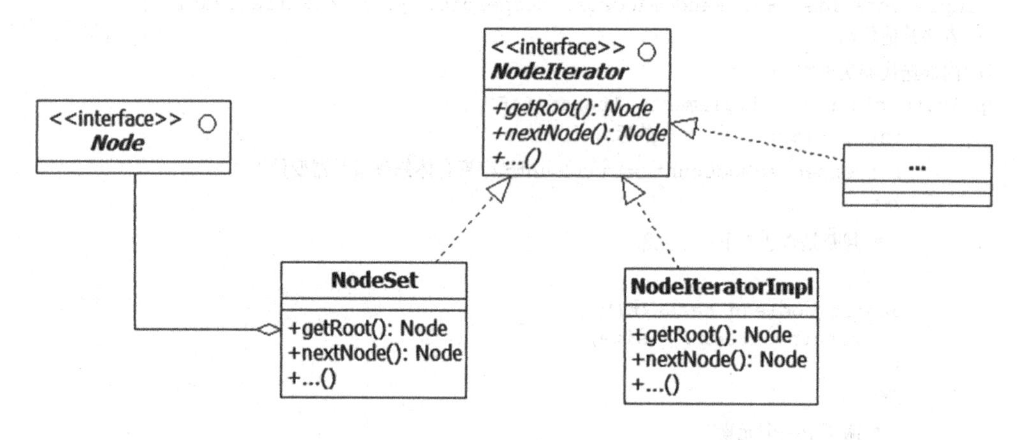


图 6.19 DOM 框架中使用迭代器模式的类结构

（注：省略号代表其他信息）

图 6.19 所示结构中，NodeIterator 定义了聚合体对象的迭代接口，代码框架如下。

```
public interface NodeIterator {
    /**
     * 获取根节点元素
     */
    public Node getRoot();
    /**
     * 遍历下一个节点
```

```
     */
    public Node nextNode() throws DOMException;
    /**
     * 遍历前一个节点
     */
    public Node previousNode() throws DOMException;
    //省略其他接口代码
}
```

图 6.19 所示的结构中，NodeSet 是 Node 元素聚合体，也实现了 NodeIterator 迭代器接口，其代码框架如下。

```
public class NodeSet implements NodeList, NodeIterator, Cloneable, ContextNodeList {
    Node m_map[];//管理树节点聚合元素的数组
    transient protected int m_next = 0;//迭代器游标变量
    //省略其他代码
    /**
    * 迭代下一个节点元素
    */
    public Node nextNode() throws DOMException {
    //省略其他代码
    }
    /**
     * 返回指定索引的节点元素
     */
    public Node elementAt(int i)  {
       if (null == m_map)
         return null;
       return m_map[i];//返回结果
    }
    /**
     * 添加聚合元素
     */
    public void addNode(Node n) {
       //省略其他代码
    }
}
```

# 6.5 仲裁者模式

## 6.5.1 模式定义

### 1. 模式定义

**仲裁者（Mediator）可以封装和协调多个对象之间的耦合交互行为，以减弱这些对象之间的耦合关联。**紧耦合的代码结构会给复用或维护带来障碍，多个对象之间存在直接耦合关联同样会降低代码质量。引入仲裁者对象封装紧耦合对象之间的交互行为，使原本直接耦合的对象只需要与仲裁者进行交互即可完成业务协作，在一定程度上解除了直接耦合关联存在的弊端。

假设A、B、C、D是直接耦合的对象，A与B、C交互，B与D交互，D与A、C交互，等等，它们之间存在复杂的交互关联，且如果C代码发生变化，会直接影响A与D的代码稳定，这是紧耦合带来的代码缺陷。A、B、C、D紧耦合关系示意如图6.20所示，每个对象至少需要实现2种或2种以上的耦合关联。

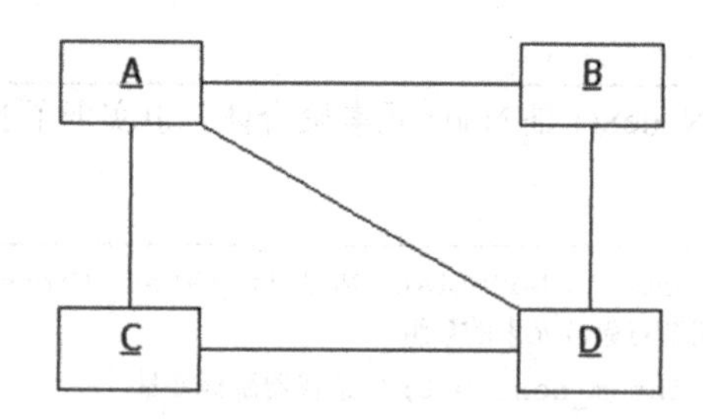


图6.20　对象A、B、C、D之间的关联关系

如果，引入E对象，E封装A、B、C、D之间的交互行为，那么它们只需要与E交互即能完成业务协作。最终形成A与E交互、B与E交互、C与E交互和D与E交互的代码结构，C代码发生变化，只会影响E的代码稳定性，而不会直接影响A或D。由于负责协调A、B、C、D之间的交互关系，所以E称为仲裁者。引入仲裁者E后，对象A、B、C、D之间的交互关系示意如图6.21所示。

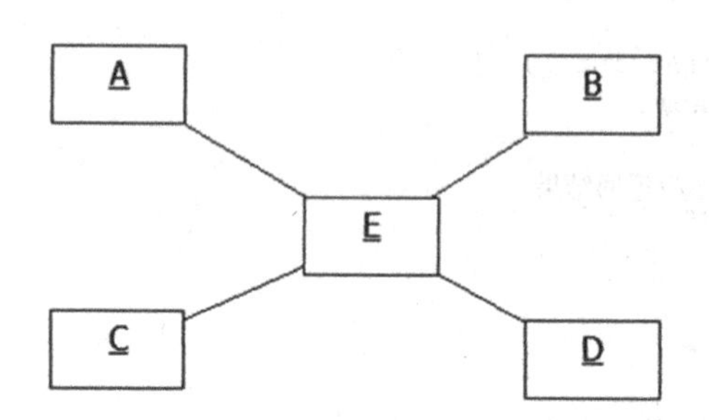


图6.21　引入仲裁者E后的A、B、C、D之间的关联关系

图6.21所示关系中，对象A、B、C、D之间仍然协作完成系统业务，但每个对象与其他对象之间的耦合变成了间接关联，它们只与E是直接的耦合关联。此外，由于A、B、C、D对象仅与E直接耦合，大大简化了它们的交互逻辑。

**2. 使用场景**

仲裁者模式通过定义仲裁者对象的方式降低了多个协作对象之间的耦合关联，使得协作对象之间不需要显式地关联，即可实现业务协作。软件开发过程中的以下问题适合选择仲裁者模式作为解决方案。

（1）多个对象之间进行有规律地交互，但因交互关系复杂导致代码难以理解或维护。

（2）想要复用多个相互交互的对象中的某一个或多个，但它们之间的复杂交互关系使得复用难以实现。

（3）分布在多个协作类中的行为需要定制实现，但不想以协作类子类的方式设计。

场景（1）和（2）较为常见，都是因紧耦合关联导致对象代码的质量下降。解决类似问题的思路很多，解耦合是各种方案实施的最终目的，仲裁者模式就提供了一种可行的解耦合方案。

在场景（3）的描述中，有多个协作类的行为需要定制，如果将每个协作类都定制子类，可能会发生同时定制多个子类的后果。以图 6.20 为例，假设 A 与 B 之间的协作关系发生变化，则需要定制 A 或 B 子类以实现协作关系的扩展；若同时 C 与 D 之间的协作关系也发生了变化，则也需要定制 C 或 D 子类，这样会导致定制子类数量的增加。而图 6.21 所示的关系中，由于协作类的协作行为在 E 中实现，如果 A 与 B 之间协作关系变化的同时 C 与 D 之间协作关系也发生变化，只需要定制 E 的子类即可。

**3. 类结构**

仲裁者模式类结构如图 6.22 所示。

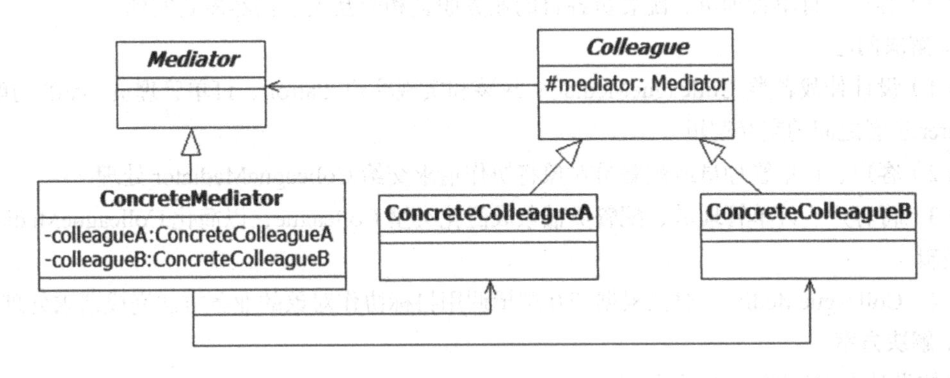


图 6.22 仲裁者模式类结构

图 6.22 所示的结构中，Colleague 定义了协作类的抽象类型，持有指向仲裁者 Mediator 对象的引用，具体协作类作为其子类实现，如 ConcreteColleagueA、ConcreteColleagueB 等；Mediator 是仲裁者抽象类，仲裁行为的实现由子类 ConcreteMediator 负责；ConcreteMediator 封装和实现 ConcreteColleagueA 与 ConcreteColleagueB 之间的协作行为。即，当 ConcreteMediator 对象收到来自 ConcreteColleagueA 或 ConcreteColleagueB 类的对象的请求时，它知道如何与 ConcreteColleagueB 或 ConcreteColleagueA 类型的对象进行交互，完成该请求的处理。所有 Colleague 对象的交互请求，都是由 Mediator 对象进行接收与协调，当 Mediator 对象收到请求 interact()时，会根据协作对象之间的交互逻辑，调用目标对象 Colleague 的服务接口 service()进行业务处理。仲裁者模式角色类对象之间的协作关系时序如图 6.23 所示。

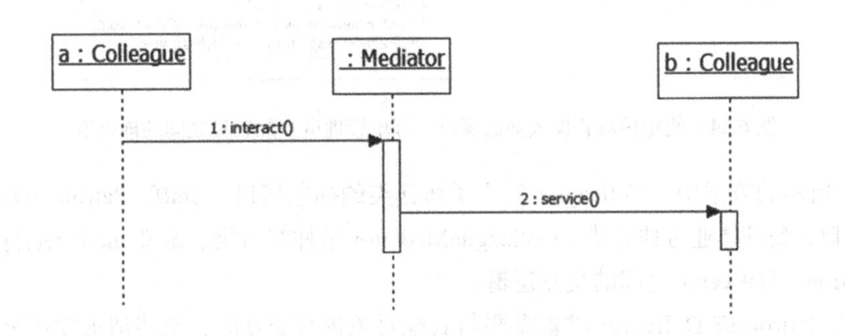


图 6.23 仲裁者模式类对象协作时序

## 6.5.2 使用仲裁者

**1. COS 的设计问题**

客户使用 COS 完成订餐订单提交后，可以向订单管理员催单，订单管理员负责处理客户的催单请求，并指派配餐员进行订单配送，配餐员配送后需要将配送完成信息反馈给客户和订单管理员。在这个业务活动中，客户、订单管理员及配餐员之间的耦合关系应尽可能降低，以方便各自代码的扩展和复用。

**2. 分析问题**

（1）客户、订单管理员、配餐员三者有直接耦合关联。

（2）减少直接耦合关联可以降低它们之间耦合度。

（3）客户、订单管理员、配餐员各自的业务职责和交互关系仍然需要实现。

**3. 解决问题**

（1）设计仲裁者类 ColleagueMediator 封装和实现客户 Patron、订单管理员 Staff 与配餐员 Deliverer 三者之间的交互逻辑。

（2）客户、订单管理员或配餐员对象将协作请求交给 ColleagueMediator 处理。

（3）将客户、订单管理员、配餐员抽象成泛化类型 Colleague，以简化 ColleagueMediator 的代码逻辑。

（4）ColleagueMediator 对象根据交互逻辑调用目标协作对象的业务方法完成请求处理。

**4. 解决方案**

具体设计方案如图 6.24 所示。

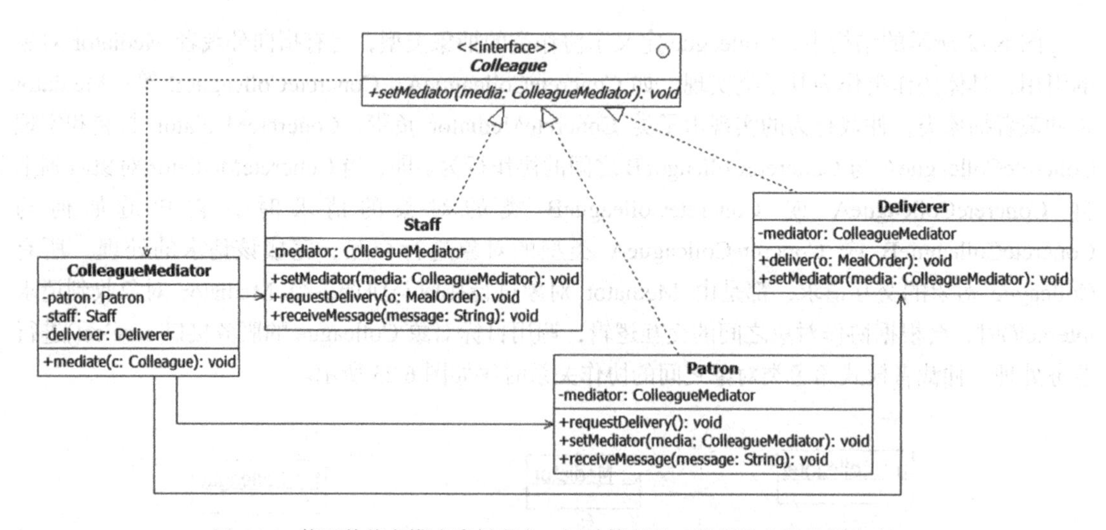


图 6.24　使用仲裁者模式降低客户、订单管理员、配餐员之间的耦合度

图 6.24 所示的方案中，Colleague 定义了协作类的抽象接口，Staff、Patron、Deliverer 实现 Colleague 接口，是具体业务协作类；ColleagueMediator 是仲裁者类，定义 mediate()行为实现协作类 Staff、Patron、Deliverer 之间的交互逻辑。

当 Staff、Patron 或 Deliverer 对象需要与其他对象进行交互时，会将请求发送至 Colleague Mediator 对象；ColleagueMediator 对象会根据协作规则把请求委托给请求的目标对象处理。

Colleague 接口代码省略，不作描述。

Staff、Patron、Deliverer 实现了 Colleague 接口，持有指向 ColleagueMediator 仲裁者对象的引用，发送交互请求时，调用 ColleagueMediator 仲裁者对象的 mediate()方法。

Patron 发出催单请求，其代码框架如下。

```
public class Patron extends Employee implements Colleague {
    private ColleagueMediator mediator;// 仲裁者
    //省略其他代码
    /**
     * 请求配送订单
     */
    public void requestDelivery() {
        mediator.mediate(this);
    }
}
```

Staff 接收催单请求，其代码框架如下。

```
public class Staff extends Employee implements Colleague {
    private ColleagueMediator mediator;// 仲裁者
    //省略其他代码
    /**
     * 验证订单，并指派配餐员
     */
    public boolean requestDelivery(MealOrder o) {
        if (verifyOrder(o)) {
            mediator.mediate(this);//调用仲裁者对象与其他协作者交互
            return true;
        } else {
            return false;
        }
    }
}
```

ColleagueMediator 对象根据协作规则将客户类的请求委派给对应的目标对象处理，示例代码结构如下。

```
public class ColleagueMediator {
    private Patron patron;// 协作者 patron
    private Staff staff;// 协作者 staff
    private Deliverer deliverer;// 协作者 deliverer
    public ColleagueMediator(Patron p, Staff s, Deliverer d) {
        patron = p;
        staff = s;
        deliverer = d;
    }
    /**
     * 协作规则的实现
     */
    public void mediate(Colleague c) {
```

```
        if (patron == c) { //patron 发送催单请求时
            //由 staff 验证订单，验证不通过时响应 patron；验证通过，则指派配餐员
            if (!staff.requestDelivery(patron.getOrder())) {
                patron.receiveMessage("订单验证不通过!");
            }
        } else if (staff == c) { //staff 发送配送请求时
            //deliverer 配送订单
            deliverer.deliver(patron.getOrder());
        } else if (deliverer == c) { //devliverer 配送完订单时
            //向 staff 发送配送结果信息
            staff.receiveMessage("订单已配送！");
            //向 patron 发送配送结果信息
            patron.receiveMessage("订单已配送！");
        }
    }
    //省略其他代码
}
```

从上述代码可以看出，Patron、Staff、Deliverer 只与仲裁者 ColleagueMediator 交互，简化了协作者类间的交互逻辑，也降低了它们之间的直接耦合关联程度。但 ColleagueMediator 需要同时与 Patron、Staff、Deliverer 耦合，才能实现它们之间的协作逻辑。因此，ColleagueMediator 是一个含有复杂交互逻辑的类。

**5. 注意事项**

在使用仲裁者模式时，开发人员还需要注意以下问题。

（1）仲裁者类实现了复杂的协作逻辑，代码稳定性较差。例如前文中图 6.22 所示的仲裁者模式的类结构，当任何一个协作交互行为发生变化时，都会影响到仲裁者类代码的稳定性，要么修改已有的仲裁者类代码，要么实现新的仲裁者子类。

（2）如果协作类的交互规则稳定，图 6.22 所示的仲裁者抽象类可以省略。当协作类的交互规则稳定时，不需要封装和实现不同的交互行为，即仲裁者不需要进行子类扩展。

## 6.5.3 行业案例

NetBeans 是一个插件式的 IDE，可以用来开发 Java、JS 等程序。NetBeans 的插件实现 UI 事件处理时，为了降低类之间的耦合度，使用了仲裁者模式。如，NetBeans 的 j2ee 模块 UI 事件处理源码中定义了 org.netbeans.modules.j2ee.common.project.ui.EditMediator，用来封装 ButtonModel、ListSelectionModel、ListComponent 等对象之间的协作行为，如图 6.25 所示。

图 6.25 所示的结构中，ButtonModel 是按钮（Button）组件的状态模型，ListSelectionModel 是列表选择器组件状态模型，ListComponent 是列表组件。EditMediator 作为仲裁者协调 ButtonModel、ListSelectionModel、ListComponent 等对象之间的协作关系，从而简化协作类的业务逻辑。

EditMediator 实现 ActionListener 和 ListSelectionListener 接口，处理按钮组件的 Action 事件和列表组件的列表选择事件，因此，当按钮或列表组件状态发生变化时，ButtonModel 子类对象或 ListSelectionModel 子类对象执行 fireActionPerformed()或 fireValueChanged()方法，从而将事件处理请求交给 EditMediator 对象。EditMediator 对象收到事件请求后，根据协作类协作规则将请求分发给目标协作对象处理。

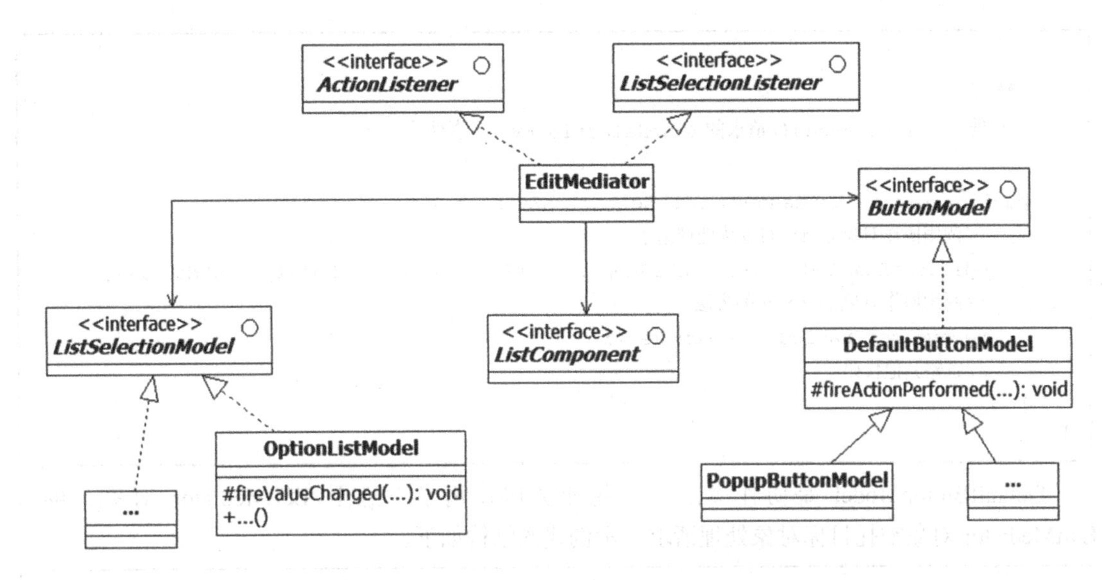


图 6.25　NetBeans 的 j2ee 模块 UI 事件处理类结构

（注：省略号代表其他信息）

ActionListener、ListSelectionListener 等接口代码省略，不作表述。

DefaultButtonModel 是 ButtonModel 接口的子类，定义了 fireActionPerformed()方法，其子类有 PopupButtonModel、ToggleButtonModel 等。

PopupButtonModel、ToggleButtonModel 等代码省略，不作表述。

EditMediator 实现了 ActionListener 接口，既是监听器实现，也是仲裁者类，当收到协作对象请求后，将请求分发至目标对象；示例代码结构如下。

```
public final class EditMediator implements ActionListener,ListSelectionListener {
     //省略其他代码
     private final ListComponent list;//协作对象 list
     private final ButtonModel addJar; //协作对象 addJar
     private final ButtonModel remove; //协作对象 remove
    private final ButtonModel moveUp; //协作对象 moveUp
    private final ButtonModel moveDown; //协作对象 moveDown
    private final ButtonModel edit; //协作对象 edit
    /**
     * 处理 actionPerformed()请求的 ActionEvent 事件
     */
    public void actionPerformed( ActionEvent e ) {
        Object source = e.getSource();//获取事件源
        if ( source == addJar ) {
            //处理 jar 文件添加事件
        } else if ( source == remove ) {
            //处理 remove 按钮事件
        }
        //省略其他代码
```

```
    }
    /**
      * 处理 valueChanged()请求的 ListSelectionEvent 事件
      */
    public void valueChanged( ListSelectionEvent e ) {
        //调用协作对象 edit 的方法处理请求
        edit.setEnabled(ClassPathUiSupport.canEdit(selectionModel, listModel));
        //调用协作对象 remove 的方法
        remove.setEnabled( canRemove );
        //省略其他代码
    }
}
```

DefaultButtonModel 是协作类之一，将业务协作请求发送至 EditMediator 对象，再由 EditMediator 对象委托目标对象处理请求，示例代码结构如下。

```
    public class DefaultButtonModel implements ButtonModel, Serializable {
        //定义存储事件监听器的列表
        protected EventListenerList listenerList = new EventListenerList();
        /**
          * 添加 ActionListener 对象
          */
        public void addActionListener(ActionListener l) {
          listenerList.add(ActionListener.class, l);
        }
        /**
          * 设置按钮组件 pressed 状态
          */
        public void setPressed(boolean b) {
          if((isPressed() == b) || !isEnabled()) {
              return;
          }
          if (b) {
              stateMask |= PRESSED;
          } else {
              stateMask &= ~PRESSED;
          }
          if(!isPressed() && isArmed()) {
              //省略其他代码
              //调用 fireActionPerformed()方法
              fireActionPerformed(
                  new ActionEvent(this, ActionEvent.ACTION_PERFORMED,
getActionCommand(), EventQueue.getMostRecentEventTime(),
                                 modifiers));
          }
          fireStateChanged();//调用 fireStateChanged()方法
    }
    /**
```

```
     * 向监听器发送 actionPerformed()请求
     */
    protected void fireActionPerformed(ActionEvent e) {
        //获取监听器对象
        Object[] listeners = listenerList.getListenerList();
        for (int i = listeners.length-2; i>=0; i-=2) {
            if (listeners[i]==ActionListener.class) {
                //调用监听器对象的 actionPerformed()方法
                ((ActionListener)listeners[i+1]).actionPerformed(e);
            } }
    }
}
```

ListSelectionModel 也是协作对象类型之一，实现类有 OptionListModel、DefaultListSelection Model 等。OptionListModel 在执行 fireValueChanged()方法时，调用监听器对象的 valueChanged()方法进行事件处理，示例代码结构如下。

```
class OptionListModel extends DefaultListModel implements ListSelectionModel,
                                                     Serializable {
    //省略其他代码
    //定义监听器对象列表
    protected EventListenerList listenerList = new EventListenerList();
    /**
     * 添加监听器对象
     */
    public void addListSelectionListener(ListSelectionListener l) {
        listenerList.add(ListSelectionListener.class, l);
    }
    /**
     * 向监听器发送 valueChanged()请求
     */
    protected void fireValueChanged(int firstIndex, int lastIndex, Boolean
                                                     isAdjusting){
        Object[] listeners = listenerList.getListenerList();
        ListSelectionEvent e = null;
        for (int i = listeners.length - 2; i >= 0; i -= 2) {
            if (listeners[i] == ListSelectionListener.class) {
                if (e == null) {
                    e = new ListSelectionEvent(this, firstIndex, lastIndex,
                                                     isAdjusting);
                }
                //调用 ListSelectionListener 对象的 valueChanged()方法
                ((ListSelectionListener)listeners[i+1]).valueChanged(e);
            }
        }
    }
}
```

# 6.6 备忘录模式

## 6.6.1 模式定义

### 1. 模式定义及使用场景

**备忘录（Memento）用于在不破坏目标对象封装特性的基础上，将目标对象内部的状态存储到外部对象中，以备之后恢复状态时使用。**封装是面向对象的主要特征之一，封装能够很好地保护对象内部数据域的私有性和安全性。要实现对象状态的备份或恢复功能，必须将其内部状态存储在外部对象中。目标对象的内部状态进行外部备份时，有可能会破坏它的封装特性，因为需要向外部对象提供访问其内部状态的接口。

在实际的软件开发中，部分业务的实现会要求实现目标对象的状态快照功能，以用于状态备份或恢复。如果目标对象提供其内部状态的外部访问接口，则会破坏目标对象状态的私有性。对于具有安全需求的对象而言，通过外部接口进行内部状态快照的方式，不是一种好的设计方案。

开发人员使用备忘录模式实现目标对象状态外部备份功能，可以在不破坏其封装特性的前提下完成。备忘录模式的应用场景是保证对象封装特性的前提下，实现其状态的备份或恢复功能。

备忘录模式让状态所有者对象来创建备忘对象，在备忘对象中保存其内部的状态；备忘对象只向状态所有者提供状态数据的访问接口。

### 2. 类结构

备忘录模式类结构如图 6.26 所示。

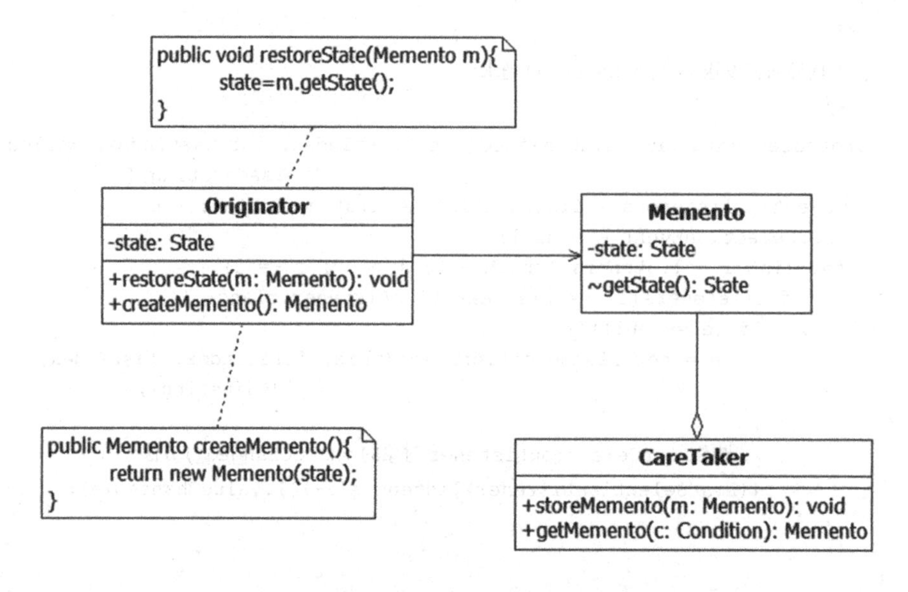


图 6.26 备忘录模式类结构

图 6.26 所示结构中，Originator 是状态的所有者，负责创建 Memento 类型对象来存储其内

部的私有状态，或使用 Memento 类型的对象恢复其历史状态，Memento 对状态数据进行封装和保护，只允许 Originator 类型的对象访问，CareTaker 对象负责在外部保存创建后的 Memento 类型对象。

当客户端需要对 Originator 类型的对象的内部状态生成快照时，请求 Originator 类型的对象创建其内部状态的快照 Memento 类型对象，客户端将快照对象保存在 CareTaker 类型的对象中。

当客户端需要恢复 Originator 类型对象的内部状态至某个历史快照时，需要从 CareTaker 类型对象中取出含有历史状态的 Memento 类型的对象，并将其作为参数传入 Originator 类型对象的状态恢复接口，Originator 类型的对象从目标 Memento 类型对象中取出历史状态快照，并将自身恢复至历史状态。

备忘录模式角色类对象的协作时序如图 6.27 所示。

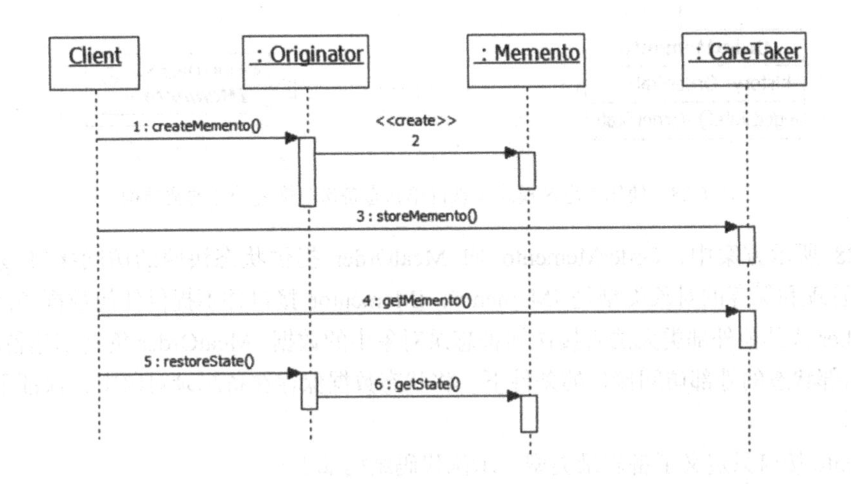


图 6.27　备忘录模式类对象协作时序

## 6.6.2　使用备忘录

**1. COS 的设计问题**

COS 系统向订单管理员提供订单状态快照和回滚功能，但为了保护订单对象状态的私有性，只提供订单状态的全局写接口，而不提供读接口。

**2. 分析问题**

（1）订单对象的状态快照必须由外部对象进行保存和管理，以用于回滚操作。因为快照数据如果保存在订单对象内部，有可能会随着订单状态的改变而被发生变化，无法保证快照数据独立性和有效性。

（2）订单对象提供了状态的全局写接口，但没有提供读接口，因此，通过外部对象直接读订单状态进行保存和管理是不可行的。

（3）订单快照和回滚功能的使用者是订单管理员。

**3. 解决问题**

（1）设计 IMemento 接口，作为订单状态快照管理备忘录类型，但不定义访问行为。

（2）在订单类 MealOrder 内部定义私有类 OrderMemento，OrderMemento 实现 IMemento 接口，并定义订单状态对应的快照私有域。

（3）MealOrder 定义创建备忘录对象的方法 createMemento()，构造并返回具有订单状态快照的 OrderMemento 实例。

（4）设计 CareTaker 类用于管理 IMemento 类型的备忘录对象。

**4. 解决方案**

设计方案如图 6.28 所示。

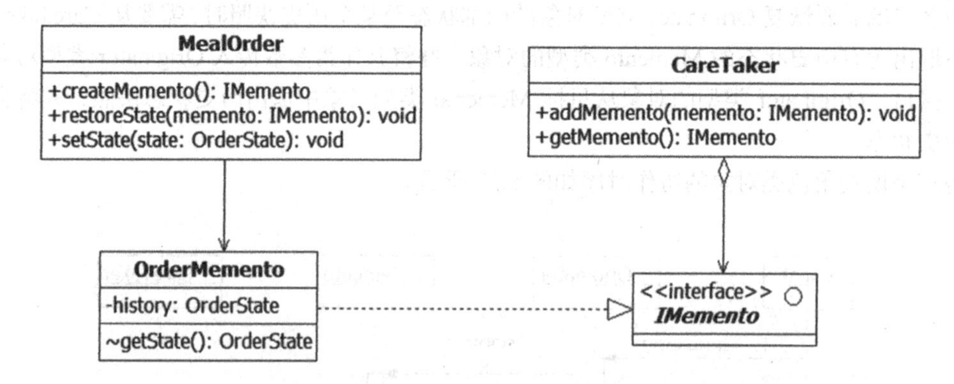


图 6.28 使用备忘录模式实现订单状态备份与恢复功能的类结构

图 6.28 所示方案中，OrderMemento 向 MealOrder 提供状态快照的访问接口 getState()。CareTaker 管理和保存的对象类型是 IMemento，IMementor 接口并不提供任何数据访问行为。因此，CareTaker 或其他外部类无法直接访问备忘录对象中的数据。MealOrder 负责创建备忘录对象，在不定义内部状态的外部访问接口的条件下，将状态数据保存在备忘录对象中，保证了其封装特性不被破坏。

IMemento 接口只定义了备忘录类型，示例代码结构如下。

```
// IMemento 不定义任何数据访问行为，只作为对象类型进行使用
public interface IMemento {
 }
```

OrderMemento 实现了 IMemento 接口，是 MealOrder 的内部类，并向 MealOrder 提供内部数据访问接口。OrderMemento 示例代码结构如下。

```
//外部类 MealOrder
public class MealOrder {
     //省略其他代码
     //内部私有类 OrderMemento
     private class OrderMemento implements IMemento {
     private OrderState history;// 备份的状态快照
     OrderMemento(OrderState state) {
          history = state;//初始化
     }
     /**
          * 获取状态快照
          */
          * 获取状态快照
```

```
        */
        OrderState getState() {
            return history;
        }
    }
}
```

MealOrder 创建内部状态的备忘录对象，向客户端提供内部状态备份与恢复服务接口，示例代码结构如下。

```
public class MealOrder {
    private OrderState state;// 订单状态
    /**
     * 创建备忘录
     */
    public IMemento createMemento() {
        OrderState history = null;
        try {
            history = (OrderState) state.clone();
        } catch (CloneNotSupportedException e) {
            // 异常处理
        }
        return new OrderMemento(history);
    }
    /**
     * 状态恢复
     */
    public void restoreState(IMemento memento) {
        OrderMemento mem = (OrderMemento) memento;
        state = mem.getState();//从备忘录中取出状态快照,并将自身状态恢复为快照状态
    }
}
```

CareTaker 管理 IMemento 对象，示例代码结构如下。

```
public class CareTaker {
    // 保存备忘录的数据结构
    private List<IMemento> mementos = new ArrayList<IMemento>();
    private int cursor;// 备忘录操作游标（根据具体的数据结构需要，有时可以不定义）
    /**
     * 添加备忘录对象
     */
    public void addMemento(IMemento memento) {
        mementos.add(memento);
    }
    /**
     * 根据内部游标获取备忘录对象
     */
    public IMemento getMemento() {
        //代码省略
    }
}
```

客户类Staff操作目标订单时，使用订单快照建立与恢复服务完成业务操作状态，示例代码结构如下。

```
public class Staff extends Employee implements Colleague {
    private CareTaker caretaker;// 订单备忘录管理对象
    private MealOrder order;// 被操作的菜品订单对象
   //省略其他代码
   /**
     * 保存订单状态快照
     */
   public void storeOrderSate() {
        caretaker.addMemento(order.createMemento());//将订单状态快照保存在备忘录中
     }
   /**
     * 恢复订单状态至历史快照
     */
   public void restoreOrderState() {
        if (caretaker != null) {
              //从 caretaker 中取出订单状态快照，并恢复订单状态
            order.restoreState(caretaker.getMemento());
        }
   }
}
```

**5. 注意事项**

图 6.28 所示的设计方案能够实现将 MealOrder 类型对象的内部状态通过备忘录保存在其外部，同时又不破坏它的封装特性。实际使用备忘录模式解决设计问题时，开发人员还需要注意如下事项。

（1）使用备忘录的程序性能损失有可能很大。由于备忘录管理的是目标对象状态的副本，如果状态中含有昂贵资源，随着备忘录对象数量的增加，昂贵资源也将被复制成多个副本，这最终会导致程序资源枯竭。

（2）图 6.26 所示结构中 CareTaker 的职责可以由客户类实现。客户类使用 CareTaker 保存和管理备忘录对象，客户类与 CareTaker 之间的业务耦合无法去除，如果管理逻辑简单，由客户类代替 CareTaker 管理备忘录对象，可以减少设计类数量，简化设计方案。

（3）序列化技术可以实现备忘录模式方案的持久化。如果想要对目标对象状态进行持久化存储，序列化技术是一种可行的解决方案。注意，使用序列化技术时，可以不定义图 6.26 所示结构中的 Memento 角色类和 CareTaker 角色类。

（4）目标对象的状态快照的创建应是对其状态的深度克隆，以实现状态快照的独立性，即目标对象的状态变化不会影响到已备份的状态快照。

### 6.6.3 行业案例

**1. 使用 JDK 序列化技术实现备忘录功能**

Java 提供了对象序列化技术，可以将序列化对象的状态以流的形式存储和恢复。由于序列化对象自身完成序列化与反序列化，外部类并不知道序列化细节（主要指序列化域及其类型）；因此，并不会对目标对象的封装性造成破坏。

例如图 6.29 所示的序列化类结构，java.lang.StringBuffer 实现了序列化接口 java.io.Serializable，使用 java.io.ObjectOutputStream 和 java.io.ObjectInputStream 实现状态域的保存和恢复。

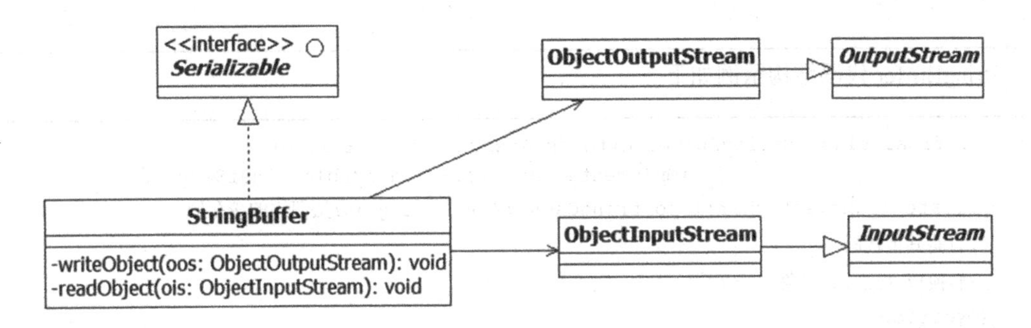


图 6.29 StringBuffer 序列化类结构

StringBuffer 是状态数据的所有者，ObjectOutputStream 和 ObjectInputStream 用于状态数据的输出和输入，但它们并不是备忘录对象的类型。

ObjectOutputStream、ObjectInputStream 向 StringBuffer 提供数据写、读接口，以 ObjectOutputStream 为例，代码结构示例如下。

```
public class ObjectOutputStream  extends OutputStream implements
                                  ObjectOutput, ObjectStreamConstants{
    //省略其他代码
    /**
     * 写对象（实现对象的状态保存）
     */
    public final void writeObject(Object obj) throws IOException {
        //当序列化类实现了 writeObject()方法时，使用序列化类的方法写
        if (enableOverride) {
            writeObjectOverride(obj);
            return;
        }
        try {
            writeObject0(obj, false);//调用 writeObject0()方法写
        } catch (IOException ex) {
            if (depth == 0) {
                writeFatalException(ex);
            }
            throw ex;
        }
    }
    /**
     * 由序列化类实现该方法
     */
    protected void writeObjectOverride(Object obj) throws IOException {
    }
    /**
     * 写对象的基本实现方法
     */
```

```
    private void writeObject0(Object obj, boolean unshared) throws IOException{
        //省略其他代码
    }
}
```

StringBuffer 代码结构示例如下。

```
public final class StringBuffer extends AbstractStringBuilder
                          implements java.io.Serializable, CharSequence {
    private transient char[] toStringCache;//toString()方法使用的缓存域
    //省略其他代码
    //转换成 String 对象
    @Override
    public synchronized String toString() {
        if (toStringCache == null) {
            toStringCache = Arrays.copyOfRange(value, 0, count);
        }
        return new String(toStringCache, true);
    }
    /**
     * 定义持久化域的数组
     */
     private static final java.io.ObjectStreamField[] serialPersistentFields =
     {
         new java.io.ObjectStreamField("value", char[].class),
         new java.io.ObjectStreamField("count", Integer.TYPE),
         new java.io.ObjectStreamField("shared", Boolean.TYPE),
     };
    /**
     * 实现对象写的方法 writeObject()，将需要保存的状态域写入 ObjectOutputStream
     */
    private synchronized void writeObject(java.io.ObjectOutputStream s)
         throws java.io.IOException {
         java.io.ObjectOutputStream.PutField fields = s.putFields();
         fields.put("value", value);
         fields.put("count", count);
         fields.put("shared", false);
         s.writeFields();
     }
     /**
      * 从 ObjectInputStream 读入状态数据，恢复已备份状态
      */
    private void readObject(java.io.ObjectInputStream s)
         throws java.io.IOException, ClassNotFoundException {
         java.io.ObjectInputStream.GetField fields = s.readFields();
         value = (char[])fields.get("value", null);
         count = fields.get("count", 0);
    }
}
```

客户类 Client 负责创建 ObjectInputStream 或 ObjectOutputStream 对象，对目标 StringBuffer

对象进行状态备份或恢复操作，代码结构示例如下。

```
public class Client {
    private StringBuffer originator;//需要备份或恢复状态的 StringBuffer 对象
    private String storageFile;//持久化保存文件
    //省略其他代码
    /**
     * 持久化保存 originator 状态至目标文件 storageFile
     */
    public void storeStringBuffer(){
        //定义 ObjectOutputStream 对象
        ObjectOutputStream  oos=new ObjectOutputStream(new
                                        FileOutputStream(storageFile));
        /**
         * 调用 ObjectOutputStream 对象的 writeObject()方法进行对象写
         * 注意：如果序列化对象实现了 writeObject()方法，则调用序列化对象实现的该方法
         * 否则，调用 ObjectOutputStream 默认实现的 writeObject()方法
         */
        oos. writeObject(originator);
        oos.flush();//发射对象写操作，清空当前流的缓冲区
        oos.close();//关闭流对象
    }
    /**
     * 读取持久化状态快照，恢复 originator 的历史状态
     */
    public void readStringBuffer(){
        //定义对象输入流
        ObjectInputStream ois=new ObjectInputStream(new
                                    FileInputStream(storageFile));
        /**
         * 调用 writeObject()方法从目标文件中读序列化对象
         * 注意：如果序列化对象实现了 readObject()方法，则调用序列化对象实现的该方法
         * 否则，调用 ObjectInputStream 默认实现的 readObject()方法
         */
        originator=(StringBuffer)ois.readObject();
        ois.close();//关闭流对象
    }
}
```

**2. Eclipse 中备忘单功能对备忘录模式的应用**

Eclipse 提供了 Cheat Sheet（备忘单）功能，帮助开发人员记录或指示任务步骤的状态。CheatSheet 插件需要保存操作者的任务状态，用于指示当前的任务进度，或离线后再次登录时进行任务状态恢复等。

CheatSheet 插件在源码中定义了 org.eclipse.ui.IMemento 备忘录接口，其实现类有 org.eclipse.ui.XMLMemento 和 org.eclipse.ui.internal.util.ConfigurationElementMemento。CheatSheet 插件使用 org.eclipse.ui.XMLMemento 备忘录类保存和管理备忘单的任务状态，类结构如图 6.30 所示。

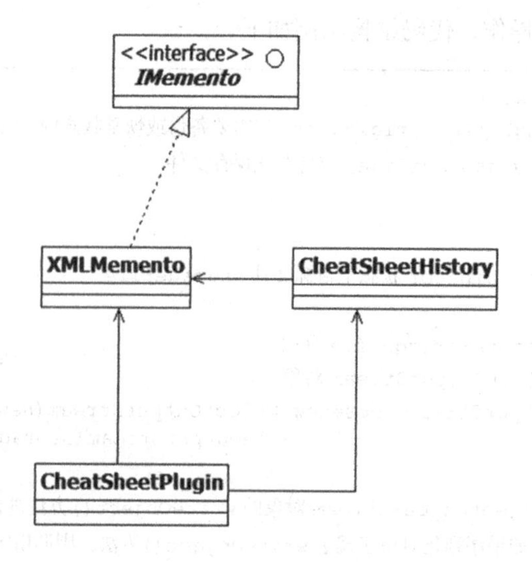


图 6.30 Eclipse 备忘单插件类结构

图 6.30 所示的结构中，CheatSheetPlugin 是使用备忘录类 XMLMemento 管理备忘单历史状态的客户类，CheatSheetHistory 是备忘单历史状态的所有者类。

当 CheatSheetPlugin 对象需要保存备忘单历史状态时，则创建 XMLMemento 对象，使用 CheatSheetHistory 对象暂时保存，同时使用 XML 文件持久化保存。CheatSheetPlugin 示例代码结构如下。

```
public class CheatSheetPlugin extends AbstractUIPlugin {
    private CheatSheetHistory history = null;//备忘单历史
    //省略其他代码
    /**
     * 获取备忘单历史
     */
    public CheatSheetHistory getCheatSheetHistory() {
    if (history == null) {
        history = new
          CheatSheetHistory(CheatSheetRegistryReader.getInstance());
        restoreCheatSheetHistory();//恢复备忘单历史的状态
    }
    return history;//返回
  }
    /**
     * 恢复备忘单历史的状态
     */
    private void restoreCheatSheetHistory() {
    SafeRunner.run(new SafeRunnable() {
        public void run() {
            IMemento memento;
            //从持久化文件中读取备忘单的状态
            memento = readMemento(HISTORY_FILENAME);
```

```
            if (memento != null) {
                IMemento childMem =
                  memento.getChild(MEMENTO_TAG_CHEATSHEET_HISTORY);
                if (childMem != null) {
                    history.restoreState(childMem);//恢复至历史状态
                }}}
        //省略其他代码
    });
  }
      /**
       * 保存备忘单历史状态快照
       */
      private void saveCheatSheetHistory() {
    SafeRunner.run(new SafeRunnable() {
        public void run() {
         //创建 XMLMemento 对象
         XMLMemento                              memento       =
XMLMemento.createWriteRoot(MEMENTO_TAG_CHEATSHEET);
         //使用 memento 对象进行状态保存，省略代码
        }
    });
  }}
```

CheatSheetHistory 使用 IMemento 对象保存和恢复自身的状态，示例代码结构如下。

```
    public class CheatSheetHistory {
        private ArrayList history;//历史状态列表
        //省略其他代码
        /**
         * 使用 IMemento 对象恢复状态
         */
        public IStatus restoreState(IMemento memento) {
            IMemento [] children = memento.getChildren("element");
            for (int i = 0; i < children.length && i < DEFAULT_DEPTH; i++) {
                CheatSheetElement element =
                     reg.findCheatSheet(children[i].getID());
                if (element != null)
                     history.add(element);
            }
           return new Status(IStatus.OK,ICheatSheetResource.
                CHEAT_SHEET_PLUGIN_ID,0,ICheatSheetResource.EMPTY_STRING,null);
        }
        /**
          * 保存状态到 IMemento 对象
          */
      public IStatus saveState(IMemento memento) {
       Iterator iter = history.iterator();
       while (iter.hasNext()) {
           CheatSheetElement element = (CheatSheetElement)iter.next();
           if(element != null) {
```

```
                memento.createChild("element", element.getID());
            }
        }
        return new Status(IStatus.OK,ICheatSheetResource.
          CHEAT_SHEET_PLUGIN_ID,0,ICheatSheetResource.EMPTY_STRING,null);
    }
      /**
        * 添加元素至备忘单历史中
        */
      public void add(CheatSheetElement element) {
     //省略其他代码
    }
}
```

XMLMemento 实现了 IMemento 接口，是备忘单历史状态的备忘录类，示例代码结构如下。

```
public final class XMLMemento implements IMemento {
    private Document factory;//持久化的 xml 文档
    private Element element;//xml 节点元素
    //省略其他代码
    /**
      * 从指定的 XML 文档阅读器 Reader 中获得根节点
      */
    public static XMLMemento createReadRoot(Reader reader)
              throws WorkbenchException {
         return createReadRoot(reader, null);
    }
    /**
      * 创建给定类型的子节点
      */
    @Override
  public IMemento createChild(String type) throws DOMException {
      Element child = factory.createElement(type);
      element.appendChild(child);
      return new XMLMemento(factory, child);
    }
    /**
      * 获取指定类型的子节点
      */
    @Override
  public IMemento getChild(String type) {
      // 获取结点列表
      NodeList nodes = element.getChildNodes();
      int size = nodes.getLength();
      if (size == 0) {
        return null;//返回空
   }
      // 遍历节点列表
      for (int nX = 0; nX < size; nX++) {
         Node node = nodes.item(nX);
         if (node instanceof Element) {
```

```
                Element element = (Element) node;
                if (element.getNodeName().equals(type)) {
                    return new XMLMemento(factory, element);//返回节点
                }
            }
        }
        return null; //返回空
    }
}
```

# 6.7　观察者模式

## 6.7.1　模式定义

### 1. 模式定义

**观察者（Observer）指当目标对象状态发生变化后，对状态变化事件进行响应或处理的对象。**观察者模式有时称为“发布者—订阅者模式”（Publisher-Subscriber Pattern），在事件处理的场景中，也叫监听器（Listener）模式。

观察者模式定义了依赖对象和被依赖对象之间的多对一关系，当被依赖对象（或称目标对象）的状态发生改变时，依赖对象能够及时地收到通知并做出响应。

### 2. 使用场景

使用观察者模式的场景有如下两种。

（1）当目标对象的状态发生变化时，需要将状态变化事件通知到其他依赖对象，但并不知道依赖对象的具体数量或类型。

（2）抽象层中具有依赖关系的对象需要独立封装，以便复用或扩展。

场景（1）中的目标对象是发布消息或事件的对象，依赖对象根据收到的消息或事件进行自身业务的响应，当依赖对象具有不同的类型或者数量不确定时，可以将依赖对象泛化为抽象的观察者类，由目标对象向观察者类的对象发布消息或事件。这种方式既能降低依赖对象与目标对象之间的耦合度，也能增加观察者类的可扩展性。

场景（2）是对抽象层中具有依赖关系的对象进行独立封装，以便两者可以独立扩展或复用。将依赖对象和被依赖对象分别泛化为抽象类，依赖关系通过抽象类对象的引用建立，依赖对象的抽象类可以自由扩展的同时，被依赖对象的抽象类也可以自由扩展，而不会相互影响。

### 3. 类结构

观察者模式的类结构如图 6.31 所示。

在图 6.31 所示结构中，由于 Subject 聚合的是 Observer 抽象类型定义的对象，所以 Observer 实现类的变化不会影响 Subject，同样，Subject 也可以自由扩展子类。

当 Subject 状态发生变化时，使用 notifyObserver()方法将新状态（可以是消息或事件）通知所有 Observer 对象，Observer 对象收到通知后，根据业务规则选择响应或不响应。

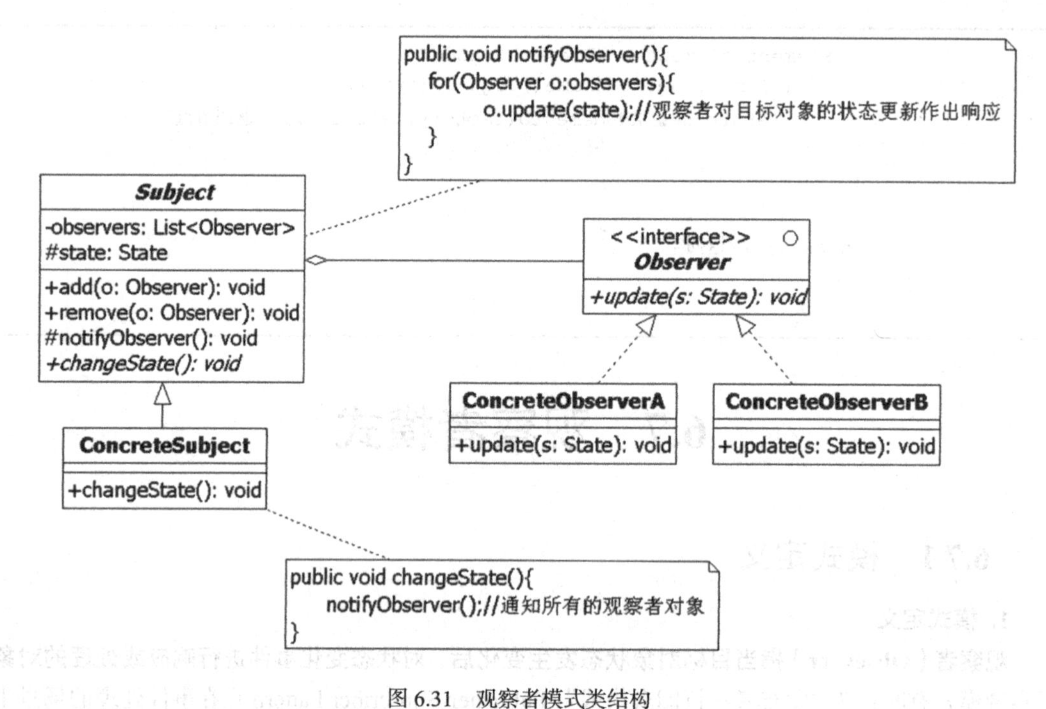


图 6.31　观察者模式类结构

（注：Subject 聚合 Observer 的数据结构可以是其他集合类型）

观察者模式角色类对象的协作时序如图 6.32 所示。

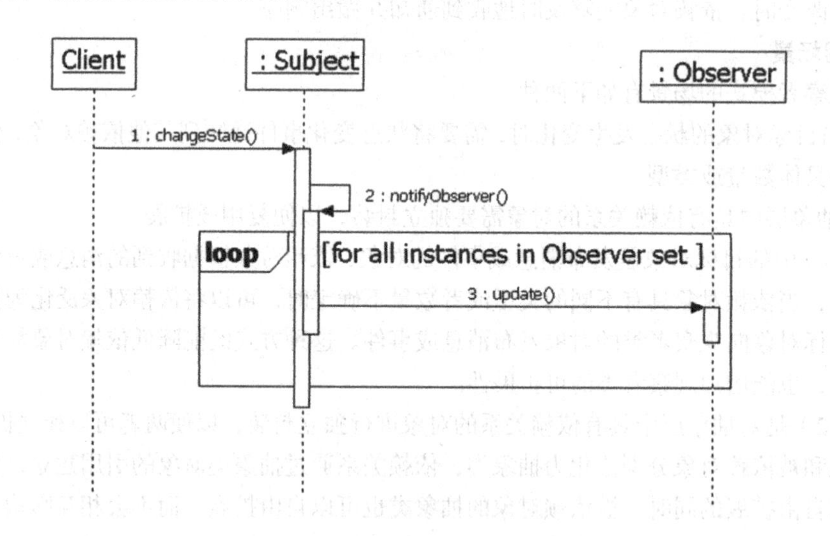


图 6.32　观察者模式类对象协作时序

## 6.7.2　使用观察者

**1. COS 的设计问题**

在 COS 系统中，客户可以订阅平台优惠信息，订阅方式是邮件或短信，将来会增加新的订阅方式。当 COS 有新的优惠信息时，需要及时通知订阅的客户。

**2. 分析问题**

（1）客户可以订阅平台优惠信息，订阅的方式有不同选择，可以选择邮件或短信订阅优惠信息，COS 需要提供订阅或取消订阅的接口服务。

（2）COS 有新优惠信息时，需要将新信息通知所有订阅客户，因此 COS 需要具备信息发布的功能，而发布方式按订阅服务的种类实现。

（3）将来会增加新的订阅方式，意味着消息订阅接口与发布接口应具有良好地可扩展性。

**3. 解决问题**

（1）设计 NewsObserver 接口，作为优惠信息订阅者抽象类型，定义接收新消息的行为 update()以及添加订阅客户行为 addPatron()和删除订阅客户行为 removePatron()。

（2）设计 EmailObserver 子类实现 NewsObserver 接口，负责实现 Email 订阅方式的信息发布业务。

（3）当有客户选择 Email 订阅或取消 Email 订阅时，将客户 Patron 对象加入 EmailObserver 聚合体中或从聚合体中删除。

（4）设计 SMSObserver 子类实现 NewsObserver 接口，负责实现短信订阅方式的信息发布业务。

（5）当有客户选择短信订阅或取消短信订阅时，将客户 Patron 对象加入 SMSObserver 聚合体中或从聚合体中删除。

（6）设计新闻发布类 NewsPublisher，提供添加订阅方式 addObserver()方法和删除订阅方式 removeObserver()方法。

（7）当有新消息时，NewsPublisher 通过 notifyObserver()方法将新信息通知所有 NewsObserver 对象。

（8）当 NewsObserver 对象收到新消息后，根据自己的消息发布方式将消息发送至所有订阅客户。

**4. 解决方案**

具体方案如图 6.33 所示。

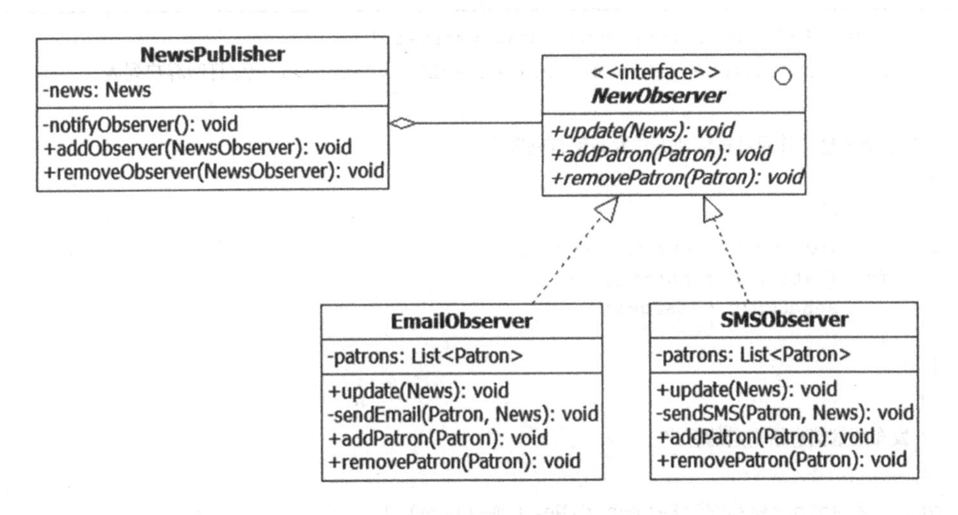


图 6.33　新闻订阅与发布功能类结构

在图 6.33 所示方案中，由于 NewsPubliser 管理 NewsObserver 抽象类型对象，当增加新订阅方式时，只需扩展 NewsObserver 新的子类即可。NewsObserver 子类实现向 Patron 客户发布新消息的具体业务，例如，EmailObserver 子类负责实现按邮件方式向订阅的 Patron 客户发布新消息。

NewsPublisher 是目标对象类型，负责向所有订阅者发布新消息。NewsPublisher 提供添加或删除观察者对象的接口，示例代码结构如下。

```
public class NewsPublisher {
    private News news;// 新闻
    private List<NewsObserver> observers = new ArrayList<NewsObserver>(); // 观察者列表
    /**
    * 将新闻发布给观察者
    */
    private void notifyObserver() {
        for (NewsObserver o : observers) {
            o.update(news);//向观察者发布新闻
        }
    }
    /**
    * 添加观察者
    */
    public void addObserver(NewsObserver o) {
        observers.add(o);
    }
    //省略其他代码
}
```

NewsObserver 接口定义了添加或删除订阅客户和接收新消息的方法，代码不作详细描述。

SMSObserver 和 EmailObserver 是 NewsObserver 实现类，负责维护选择具体订阅方式的客户对象，NewsObserver 对象接收到新消息时，用各自实现的订阅方式向客户发布该消息，以 SMSObserver 为例，代码结构如下。

```
public class SMSObserver implements NewsObserver {
    private List<Patron> patrons = new ArrayList<Patron>();//订阅客户列表
    /**
    * 接收新消息，并通过短信的方式发布给订阅客户
    */
    @Override
    public void update(News message) {
        for (Patron p : patrons) {
            sendSMS(p,message);
        }
    }
   /**
    * 发布短信消息给指定的客户
    */
   private void sendSMS(Patron p,News message) {
       //短信发送业务
   }
```

```
    /**
     * 添加订阅客户
     */
    @Override
    public void addPatron(Patron p) {
        patrons.add(p);
    }
    /**
     * 删除订阅客户
     */
    @Override
    public void removePatron(Patron p) {
        patrons.remove(p);
    }
}
```

读者可能已经注意到，图 6.33 所示的方案中，NewsPublisher 是被观察的对象类型，向 NewsObserver 观察者类的对象发布消息，而 NewsObserver 同时也作为被观察的对象，向 Patron 类的观察者发送信息。当需要扩展新的订阅方式时，定义 NewsObserver 的新子类即可，不会对 NewsPublisher 代码的稳定性带来影响。

**5. 注意事项**

在使用观察者模式解决设计问题时，开发人员还需要关注以下问题。

（1）目标对象的状态变化有可能引起观察者的级联更新。例如图 6.33 所示的方案，当新闻消息发布后，会更新 NewsObserver 类型观察者和级联更新 Patron 类型的观察者。级联更新可能会降低程序的效率。

（2）目标对象发布消息时，需要保证消息发布的一致性。即，在消息发布时，所有观察者收到的消息应该是一致的，而不能在发布过程中改变消息的状态。

（3）当目标对象状态发生变化时，由目标对象或使用目标对象的客户端触发通知观察者的行为。在图 6.33 所示的方案中，通知行为（notifyObserver()）是私有的，所以，只能由目标对象触发通知行为。然而，在不同的设计场景中，通知行为的可见性可以置为客户端可见，由客户端决定是否触发通知行为。

### 6.7.3 行业案例

**1. JDK 中 AWT 框架的事件监听器**

观察者模式是极其常用的一种代码解耦方案，在许多框架或技术平台的源码中都有应用。例如，在事件处理框架中，事件监听器即是采用观察者模式实现的。

以 JDK 的 AWT 框架为例，java.util.EventListener 定义了事件监听器接口，用于处理 java.awt.Component 组件对象的事件，不同类型的事件由不同的子接口处理，如，java.awt.event.FocusEvent 焦点事件由 java.awt.event.FocusListener 监听和处理，java.awt.event.MouseEvent 鼠标事件由 java.awt.event.MouseListener 监听和处理等。AWT 框架事件监听器框架如图 6.34 所示。

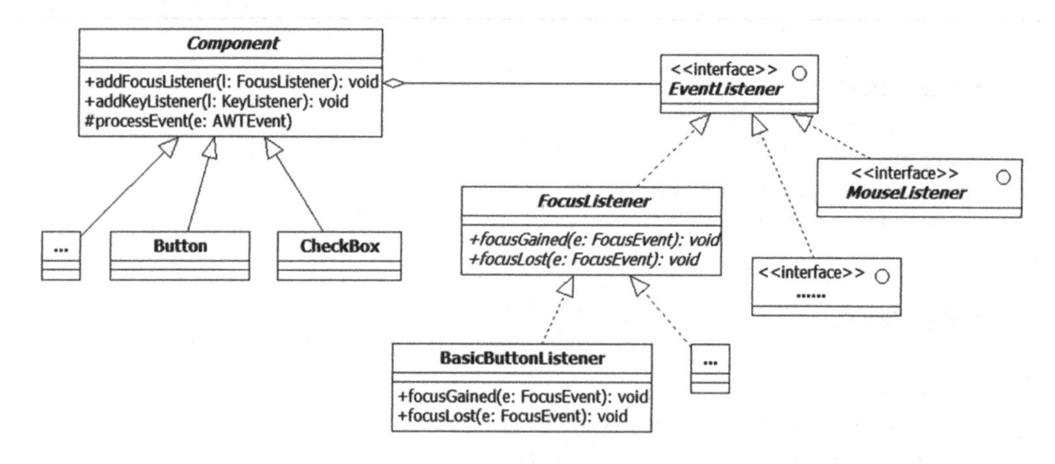


图 6.34　AWT 框架的事件监听器类图

（注：省略号代表其他信息）

图 6.34 所示方案中，Component 是发布事件的目标对象类型；EventListener 是接收事件的观察者类型，不同的事件监听器由 EventListener 的子类实现。Component 向客户端提供监听器管理接口，并将事件发布给指定的监听器对象。

Component 代码框架如下。

```
    public abstract class Component implements ImageObserver, MenuContainer,
                                        Serializable {
        transient FocusListener focusListener;//焦点事件监听器
        //省略其他代码
        /**
          * 分发组件的事件
          */
        protected void processEvent(AWTEvent e) {
          if (e instanceof FocusEvent) {
              processFocusEvent((FocusEvent)e);//分发焦点事件
          } else if (e instanceof MouseEvent) {
              //分发鼠标事件
          }
          //省略其他代码
        }
        /**
          * 分发当前组件的焦点事件
          */
        protected void processFocusEvent(FocusEvent e) {
          FocusListener listener = focusListener;
          if (listener != null) {
              int id = e.getID();
              switch(id) {
                case FocusEvent.FOCUS_GAINED:
                    listener.focusGained(e);//发布焦点获得事件
                    break;
                case FocusEvent.FOCUS_LOST:
```

```
                listener.focusLost(e);//发布焦点失去事件
                break;
            }
        }
    }
}
```

EventListener 定义了监听器接口，不同的事件由不同的子类型监听器负责处理，如 FocustEventListener 子接口类型定义了监听和处理焦点事件的方法，子接口类型的事件监听器由其实现类实现具体的事件监听行为。例如，javax.swing.plaf.basic.BasicButtonListener 实现了 Button 组件焦点事件的监听行为，示例代码结构如下。

```
public class BasicButtonListener implements MouseListener,
                MouseMotionListener, FocusListener, ChangeListener,
                                PropertyChangeListener {
    //省略其他代码
    /**
     * 当按钮获得焦点时，处理焦点事件
     */
    public void focusGained(FocusEvent e) {
        //省略其他代码
        b.repaint();//按钮重绘
    }
    /**
     * 当按钮失去焦点时，处理焦点事件
     */
    public void focusLost(FocusEvent e) {
        AbstractButton b = (AbstractButton) e.getSource();//获取事件源
        JRootPane root = b.getRootPane();
        if (root != null) {
            JButton initialDefault =
                (JButton)root.getClientProperty("initialDefaultButton");
            //省略其他代码
            }
        ButtonModel model = b.getModel();//获取按钮模型
        //设置模型状态
        model.setPressed(false);
        model.setArmed(false);
        //按钮重绘
        b.repaint();
    }
    /**
     * 当鼠标按下时，处理鼠标事件
     */
    public void mousePressed(MouseEvent e) {
        //处理鼠标按下事件
    }
}
```

**2. EventBus 框架中的观察者模式应用**

EventBus 是 greenrobot 开源的面向 Android 平台的事件总线框架，用于解耦或简化 Android 程序中消息处理业务的代码，基本架构如图 6.35 所示。

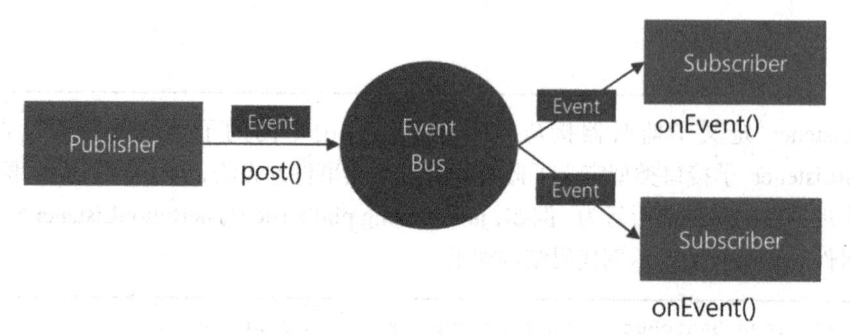


图 6.35　EventBus 架构示意图

图 6.35 所示示意图中的 EventBus 作为事件发布者和订阅者之间的桥梁，降低了目标对象 Publisher 与观察者 Subscriber 之间的耦合度。

EventBus 源码的设计采用了观察者模式，发布事件消息的 Publisher 对象通过 de.greenrobot.event.EventBus 提供的接口 post()向订阅者推送消息，所有订阅消息的 Subscriber 对象不再直接与 Publisher 耦合，而是作为观察者被 EventBus 进行管理和维护。

在 EventBus 框架中，Publisher 发布的消息可以是任意类型。假设 Publisher 发布的事件消息类型为 EventMessage，示例代码结构如下。

```
public class EventMessage{
    private final Event event;//事件消息中的事件
    public EventMessage(Event e){
            event=e;//初始化
    }
    /**
     * 获取事件
     */
    public Event getEvent(){
            return event;
    }
    //省略其他代码
}
```

Publisher 是发布事件的事件源，也是使用 EventBus 的客户端，示例代码结构如下。

```
public class PublisherClass{
      private Event e;//事件
      //省略其他代码
      /**
       * 使用 EventBus 发布消息
       */
      public void publish(){
          //委托 EventBus 发布事件消息
```

```
            委托 EventBus 发布事件消息
            EventBus.getDefault().post(new EventMessage(e));
        }
    }
```

Subscriber 是事件消息的订阅者，向 EventBus 注册接收或处理消息的接口。Android 开发中常用的订阅者类型有 Activity、Fragment 等。Subscriber 示例代码结构如下。

```
public class SubscriberClass extends Activity{
    //省略其他代码
    /**
    * 在 Activity 启动时，将当前对象注册为订阅者
    */
    @Override
    public void onStart() {
        super.onStart();
        EventBus.getDefault().register(this);//向 EventBus 注册当前的对象
    }
    /**
     * 在 Activity 停止时，取消订阅
     */
    @Override
    public void onStop() {
        super.onStop();
        EventBus.getDefault().unregister(this); //向 EventBus 取消订阅
    }
    /**
     * 使用注解@Subscribe 向 EventBus 注册消息的接收方法
     */
    @Subscribe(threadMode = ThreadMode.MAIN)
    public void handleEventMessage(EventMessage message){
        //处理事件消息
    }
}
```

EventBus 收到客户发来的消息事件后，将消息放入队列中，之后再分发至该消息的订阅者对象，向客户端提供添加和维护订阅者的接口，并实现分发事件消息的业务行为，示例代码结构如下。

```
    public class EventBus {
        static volatile EventBus defaultInstance;//EventBus 默认实例
        //定义 EventBus 构造器，用于构造 EventBus 实例
        private static final EventBusBuilder DEFAULT_BUILDER = new
                                                 EventBusBuilder();
        //事件类型缓存，用于管理事件消息的类型
        private static final Map<Class<?>, List<Class<?>>> eventTypesCache
                                 = new HashMap<Class<?>, List<Class<?>>>();
        //订阅者与事件类的关系映射
        private final Map<Class<?>, CopyOnWriteArrayList<Subscription>>
                                              subscriptionsByEventType;
```

```
        //省略其他代码
        /**
          * 发布事件消息
          */
        public void post(Object event) {
          //消息线程状态
          PostingThreadState postingState = currentPostingThreadState.get();
          List<Object> eventQueue = postingState.eventQueue;//事件消息队列
          eventQueue.add(event);//事件消息入队
          //省略其他代码
        }
        /**
          * 注册事件消息的订阅者
          */
         public void register(Object subscriber) {
             //获取订阅者的运行时类
          Class<?> subscriberClass = subscriber.getClass();
          //获取订阅者是否为匿名类
          boolean forceReflection = subscriberClass.isAnonymousClass();
          //获取订阅者注册的事件消息的处理方法
          List<SubscriberMethod> subscriberMethods = subscriberMethodFinder.
                  findSubscriberMethods(subscriberClass, forceReflection);
          for (SubscriberMethod subscriberMethod : subscriberMethods) {
              subscribe(subscriber, subscriberMethod);//注册订阅者及消息处理方法
          }
         }
    }
```

# 6.8 状态模式

## 6.8.1 模式定义

### 1. 模式定义

**状态（State）指状态对象，用于封装上下文对象的特定状态行为，使得上下文对象在内部状态改变时能够改变其自身的行为。**

假设上下文Context类型对象具有一组不同的状态StateA、StateB、StateC，每个状态对应特定的业务行为stateA()、stateB()、stateC()。开发人员一般会选择分支结构表达Context类型对象的状态行为逻辑，示例代码如下。

```
public class Context{
    State state;//上下文对象的状态域
    /**
      * 不同状态下的行为逻辑
      */
```

```
    public void behavior(){
        if(state == StateA){
             stateA();
         }
        else if(state == StateB){
             stateB();
          }
        else if(state == StateC){
             stateC();
          }
     }
     /**
      * StateA 对应的行为
      */
     private void stateA(){
        //行为代码
     }
     //省略 stateB()、stateC()代码
}
```

上述 Context 类代码具有以下缺点。

（1）程序不稳定，如果要添加新状态及对应的行为，则必须修改分支程序结构，导致 Context 类不稳定。

（2）可读性差。当 Context 状态变化较多时，大量的分支结构给代码可读性带来障碍。

状态模式将上下文对象内部状态对应的行为单独封装在状态对象中，并将状态对象抽象为同一类型，上下文对象持有抽象类的状态对象引用，从而消除了上下文业务中对状态逻辑判断的分支语句。

**2. 使用场景**

使用状态模式的设计场景有如下两种。

（1）上下文对象的行为依赖其内部的状态，而状态在运行时会发生变化。

（2）需要消除上下文对象中针对状态判断的逻辑分支语句。

场景（1）和场景（2）描述的设计问题都是由上下文对象内部状态变化而引发的。由于上下文对象的行为依赖于内部状态，而状态的变化会进一步导代码的不稳定或业务逻辑的可读性差，因此，开发人员需要专门针对依赖于上下文对象状态的行为进行设计，以避免因状态变化而带来的代码缺陷。状态模式是解决该类问题的一种可行方案。

**3. 类结构**

状态模式类结构如图 6.36 所示。

图 6.36 所示结构中，Context 为上下文对象类型，持有 State 抽象类型的对象引用；State 是封装状态行为 handle()的抽象类型，具体的状态行为由子类实现；StateA、StateB 和 StateC 是具体的状态行为实现类。当需要添加新类型的状态行为时，只需实现 State 的新状态子类即可完成扩展。由于 Context 类型对象行为 behavior()的具体表示由内部的状态对象决定；因此，可以消除 behavior()内部状态判断的分支语句。

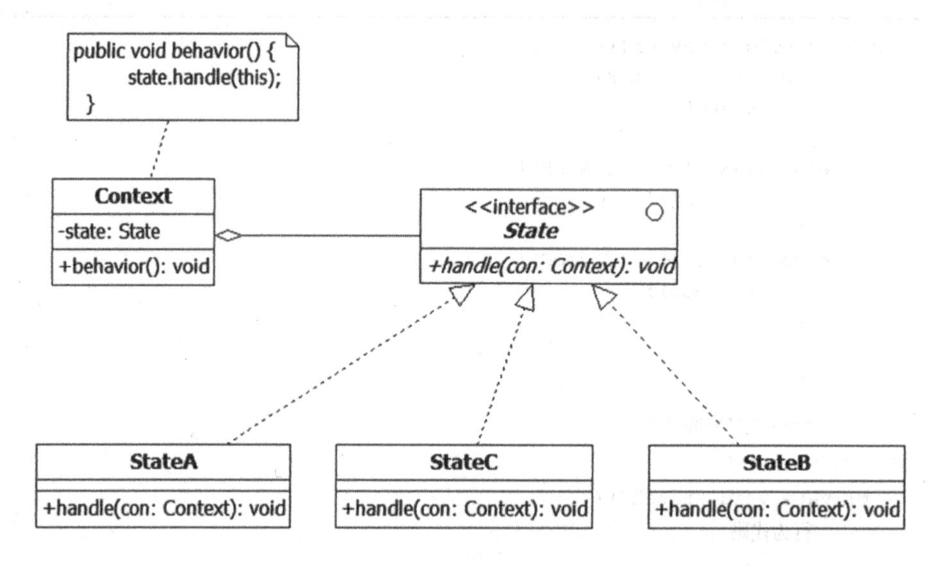


图 6.36　状态模式类结构

客户端调用上下文 Context 类型对象内部状态对应的行为 behavior()时，上下文对象会将客户请求委托给 State 类型的状态对象处理。状态模式类对象协作时序图如图 6.37 所示。

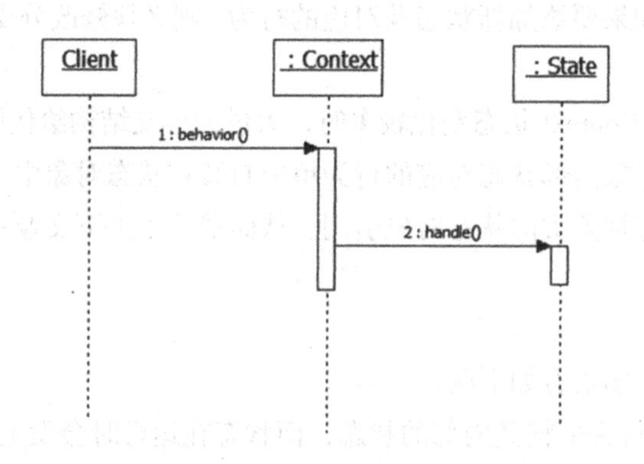


图 6.37　状态模式类对象协作时序

## 6.8.2　使用状态

**1. COS 的设计问题**

COS 中的菜品订单具有正在下单（Placing）、已接受（Accepted）、已准备（Prepared）、已完成（Finished）等状态，每种状态下的菜品订单“取消”行为并不一样，当订单的状态为 Placing、Accepted 时，如果客户取消订单，COS 会将该订单状态置为“已取消（Canceled）”，客户获得订单 100%退款；当订单状态为 Prepared 时，客户取消订单，COS 会将该订单状态置为 Canceled，客户获得订单 30%退款；当订单状态为 Delivering、Delivered、Finished 时，订单的“取消”行为不可用。为了保证代码的稳定性，开发人员并不想使用分支语句构造菜品订单对象的状态行为。

**2. 分析问题**

（1）菜品订单对象具有不同的状态 Placing、Prepared、Finished 等。

（2）在不同的状态下，订单对象的“取消”行为执行不同的业务。

（3）虽然业务中含有状态和行为的逻辑关系，但开发人员并不想使用分支语句构造订单对象的业务行为。

（4）即使使用分支语句，状态的变化也会对订单对象代码的稳定性带来负面影响。

**3. 解决问题**

（1）设计 OrderState 接口作为不同订单状态的抽象类，用于封装不同状态对应的业务行为 handle()。

（2）MealOrder 将内部状态对应的 cancel()请求委托给 OrderState 对象处理。

（3）定义 PlacingState、PreparedState、FinishedState 等作为 OrderState 接口的子类，分别实现订单状态 Placing、Prepared、Finished 等对应的业务行为 handle()。

**4. 解决方案**

具体方案如图 6.38 所示。

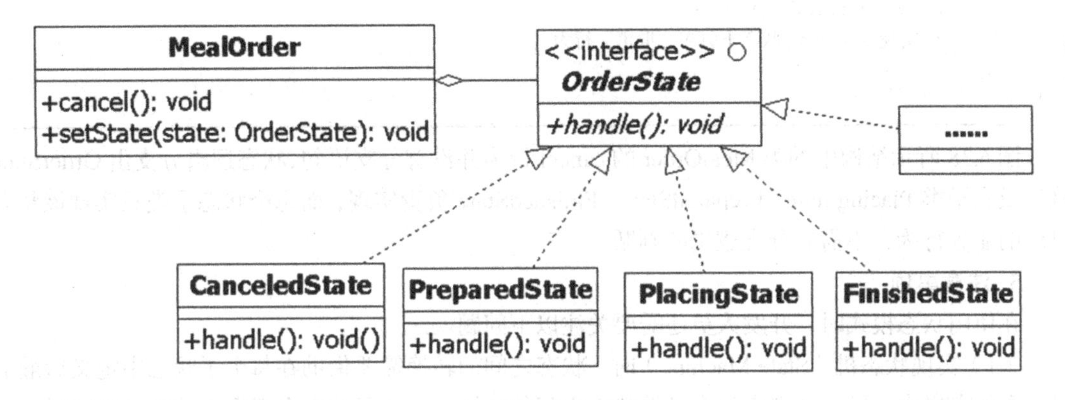


图 6.38 订单状态的类结构

（注：图中省略号代表其他状态实现类）

图 6.38 所示方案中，MealOrder 依赖于抽象接口 OrderState 定义的对象引用。当 OrderState 的实现类变化时，MealOrder 代码不会受到该变化所带来的影响。如果需要对订单状态进行扩展，定义 OrderState 新的实现类即可。因此，图 6.38 所示中的设计方案类代码较好的稳定性和可扩展性。不仅如此，MealOrder 的 cancel()行为将客户请求委托给 OrderState 类型的对象处理，不再需要进行状态的逻辑判断，这就消除了 cancel()行为内部的分支语句，使代码具备更好的可读性。

MealOrder 示例代码结构如下。

```
public class MealOrder {
   private OrderState state;// 订单状态
   //省略其他代码
   /**
     * 依据状态而变化的订单行为
     */
    public void cancel() {
        state.handle();//委托状态对象处理对应的业务
    }
}
```

MealOrder 是使用 OrderState 的上下文类型，含有 OrderState 业务行为执行所需要的上下文或数据。因此，在构造具体的 OrderState 对象时，可以将上下文 MealOrder 传入已构造的对象。

OrderState 接口定义了状态行为 handle()，代码省略。

PlacingState、PreparedState、FinishedState 等是 OrderState 的实现类，实现了对应的订单对象的状态行为。以 PlacingState 为例，代码框架如下：

```
public class PlacedState implements OrderState {
    private MealOrder context;// 状态的上下文
    public PlacedState(MealOrder con) {
        context = con;//初始化状态上下文
    }
    /**
    * Placing 状态对应的业务行为（即订单对象的状态为 Placing 时的“取消”行为）
    */
    @Override
    public void handle() {
        //实现 Placing 状态下订单“取消”行为
    }
}
```

图 6.38 所示结构中的类 MealOrder 的 cancel 行为并没有分支语句，状态逻辑分支由 OrderState 接口及其子类 PlacingState、PreparedState、FinishedState 负责实现；而每个状态子类只实现该状态对应的业务行为，不需要分支逻辑的判断。

**5. 注意事项**

在使用状态模式时，开发人员还需要关注以下问题。

（1）实现状态机（State Machine）时，状态之间的转换需要借助在每个子状态中定义后继节点。在状态机中，发生特定事件会触发状态之间的转换，每个子状态会根据事件类型决定后继，并将上下文的状态置为后继，以完成状态转换行为。因此，每个子状态必须耦合到其后继。

（2）解决状态机设计问题时，查找表是一种替代状态模式的可行方案。查找表采用二维表格的方式定义子状态及对应的后继。程序执行时，根据上下文从查找表中搜索当前子状态的后继。查找表的方式一样可以消除代码中条件分支语句，但每次进行查找表的检索都会使程序效率降低（相对于状态模式中的方法调用）。

## 6.8.3 行业案例

**1. JSF 框架中的状态模式应用**

JSF 框架在处理 Http 请求时，定义 javax.faces.webapp.FacesServlet 作为控制器。FacesServlet 将 Http 请求处理分成 PROCESS_VALIDATIONS（验证表单）、UPDATE_MODEL_VALUES（更新模型）、INVOKE_APPLICATION（触发应用）等多个阶段，每个阶段都有对应的业务处理行为。

JSF 框架将 Http 请求处理的多个阶段组合在一起形成 Http 请求处理周期，定义 javax.faces.lifecycle.Lifecycle 作为 Http 请求处理周期的抽象类型。

Lifecycle 对象具有不同的状态，每个状态对应一个阶段的 Http 请求处理行为。JSF 框架定义了 com.sun.faces.lifecycle.Phase 抽象类，作为 Lifecycle 对象的状态类，不同的子类实现对应状态的业务行为。如，com.sun.faces.lifecycle.ProcessValidationsPhase 子类实现了表单验证阶段对应的业务行为等。

当 JSF 控制器 FacesServlet 收到 Http 请求后，委托 Lifecycle 对象分阶段处理该请求，Lifecycle 委托每个 com.sun.faces.lifecycle.Phase 状态对象处理对应阶段的业务行为；Phase 状态对象执行业务行为时，依赖 javax.faces.context.FacesContext 上下文类型对象。

JSF 框架中 Http 请求处理周期类结构如图 6.39 所示。

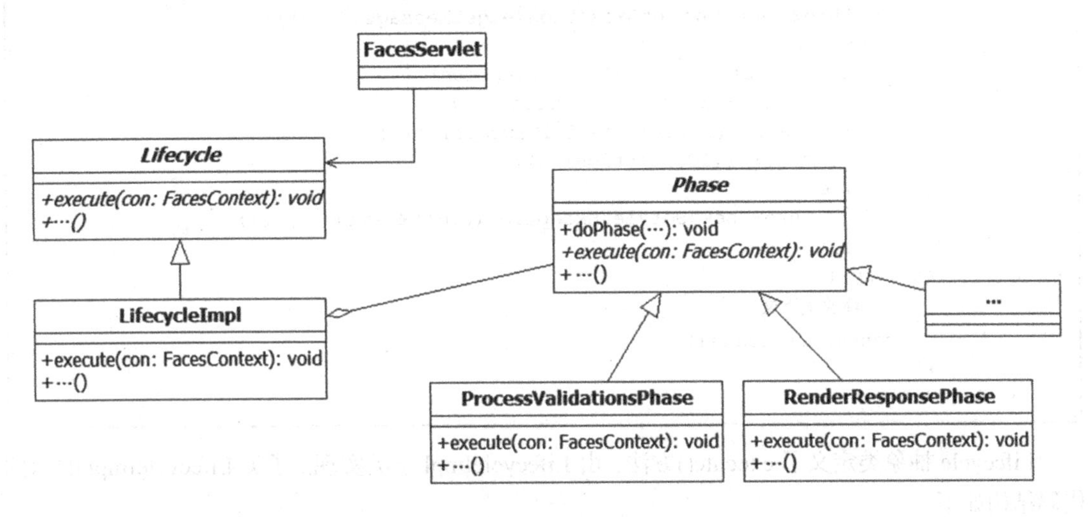


图 6.39 JSF 框架中 Http 请求处理周期类结构

（注：省略号代表其他信息）

图 6.39 所示结构中，FacesServlet 是使用 Lifecycle 对象的客户类，Lifecycle 的实现类 LifecycleImpl 是不同 Phase 状态对象的聚合体，Phase 子类实现每个状态对应的 Http 请求处理业务逻辑。

FacesServlet 委托 Lifecycle 处理 Http 请求的示例代码结构如下。

```
@MultipartConfig
public final class FacesServlet implements Servlet {
    private Lifecycle lifecycle = null;//Lifecycle 对象，即状态对象
    //省略其他代码
    /**
     * 处理 http 请求
     */
    @Override
    public void service(ServletRequest req,ServletResponse resp) throws
                                  IOException, ServletException {
        //省略其他代码
        //构造上下文对象
        FacesContext context = facesContextFactory.getFacesContext
            (servletConfig.getServletContext(), request, response, lifecycle);
        try {
            ResourceHandler handler = context.getApplication().
getResourceHandler();
            if (handler.isResourceRequest(context)) {
                handler.handleResourceRequest(context);//资源请求的处理
            }else {
                lifecycle.execute(context);//委托 lifecycle 对象处理请求
                lifecycle.render(context);//渲染请求结果
            }
        } catch (FacesException e) {
            Throwable t = e.getCause();
```

```
        //异常处理
        if (t == null) {
            throw new ServletException(e.getMessage(), e);
        } else {
            if (t instanceof ServletException) {
                throw ((ServletException) t);
            } else if (t instanceof IOException) {
                throw ((IOException) t);
            } else {
                throw new ServletException(t.getMessage(), t);
            }}}
    finally {
        // 释放上下文
        context.release();
    }}
}
```

Lifecycle 抽象类定义了 execute()方法，由 LifecycleImpl 子类实现。子类 LifecycleImpl 的示例代码结构如下。

```
public class LifecycleImpl extends Lifecycle {
    private Phase response = new RenderResponsePhase();//渲染阶段的状态对象
    //执行阶段的状态对象数组
    private Phase[] phases = {
     null, // ANY_PHASE placeholder, not a real Phase
     new RestoreViewPhase(),
     new ApplyRequestValuesPhase(),
     new ProcessValidationsPhase(),
     new UpdateModelValuesPhase(),
     new InvokeApplicationPhase(),
     response
    };
    //省略其他代码
   /**
    * 处理客户端请求
    */
   public void execute(FacesContext context) throws FacesException {
     //省略其他代码
     for (int i = 1, len = phases.length -1 ; i < len; i++) {
         if (context.getRenderResponse() ||
             context.getResponseComplete()) {
             break;
         }
         //委托 Phase 对象处理请求
         phases[i].doPhase(context, this, listeners.listIterator());
     }
   }
    /**
     * 渲染请求处理结果
     */
   public void render(FacesContext context) throws FacesException {
     if (context == null) {
```

```
            throw new NullPointerException
                (MessageUtils.getExceptionMessageString
                (MessageUtils.NULL_PARAMETERS_ERROR_MESSAGE_ID, "context"));
        }
        //省略其他代码
        if (!context.getResponseComplete()) {
            //委托 Phase 对象 response 处理渲染
            response.doPhase(context, this, listeners.listIterator());
        }
    }
}
```

Phase 定义了状态对象业务处理行为 doPhase()和抽象方法 execute()，示例代码结构如下。

```
public abstract class Phase {
    //省略其他代码
    /**
     * 状态对象的行为模板
     */
    public void doPhase(FacesContext context,
                        Lifecycle lifecycle,
                        ListIterator<PhaseListener> listeners) {
        context.setCurrentPhaseId(getId());
        PhaseEvent event = null;//状态事件
        if (listeners.hasNext()) {
            event = new PhaseEvent(context, this.getId(), lifecycle);
        }
        Timer timer = Timer.getInstance();//计时器
        if (timer != null) {
            timer.startTiming();//启动计时器
        }
        try {
            handleBeforePhase(context, listeners, event);//拦截方法调用
            if (!shouldSkip(context)) {
                execute(context);//调用 execute()方法
            }
        } catch (Throwable e) {
            queueException(context, e);
        } finally {
            try {
                handleAfterPhase(context, listeners, event);//拦截方法调用
            } catch (Throwable e) {
                queueException(context, e);
            }
            if (timer != null) {
                timer.stopTiming();//停止计时器
            }
            context.getExceptionHandler().handle();//异常处理
        }
    }
    /**
```

```
      * 由子类实现具体的业务处理
      */
     public abstract void execute(FacesContext context) throws FacesException;
 }
```

ProcessValidationsPhase、RenderResponsePhase 等是 Phase 的子类，用于实现 Http 请求处理不同周期阶段的 execute()方法。以 RenderResponsePhase 为例，Http 请求处理结果的渲染行为代码框架如下。

```
public class RenderResponsePhase extends Phase {
    //省略其他代码
    /**
     * 渲染阶段的状态行为实现
     */
    public void execute(FacesContext facesContext) throws FacesException {
    //省略的代码
    facesContext.getPartialViewContext();
    try {
        //获得视图处理器对象
        ViewHandler vh =
                 facesContext.getApplication().getViewHandler();
        ViewDeclarationLanguage vdl =
              vh.getViewDeclarationLanguage(facesContext,
                      facesContext.getViewRoot().getViewId());
        if (vdl != null) {
           vdl.buildView(facesContext, facesContext.getViewRoot());
        }
        boolean viewIdsUnchanged;
        do {
           String beforePublishViewId =
                      facesContext.getViewRoot().getViewId();
           facesContext.getApplication().publishEvent(facesContext,
             PreRenderViewEvent.class,facesContext.getViewRoot());
           String afterPublishViewId =
                 facesContext.getViewRoot().getViewId();
           viewIdsUnchanged = beforePublishViewId == null &&
             afterPublishViewId == null ||(beforePublishViewId !=
             null && afterPublishViewId != null) &&
             beforePublishViewId.equals(afterPublishViewId);
           //省略其他代码
        } while (!viewIdsUnchanged);
        //渲染视图
        vh.renderView(facesContext, facesContext.getViewRoot());
    } catch (IOException e) {
        throw new FacesException(e.getMessage(), e);
    }
  }
}
```

**2. iText 框架中的状态模式应用**

iText 是处理 PDF 文档的开源库，包括 itextpdf、itext-xtra、xmlworker 等子库。xmlworker 框架用于将 XML 或 Html 文档转换为 PDF，依赖核心库 itextpdf。

xmlworker 框架处理 CSS 文件时，设计了控制器类 com.itextpdf.tool.xml.css.parser.CssStateController。CssStateController 将 CSS 文件解析分成不同的状态阶段处理，如注释开始、注释结束、属性处理等。

xmlworker 框架将不同的 CSS 文件解析状态统一定义为抽象接口类型 com.itextpdf.tool.xml.css.parser.State，其子类实现具体状态对应的解析行为；如，CommentStart 和 CommentEnd 分别实现了注释开始字符和结束字符的解析行为。

xmlworker 框架解析 CSS 文件的类结构如图 6.40 所示，CssStateController 是 State 接口类型对象的聚合体，委托 State 对象进行对应状态的业务处理。State 接口定义了状态行为 process()，由子状态类实现该行为。

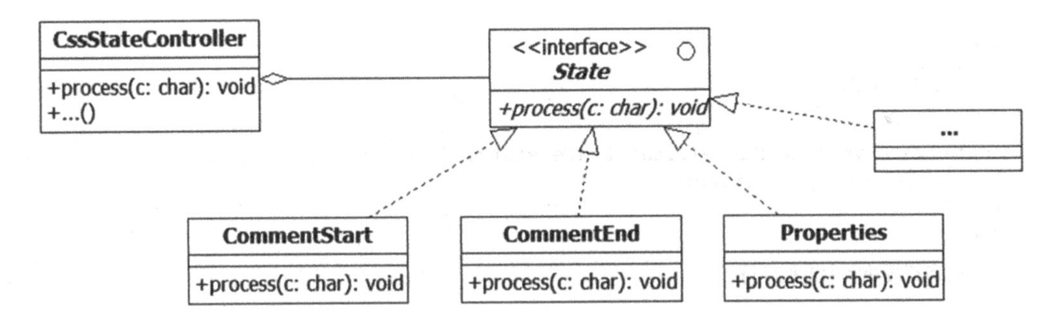


图 6.40 xmlworker 框架解析 CSS 文件的类结构
（注：省略号代表其他信息）

图 6.40 中的 State 接口的代码框架如下。

```
public interface State {
    /**
     * 不同状态下的字符处理方法
     */
    public void process(final char c);
}
```

CssStateController 是 State 类型对象的聚合体类，也是状态行为的上下文类，代码框架如下。

```
public class CssStateController {
    //省略其他代码
    private State current;//当前状态
    private State previous;//上一个状态
    private final State commentEnd;//注释结束
    private final State commentStart;//注释开始
    private final State commentInside;//注释内部处理
    private final StringBuilder buffer;//字符缓冲区
   /**
     * 返回上一个状态
     */
    public void previous() {
        this.current = previous;
```

```
    }
    /**
     * 将当前状态置为注释结束状态
     */
    public void stateCommentEnd() {
        setState(commentEnd);
    }
    /**
     * 处理字符
     */
    public void process(final char c) {
        current.process(c);//调用 State 对象 current 处理字符
    }
    /**
     * 设置当前状态
     */
    private void setState(final State state) {
        this.current = state;
    }
    /**
     * 向字符缓冲区中追加字符
     */
    public void append(final char c) {
        this.buffer.append(c);
    }
}
```

State 接口的行为 process()由不同的子类实现，如 CommentStart、Properties 等。以 CommentStart 为例，它实现了 CSS 注释开始字符的解析行为，示例代码结构如下。

```
public class CommentStart implements State {
    private final CssStateController controller;//上下文 controller 对象
    public CommentStart(final CssStateController controller) {
        this.controller = controller;//初始化 controller
    }
    /**
     * CSS 注释开始字符的解析行为
     */
    public void process(final char c) {
        /**
         * 如果注释开始字符后是星号'*'，则表示为注释
         * 否则，作为字符'/'处理，返回上一个状态
         */
        if ('*' == c) {
            this.controller.stateCommentInside();//注释内部处理
        } else {
            //使用 controller 处理字符'/'，并返回上一个状态
            this.controller.append('/');
            this.controller.append(c);
            this.controller.previous();
```

```
        }
    }
}
```

# 6.9 策略模式

## 6.9.1 模式定义

### 1. 模式定义

**策略（Strategy）是用于封装一组算法中单个算法的对象，这些策略可以相互替换，使得单个算法的变化不影响使用它的客户端。**

在软件开发中，一些业务模型需要实现一组可替换的算法，在不同的上下文中向客户提供服务，例如数据排序算法组、安全验证算法组等。这些业务模型的特点表现在 4 个方面，一是不同的算法被客户端单独使用，而不是同时向客户端提供服务；二是将算法组封装在使用算法的上下文中会使上下文对象的业务逻辑变得复杂，且不好维护；三是上下文对象在使用不同算法时，需要使用分支结构的语句进行算法切换；四是系统要求算法组具备可扩展特性；即，算法组中的算法可以自由地添加或删除，而不会影响到客户端的代码稳定性。

由于算法组中的每个算法基于相同的上下文，它们只在行为实现上不同，因此，将算法行为从上下文中分离并单独封装在算法类中，能够很好地降低上下文对象的逻辑复杂度。此外，算法的单独封装有利于代码扩展，使算法行为呈现多态特征成为可能。

### 2. 使用场景

策略模式将算法从使用算法的上下文中分离出来，单独封装在策略类中，属于同一组的算法泛化成统一的策略抽象类，上下文对象依赖策略抽象类定义的对象，具体算法行为由策略抽象类型的子类实现。使用策略模式的场景有如下几种。

（1）算法需要实现不同的、可替换的变体。

（2）向使用算法的客户类（或上下文类）屏蔽算法内部的数据结构。

（3）客户类（或上下文类）定义了一组可相互替换的行为，需要消除调用这组行为的分支语句。

（4）一组类仅在行为上不同，但开发人员不想通过子类扩展的方式实现行为多态。

场景（1）描述的一组算法是不同变体的组合，它们可以相互替换，上下文对象在不同的业务场景中使用其中一个变体。由于这组算法实现相同的业务功能，将其作为公共关注点从上下文中分离并单独封装，可以更容易地实现复用或扩展。

在场景（2）中，为了保护算法或减小使用算法的客户类复杂度等，开发人员需要将算法单独封装，并隐藏算法内部的数据结构。这类场景常出现在权限验证的业务模型中。例如向第三方开放验证服务的社交系统、金融支付系统等，它们向客户端提供权限验证服务，但要保护或隐藏具体的验证算法。

使用算法的客户类在场景（3）中不想用分支语句实现算法行为的切换，因为分支语句的稳定性较差，也会给代码的可读性带来负面影响。

在场景（4）中，行为不同的一组类具有可共享的数据或上下文状态，将可共享的数据封装在泛化的上下文对象中。如果通过子类扩展的方式实现行为多态，其代码缺陷是多态行为与上下文对象之间是静态绑定关系，即一个上下文对象只静态绑定到一种具体的扩展行为。

**3. 类结构**

策略模式类结构如图 6.41 所示。

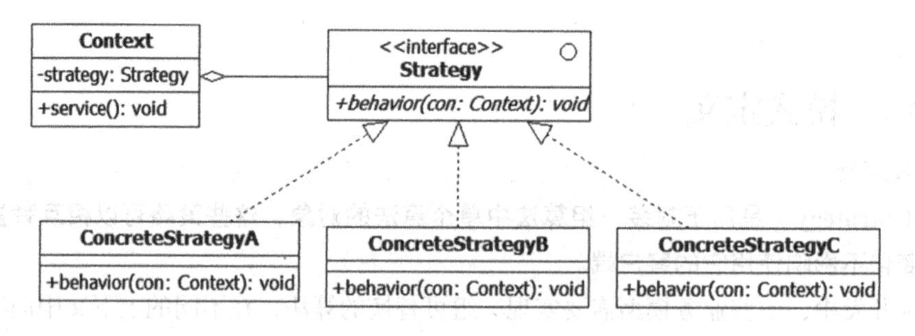


图 6.41　策略模式类结构

图 6.41 所示结构中，Context 是算法策略的上下文类，也是使用策略对象的客户类；Strategy 接口定义了算法的行为 behavior()，实现类 ConcreteStrategyA、ConcreteStrategyB 等实现了具体的算法。值得注意的是，执行策略类算法所需要的数据是从上下文中获得的。因此，Context 上下文对象在使用策略对象时，需要将策略行为所需要的所有数据传入策略对象中，或将自己传入并提供算法行为所需数据的访问接口（图 6.41 所示结构采用将上下文对象作为方法参数传入策略行为中）。

客户端在使用上下文对象的服务时，向其传入具体的策略对象引用；上下文对象收到客户端请求后，委托策略对象完成业务请求处理。策略模式类对象协作时序如图 6.42 所示。

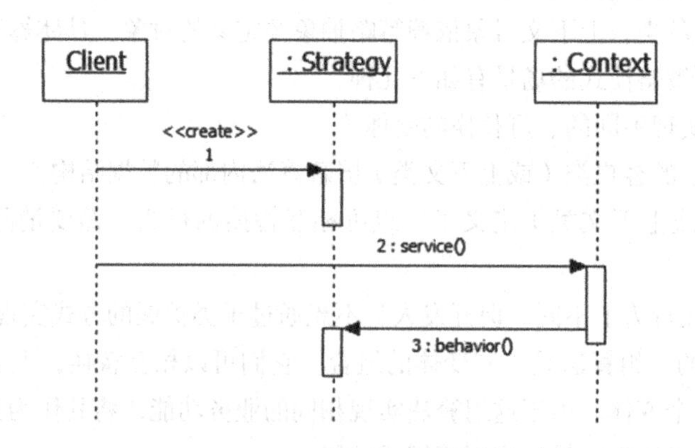


图 6.42　策略模式类对象协作时序

## 6.9.2　使用策略

**1. COS 的设计问题**

客户在浏览 COS 菜单时，可以选择按价格或名称进行排序（升序或降序）浏览。在 COS 的升级版本中，会添加新的排序方式（按热量、时令等排序）。

**2. 分析问题**

（1）无论是价格、名称、热量或时令等排序行为，它们的业务功能相同——实现目标菜单数据的升序或降序排列。因此，可以将排序行为定义成算法组。

（2）显示 COS 菜单数据的对象类是使用排序算法进行数据排列的客户类，拥有排序行为所需要的上下文数据。

（3）如果排序算法封装在上下文类中，新排序方式的扩展会导致使上下文类的代码不稳定。

（4）具体的排序行为由客户在浏览菜单数据时确定，而不是由上下文对象决定。

**3. 解决问题**

（1）设计 MenuSorter 接口，定义排序行为升序排列 asc()和降序排列 desc()。

（2）不同排序行为的实现，如按价格、名称等，由 MenuSorter 实现类封装。

（3）使用排序行为的 MenuViewer 客户类委托 MenuSorter 接口类型的对象对菜单数据进行排序，并向 MenuSorter 类型的对象提供排序行为所需的上下文数据。

（4）扩展的新排序行为通过添加 MenuSorter 新的实现类的形式实现。

**4. 解决方案**

具体方案如图 6.43 所示。

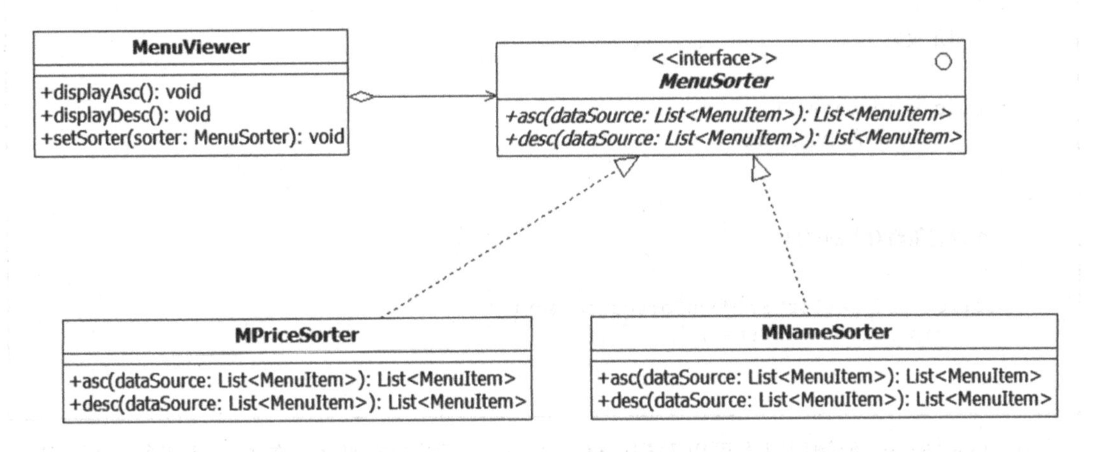


图 6.43　菜单排序策略类结构

图 6.43 所示的方案中，MenuViewer 向 COS 客户提供菜单浏览服务，它也是使用排序算法的客户类和上下文类；MenuSorder 定义的排序行为 asc()、desc()由子类 MPriceSorter、MNameSorter 等实现。

当 COS 客户按序浏览菜单时，请求分发器将请求分发给 MenuViewer 对象，MenuViewer 对象收到菜单排序请求后，委托 MenuSorter 类型的对象进行菜单数据排序。MenuViewer 需要向客户端提供升序或降序浏览菜单的接口 displayAsc()和 displayDesc()，并提供设置具体排序策略的接口 setSorter()。

如果客户选择的是按名称升序浏览，MenuViewer 使用的 MenuSorter 类型的对象引用将指向 MNameSorter 对象，其他排序方式亦同。

MenuViewer 持有 MenuSorter 接口类型的对象引用，向客户端提供按钮浏览菜品的服务。MenuSorter 子类的变化不会影响 MenuViewer 代码的稳定性。

MenuViewer 代码结构示例如下。

```java
public class MenuViewer {
    private List<MenuItem> items;// 菜单列表
    private MenuSorter sorter;// 排序策略
    //省略其他代码
    /**
     * 升序浏览
     */
    public void displayAsc() {
        sorter.asc(items);//升序排序
        show();//展示排序后的结果
    }
    /**
     * 降序浏览
     */
    public void displayDesc() {
        sorter.desc(items);//降序排序
        show();//展示排序后的结果
    }
    /**
     * 显示菜单
     */
    public void show(){
        //显示菜单列表 items
    }
    /**
     * 设置策略对象的接口
     */
    public void setSorter(MenuSorter sorter) {
        this.sorter = sorter;
    }
}
```

从 MenuViewer 示例代码中可以看到，MenuViewer 不需要对具体的策略行为进行选择，因此就消除了业务中的分支语句。

MenuSorter 接口代码省略，不作表述。

MPriceSorter、MNameSorter 等实现了价格、名称等具体排序策略。以 MPriceSorter 为例，它封装了排序算法的具体实现，向 MenuViewer 提供按价格升序或降序排列菜单数据的服务，示例代码结构如下。

```java
public class MPriceSorter implements MenuSorter {
    /**
    * 升序排列菜单数据列表
    */
    @Override
    public List<MenuItem> asc(List<MenuItem> dataSource) {
        //使用 Comparator 进行排序
        dataSource.sort(new Comparator<MenuItem>() {
            @Override
```

```
            public int compare(MenuItem o1, MenuItem o2) {
                //返回比较结果
                return (int) (o1.getmPrice() - o2.getmPrice());
            }
        });
        return dataSource;
    }
    /**
    * 降序排列菜单数据列表
    */
    @Override
    public List<MenuItem> desc(List<MenuItem> dataSource) {
          //使用 Comparator 进行排序
        dataSource.sort(new Comparator<MenuItem>() {
            @Override
            public int compare(MenuItem o1, MenuItem o2) {
                //返回比较结果
                return (int) (o2.getmPrice() - o1.getmPrice());
            }
        });
        return dataSource;
    }
}
```

**5. 注意事项**

策略模式是替代通过子类扩展方式实现上下文多态行为的一种可行方案，且能够解除上下文对象与具体扩展行为的静态绑定关系。在实际使用中，开发人员还应注意以下问题。

（1）使用上下文对象的客户端需要耦合不同的策略类型。因为，具体策略对象的构造行为由使用上下文对象的客户端承担。

（2）上下文向策略类算法行为提供所需要的数据，这有可能会破坏上下文对象的封装性。如果要保持上下文的封装特性，可以考虑将策略实现类定义为上下文的内部类。

（3）设计类数量的增加。由于将算法策略单独封装在策略类中，那么每新增一个算法行为或行为的变体，就需要添加一个新的策略实现类。

## 6.9.3 行业案例

**1. JDK 的 AWT 框架对策略模式的应用**

JDK 的 AWT 框架中，为了提高图形/图像绘制程序的执行效率，设计了 java.awt.image.BufferStrategy 缓冲区策略类型。BufferStrategy 向客户类 java.awt.Component 提供（创建绘图缓冲区上下文）getDrawGraphics()、（显示下一帧缓冲区图形/图像）show()等服务。

AWT 框架在实现具体的缓冲区策略时，定义了 BufferStrategy 的子类 java.awt.Component.BltBufferStrategy（Blt 块复制缓冲策略）、java.awt.Component.FlipBufferStrategy（Flip 帧切换缓冲策略）等。

AWT 框架图形/图像缓冲区策略类模式结构如图 6.44 所示。

在 AWT 框架中，Component 是使用 BufferStrategy 的客户类，也是缓冲区策略对象的上下文类，同时还是构造 BufferStrategy 对象实例的工厂类。FlipBufferStrategy、BltBufferStrategy 等缓冲

区策略实现类作为 Component 的内部类定义，能够使 BufferStrategy 对象直接访问上下文中的数据，避免破坏 Component 的封装特性。

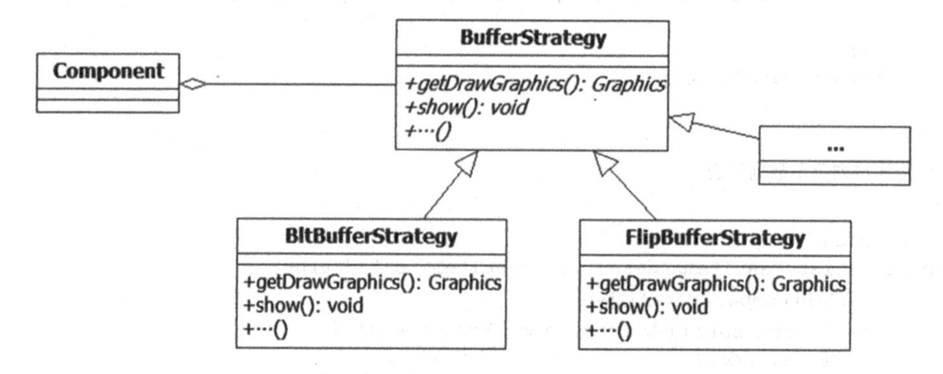


图 6.44　AWT 框架图形/图像缓冲区策略模式类结构
（注：图中的省略号代表其他的类或方法）

Component 构造并使用 BufferStrategy 类型的对象，示例代码结构如下。

```
public abstract class Component implements ImageObserver,
                                        MenuContainer, Serializable{
    protected int numBuffers;//缓冲区数量
    transient BufferStrategy bufferStrategy = null;//缓冲区策略对象
    //省略其他代码
    /**
   * 初始化策略对象
   */
    void createBufferStrategy(int numBuffers,
                    BufferCapabilities caps) throws AWTException {
        //省略其他代码
        if (numBuffers == 1) {
            bufferStrategy = new SingleBufferStrategy(caps);//构造单缓冲区策略
        } else {
             //省略其他代码
          if (caps.isPageFlipping()) {
              //构造 Flip 缓冲策略
              bufferStrategy = new
                 FlipSubRegionBufferStrategy(numBuffers, caps);
        } else {
              //构造 Blt 缓冲策略
              bufferStrategy = new
                 BltSubRegionBufferStrategy(numBuffers, caps);
          }
        }
    }
   /**
    * 使用策略对象获得缓冲区中的图片
    */
```

```
    Image getBackBuffer() {
        if (bufferStrategy != null) {
            if (bufferStrategy instanceof BltBufferStrategy) {
                    //使用 Blt 缓冲策略
                BltBufferStrategy bltBS = (BltBufferStrategy)bufferStrategy;
                return bltBS.getBackBuffer();
            } else if (bufferStrategy instanceof FlipBufferStrategy) {
                    //使用 Flip 缓冲策略
                FlipBufferStrategy flipBS = (FlipBufferStrategy)bufferStrategy;
                return flipBS.getBackBuffer();
            }
        }
        return null;
    }
}
```

BufferStrategy 抽象类定义了缓冲区策略对象提供给客户端的服务行为，代码框架如下。

```
public abstract class BufferStrategy {
        /**
       * 获取缓冲区策略对象 BufferCapabilities 属性
       */
        public abstract BufferCapabilities getCapabilities();
        /**
       * 创建绘图缓冲区对象 Graphics 上下文
       */
        public abstract Graphics getDrawGraphics();
        /**
         * 判断缓冲区是否已失效
         */
        public abstract boolean contentsLost();
        /**
         * 判断缓冲区是否已恢复有效
         */
        public abstract boolean contentsRestored();
        /**
         * 显示下一帧缓冲区图形/图像
         */
        public abstract void show();
        /**
       * 释放资源
       */
        public void dispose() {
         }
}
```

FlipBufferStrategy、BltBufferStrategy 等继承 BufferStrategy 抽象类，定义为 Component 内部类，实现了具体的缓冲区策略。以 FlipBufferStrategy 为例，其实现了 Flip 缓冲策略，示例代码结构如下。

```
//外部类
public abstract class Component implements ImageObserver,
                                            MenuContainer, Serializable{
    //省略其他代码
    //内部类
    protected class FlipBufferStrategy extends BufferStrategy {
        protected int numBuffers;//缓冲区数量
        //省略其他代码
        /**
       * 获取后台缓冲区的图片
       */
        protected Image getBackBuffer() {
                if (peer != null) {
                    return peer.getBackBuffer();
                } else {
                    throw new IllegalStateException(
                        "Component must have a valid peer");
                }
           }
          /**
         * Flip缓冲区策略的实现
         */
         protected void flip(BufferCapabilities.FlipContents flipAction) {
                if (peer != null) {
                    Image backBuffer = getBackBuffer();
                    if (backBuffer != null) {
                        peer.flip(0, 0,
                                  backBuffer.getWidth(null),
                                  backBuffer.getHeight(null), flipAction);
                    }
                } else {
                    throw new IllegalStateException(
                        "Component must have a valid peer");
                }
           }
           /**
          * 获取绘图缓冲区上下文
          */
           public Graphics getDrawGraphics() {
               revalidate();
               return drawBuffer.getGraphics();
           }
    }
}
```

**2. Dom4j 框架中的策略模式应用**

Dom4j 是一款优秀的开源 XML、XPath 和 XSLT 的 Java 库，支持 DOM、SAX 和 JAXP。Dom4j 在构造单例对象时，定义了单例的构造策略 org.dom4j.util.SingletonStrategy 接口。SingletonStrategy 的实现类 org.dom4j.util.PerThreadSingleton 和 org.dom4j.util.SimpleSingleton 分别实现了线程单例和普通单例两种策略，使用 SingletonStrategy 对象的客户类在构造目标类型的单例时，向 SingletonStrategy 对象传入策略方法所需要的上下文数据。org.dom4j.dom.DOMDocumentFactory

是 SingletonStrategy 客户类之一。

Dom4j 单例构造策略的类结构如图 6.45 所示。

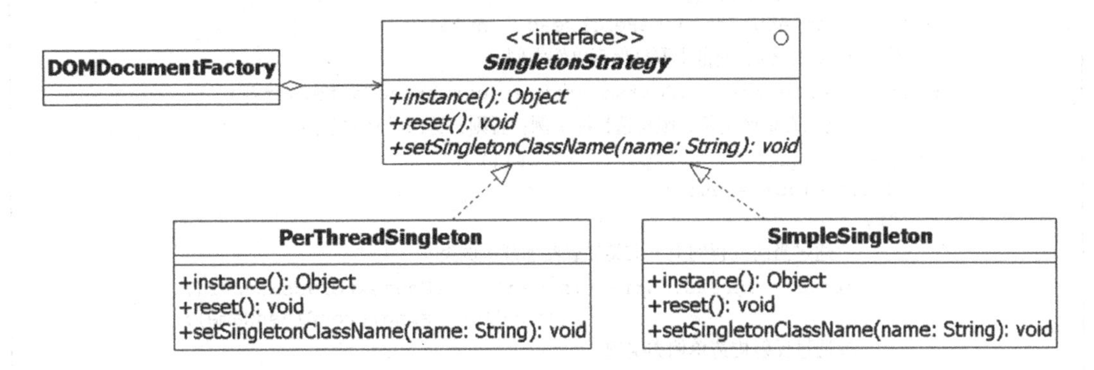


图 6.45　Dom4j 单例构造策略的类结构

（注：图中 DOMDocumentFactory 是使用 SingletonStrategy 对象的客户类之一）

图 6.45 所示结构中，SingletonStrategy 接口定义的 instance()、reset()和 setSingletonClassName()方法分别由实现类 PerThreadSingleton 和 SimpleSingleton 实现。SingletonStrategy 接口代码结构如下。

```
public interface SingletonStrategy {
    /**
     * 返回指定类的单例
     */
    Object instance();
    /**
     * 重置单例
     */
    void reset();
    /**
     * 设置单例类
     */
    void setSingletonClassName(String singletonClassName);
}
```

PerThreadSingleton 和 SimpleSingleton 分别实现了线程单例和普通单例的构造策略。以 PerThreadSingleton 为例，它使用 java.lang.ThreadLocal 管理目标类的单例。当客户端调用 instance()方法时，PerThreadSingleton 检查当前线程的 ThreadLocal 是否有已保存的目标单例，如果有，则从 ThreadLocal 中取出单例返回；否则构造目标类型的单例实例，保存在 ThreadLocal 中，并返回至客户端。

PerThreadSingleton 策略实现类的代码结构如下。

```
public class PerThreadSingleton implements SingletonStrategy {
    private String singletonClassName = null;//单例类型
    private ThreadLocal perThreadCache = new ThreadLocal();//ThreadLocal 变量
    //省略其他代码
    /**
```

```
        * 获取目标类单例
        */
         public Object instance() {
             Object singletonInstancePerThread = null;
             // 从 ThreadLocal 变量中取已保存单例实例
             WeakReference ref = (WeakReference) perThreadCache.get();
             // 如果无已保存单例实例，则构造目标实例；否则，返回已有的单例
             if (ref == null || ref.get() == null) {
                 Class clazz = null;
                 try {
                     //通过当前线程的上下文类加载器加载单例类
                     clazz = Thread.currentThread().getContextClassLoader().
                                                loadClass(singletonClassName);
                     //通过反射构造单例类实例
                     singletonInstancePerThread = clazz.newInstance();
                 } catch (Exception ignore) {
                     //异常处理
                 }
               //保存在 ThreadLocal 中
               perThreadCache.set(new WeakReference(singletonInstancePerThread));
             } else {
                 //直接取出已保存的单例
                 singletonInstancePerThread = ref.get();
             }
             return singletonInstancePerThread;//返回单例
     }
}
```

DOMDocumentFactory 是构造 DOM 文档对象的工厂类，实现了 W3C 的 DOM 接口。Dom4j 框架使用 SingletonStrategy 将 DOMDocumentFactory 对象构造为单例，默认使用的单例构造策略为 SimpleSingleton。

DOMDocumentFactory 代码框架如下。

```
    public class DOMDocumentFactory extends DocumentFactory implements
                                 org.w3c.dom.DOMImplementation {
       private static SingletonStrategy singleton = null;//单例策略对象
       static {
         try {
             //默认策略
             String defaultSingletonClass = "org.dom4j.util.SimpleSingleton";
             Class clazz = null;
             try {
                 String singletonClass = defaultSingletonClass;
                 singletonClass = System.getProperty( "org.dom4j.dom.
                     DOMDocumentFactory.singleton.strategy",singletonClass);
                 clazz = Class.forName(singletonClass);
             } catch (Exception exc1) {
                 try {
                     String singletonClass = defaultSingletonClass;
                     clazz = Class.forName(singletonClass);
                 } catch (Exception exc2) {
```

```
                } }
                //构造策略对象
                singleton = (SingletonStrategy) clazz.newInstance();
                //设置单例类型为 DOMDocumentFactory
                singleton.setSingletonClassName
                                    (DOMDocumentFactory.class.getName());
            } catch (Exception exc3) {
               //异常处理
            }
    }
    /**
     * 使用策略对象 singleton 构造 DocumentFactory 的单例
     */
    public static DocumentFactory getInstance() {
         DOMDocumentFactory fact = (DOMDocumentFactory) singleton.instance();
         return fact;
    }
}
```

# 6.10　模板方法模式

## 6.10.1　模式定义

**1. 模式定义**

**模板方法（Template Method）用来定义算法的框架，将算法中的可变步骤定义为抽象方法，指定子类实现或重写。**模板方法定义了算法的不变部分（包括算法过程、执行顺序、输入/输出等），而将可变部分（一般是算法过程中的某些子步骤）延迟到子类中具体实现。利用模板方法模式能够给代码带来如下好处。

（1）避免代码冗余。算法的不可变部分由模板方法定义，被所有子类复用，可以避免子类重复定义相同的代码。

（2）提高代码稳定性。算法的可变部分是不稳定的，将不稳定的子步骤定义为抽象方法，模板方法依赖于抽象方法，能保证算法框架的稳定性。

**2. 使用场景**

使用模板方法模式的场景有如下三种。

（1）当算法中含有可变步骤和不可变步骤的时候，让子类决定可变步骤的具体实现。

（2）当多个类中含有公共业务行为，开发人员想要避免重复定义冗余的代码。

（3）想要控制子类的扩展行为，只允许子类实现特定的扩展点。

场景（1）使用模板方法定义算法框架，其中的可变步骤由子类具体实现。这样既能保证代码的多态特征，也能使代码具有更高的稳定性。

在场景（2）中，多个类的公共业务行为可以通过模板方法复用，使得子类避免重复定义这些行为。

场景（3）让父类控制子类的扩展方式，由父类决定子类能够扩展的行为点（即父类决定哪些行为可以被扩展，哪些行为不可以被扩展）。

**3. 类结构**

模板方法模式类结构如图 6.46 所示。

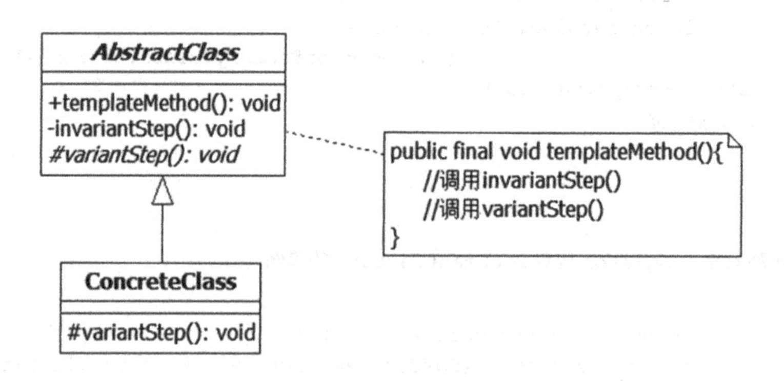


图 6.46 模板方法模式类结构

（注：类图中方法返回类型可以为 void 或其他数据类型）

图 6.46 所示结构中，抽象类 AbstractClass 定义了模板方法 templateMethod()，模板方法是算法行为（或业务过程）的框架，算法框架中包含不可变步骤 invariantStep()和可变步骤 variantStep()。

注意，图 6.46 所示结构中的 templateMethod()使用了 final 修饰词，不允许子类重定义它。invariantStep()可见性为 private——子类不可见，也不能重定义；variantStep()可见性是 protected，允许子类继承和重定义。因此，父类 AbstractClass 指定了子类 ConcreteClass 只能重写扩展点 variantStep()。

当 AbstractClass 类型的对象向客户端提供 templateMethod()服务时，由客户端选择或指定具体的 ConcreteClass 实例。

模板方法类对象协作时序图如图 6.47 所示。

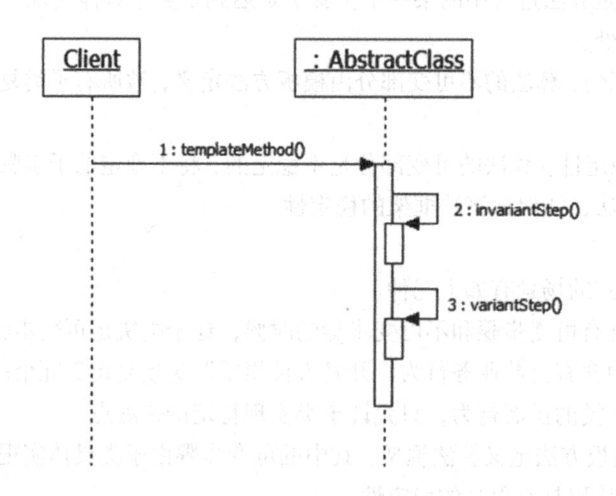


图 6.47 模板方法类对象协作时序

（注：图中 invariantStep()与 variantStep()的先后时序由具体算法决定）

### 6.10.2 使用模板方法

**1. COS 的设计问题**

COS 客户支付订单的步骤是核对并确认订单、支付订单、生成回执。支付订单的方式可以是卡支付或工资抵扣，客户可以自由选择支付方式，而 COS 要确保支付流程一致。

**2. 分析问题**

（1）支付订单包含若干有序的子步骤（确认订单、支付、生成回执）。

（2）顾客可以选择不同的支付方式（卡支付或工资抵扣）。

（3）卡支付或工资抵扣流程中的确认订单和生成回执子步骤是相同的业务行为，可被不同的支付方式复用；支付子步骤因支付方式不同而不同。

（4）所有支付方式均遵循一致的支付流程。

**3. 解决问题**

（1）设计支付订单类 PayOrder，定义支付的算法流程 check()、确认订单子步骤 confirm()和生成回执的子步骤 getReceipt()，定义抽象的支付子步骤 pay()。

（2）设计 PayCard 子类继承 PayOrder，实现卡支付行为 pay()。

（3）PayPayRollDeduction 子类继承 PayOrder，实现工资抵扣支付行为 pay()。

（4）在支付订单时，由客户选择卡支付或工资抵扣支付方式。

**4. 解决方案**

具体方案类结构如图 6.48 所示。

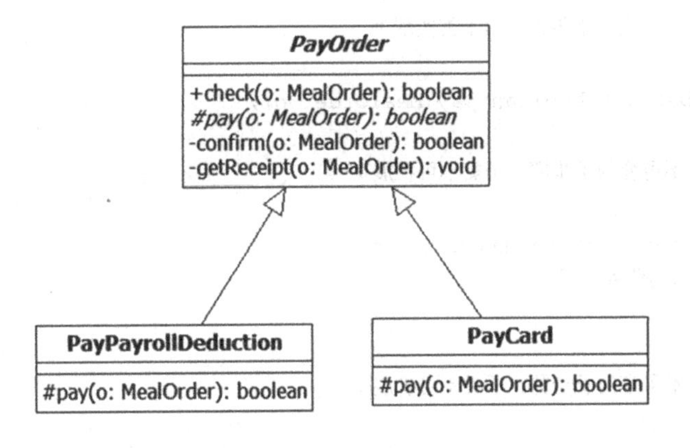


图 6.48 订单支付类结构

图 6.48 所示结构中，PayOrder 抽象类定义和实现了支付流程的模板方法 check()以及不可变的子步骤 confirm()、getReceipt()。PayOrder 定义了可变的抽象子步骤 pay()，实现子类 PayCard 和 PayPayRollDeduction。

由于 check()是 final 方法——子类不可重写，保证了 PayOrder 所有子类支付流程的一致性；confirm()和 getReceipt()是父类 PayOrder 的私有方法，对子类 PayCard、PayPayRollDeduction 不可见——子类无法重写；只有支付行为 pay()可以被父类指定到子类实现。子类 PayCard、PayPayRollDeduction 继承了支付订单行为 check()，不需要重复定义支付流程中的子步骤 confirm()、pay()和 getReceipt()。

因此，当 COS 客户支付订单时，其选择具体的支付方式——卡支付或工资抵扣支付，卡支付和工资抵扣支付的 pay()行为分别由类 PayCard 和 PayPayRollDeduction 实现，当子类 PayCard 或 PayPayRollDeduction 类的实例对象执行订单支付行为 check()时，依赖和复用父类定义的方法 confirm()、getReceipt()。

PayOrder 抽象类定义了支付流程模板方法、不可扩展的子步骤和可扩展的子步骤，示例代码框架如下。

```
public abstract class PayOrder {
    /**
     * 支付订单（模板方法，子类不能重定义）
     */
    public final boolean check(MealOrder o) {
        boolean result;
        //支付算法的步骤为顾客确认订单、支付订单、收取回执
        if (confirm(o)) {
            if (pay(o)) {
                getReceipt(o);
                result = true;
            } else {
                result = false;
            }
        } else {
            result = false;
        }
        return result;
    }
    /**
     * 支付子步骤（可变的子步骤，由子类实现）
     */
    protected abstract boolean pay(MealOrder o);
    /**
     * 确认订单（不可变的子步骤，子类不可扩展）
     */
    private boolean confirm(MealOrder o) {
        //订单确认的业务实现
    }
    /**
     * 收取回执（不可变的子步骤，子类不可扩展）
     */
    private void getReceipt(MealOrder o) {
        //回执生成的业务实现
    }
}
```

PayCard 或 PayPayRollDeduction 实现了对应支付方式的支付行为 pay()。以 PayCard 卡支付为例，它实现了卡支付的支付行为 pay()，类结构如下。

```
public class PayCard extends PayOrder {
    /**
    * 卡支付行为的业务实现
    */
    @Override
```

```
    protected boolean pay(MealOrder o) {
        //支付
        //返回结果
    }
}
```

**5. 注意事项**

使用模板方法模式能够帮助开发人员实现代码复用、控制子类继承行为等。在实际运用时，开发人员还要根据场景需求设计具体的代码方案，并注意以下问题。

（1）模板方法模式增加了设计类的数量。算法中可变部分的任何一个变体都需要单独的一个子类实现，当变体较多时，子类数量也会大量增加。

（2）从业务中抽取可变方法时，应尽可能地原子化。可变方法通常指子类不可复用的业务实现，因此，应尽可能地使其最小化或原子化，才能使代码复用率最大化。

（3）实现 hook 方法（钩子方法，主要用于消息截获或回调机制的实现）时，父类通常会定义为默认的实现，而由子类决定是否对其进行扩展。

## 6.10.3　行业案例

**1. DOM 框架中的模板方法模式应用**

JDK 支持 DOM 方式解析 XML 文档，JDK 的 DOM 框架定义了 javax.xml.parsers.DocumentBuilder 构造器类，用于构造 org.w3c.dom.Document 对象实例，并支持 java.io.InputStream、java.io.File 等不同数据源类型。DOM 文档对象构造器的类结构如图 6.49 所示。

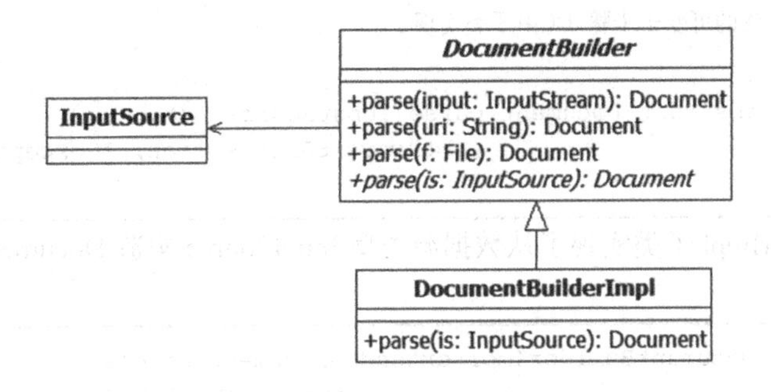


图 6.49　JDK 中 DOM 文档对象构造器的类结构

图 6.49 所示结构中，DocumentBuilder 定义了重载模板方法 parse()，用于支持构造不同数据源类型的 Document 对象。com.sun.org.apache.xerces.internal.jaxp.DocumentBuilderImpl 子类继承 DocumentBuilder，实现了抽象方法 parse()，该方法输入数据类型为 org.xml.sax.InputSource。

DocumentBuilder 抽象类模板方法将不同的 XML 文档数据源转换成 InputSource 类对象，再调用抽象方法 parse()返回已构造的 Document 实例，代码框架如下。

```
public abstract class DocumentBuilder {
    //省略其他代码
    /**
    * 从 InputStream 类型的数据源构造 Document 对象——模板方法
    * 模板方法的子步骤 1：判断输入流是否为空，若为空，抛出异常
```

```
     * 模板方法的子步骤 2：将输入流包装为 InputSource 类型的对象
     * 模板方法的子步骤 3：调用 parse(InputSource)方法构造 Document 对象，并返回
     */
    public Document parse(InputStream is)throws SAXException, IOException {
     if (is == null) {
        throw new IllegalArgumentException
                          ("InputStream cannot be null");
     }
     InputSource in = new InputSource(is);
     return parse(in); //调用抽象方法 parse()
     }
     /**
    * 从 uri 类型数据源构造 Document 对象——模板方法
    * 模板方法的子步骤 1：判断 uri 是否为空，若为空，抛出异常
    * 模板方法的子步骤 2：将 uri 包装为 InputSource 类型的对象
    * 模板方法的子步骤 3：调用 parse(InputSource)方法构造 Document 对象，并返回
    */
    public Document parse(String uri) throws SAXException, IOException {
     if (uri == null) {
        throw new IllegalArgumentException("URI cannot be null");
     }
     InputSource in = new InputSource(uri);
     return parse(in); //调用抽象方法 parse()
     }
      /**
     * 模板方法的可变子步骤 3（由子类实现）
     */
     public abstract Document parse(InputSource is)
                              throws SAXException, IOException;
}
```

DocumentBuilderImpl 子类实现了从数据源类型 InputSource 构造 Document 对象的具体业务，代码框架如下。

```
public class DocumentBuilderImpl extends DocumentBuilder
                                  implements JAXPConstants {
   private final DOMParser domParser;//DOM 解析器
   private final XMLComponent fSchemaValidator;//XML 文件格式验证器
   private final ValidationManager fSchemaValidationManager;//验证器管理者
    //未解析实体的过滤器
   private final UnparsedEntityHandler fUnparsedEntityHandler;
   //省略其他代码
   /**
  * 解析 InputSource 数据源，生成 Document 实例
  */
   public Document parse(InputSource is) throws SAXException, IOException {
      if (is == null) {
         throw new IllegalArgumentException(DOMMessageFormatter.
                    formatMessage(DOMMessageFormatter.DOM_DOMAIN,
```

```
                            "jaxp-null-input-source", null));
        }
        if (fSchemaValidator != null) {
            if (fSchemaValidationManager != null) {
                fSchemaValidationManager.reset();
                fUnparsedEntityHandler.reset();
            }
            resetSchemaValidator(); }
        domParser.parse(is);
        Document doc = domParser.getDocument();
        domParser.dropDocumentReferences();
        return doc;
    }
    /**
    * 新建 Document 对象
    */
    public Document newDocument() {
            return new com.sun.org.apache.xerces.internal.dom.DocumentImpl();
    }
}
```

**2. Spring 框架中的模板方法模式应用**

Spring 开源框架在实现 Bean 的管理时定义了 org.springframework.beans.factory.FactoryBean 接口，FactoryBean 接口向客户端提供 getObject()服务，根据 Bean 声明的 scope（有效范围或有效周期）类型（如 singleton、prototype 等）创建指定的对象。

org.springframework.beans.factory.config.AbstractFactoryBean 抽象类实现了 FactoryBean 接口的 getObject()方法，并将其定义为子类的模板方法。getObject()模板方法在子步骤中调用了 getObjectType()、createInstance()、isSingleton()方法。AbstractFactoryBean 将 getObjectType()、createInstance()方法定义为抽象方法，让其子类实现。

Spring 框架中 FactoryBean 接口的类结构如图 6.50 所示。

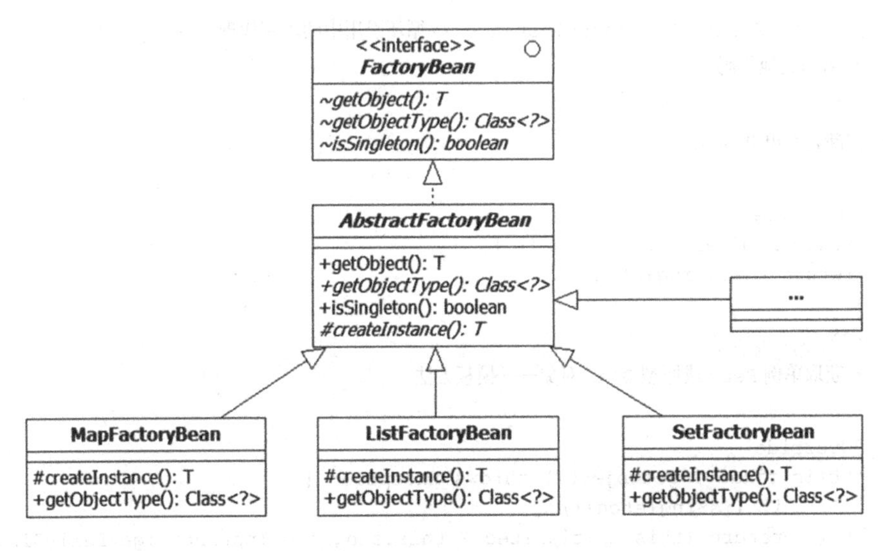


图 6.50　Spring 框架中的 FactoryBean 接口的类结构

（注：省略号代表其他信息）

图 6.50 所示结构中，接口 FactoryBean 定义了子类的行为，代码框架如下。

```
public interface FactoryBean<T> {
      /**
       * 获取被当前工厂（FactoryBean 对象）管理的目标 Bean 对象
       */
     T getObject() throws Exception;
      /**
       * 获取被当前工厂（FactoryBean 对象）创建的目标 Bean 类型
       */
     Class<?> getObjectType();
      /**
       * 判断被当前工厂（FactoryBean 对象）管理的目标 Bean 作用域是否单例
       */
     boolean isSingleton();
}
```

AbstractFactoryBean 抽象类实现 FactoryBean 接口，并将 getObject()模板方法定义为模板方法，用于实现单例（singleton）Bean（单例 Bean 指 Spring 框架只在当前上下文中创建一次该 Bean 的实例，每次客户端调用 FactoryBean 的 getObject()方法时，返回已创建的 Bean 实例）或原型（prototype）Bean（原型 Bean 指每次客户端调用 FactoryBean 的 getObject()方法时，Spring 框架都会创建并返回一个新的 Bean 实例）的创建。AbstractFactoryBean 的子类负责实现抽象方法 createInstance()、getObjectType()，完成具体 Bean 对象的创建。AbstractFactoryBean 的代码框架如下。

```
    public abstract class AbstractFactoryBean<T>
        implements FactoryBean<T>, BeanClassLoaderAware, BeanFactoryAware,
                                         InitializingBean, DisposableBean {
        private boolean singleton = true;// 单例 Bean 的标志
        private boolean initialized = false;//是否已实例化（初始化）
        private T singletonInstance;//单例
        private T earlySingletonInstance;//循环引用中的单例代理
        //省略其他代码
        /**
     * 判断是否单例 Bean
     */
        @Override
        public boolean isSingleton() {
         return this.singleton;
        }
        /**
        * 获取单例 Bean 或原型 Bean 对象——模板方法
        */
        @Override
        public final T getObject() throws Exception {
              if (isSingleton()) {
              return (this.initialized ? this.singletonInstance :getEarlySingleton
Instance());
              } else {
```

```
            return createInstance();//调用抽象方法
        }
    }
    /**
     * 获取 Bean 类型（由子类决定具体的实现）
     */
    public abstract Class<?> getObjectType();
    /**
     * 创建目标 Bean 的实例（由子类决定具体的实现）
     */
    protected abstract T createInstance() throws Exception;//创建 Bean 实例
}
```

MapFactoryBean、ListFactoryBean 等子类继承 AbstractFactoryBean，实现了 createInstance()、getObjectType()方法。以 ListFactoryBean 为例，它实现了 List 集合对象的创建行为 getObject()，代码框架如下。

```
public class ListFactoryBean extends AbstractFactoryBean<List<Object>> {
    private List<?> sourceList;//List 数据源
    @SuppressWarnings("rawtypes")
    private Class<? extends List> targetListClass;//目标 List 类型
    //省略其他代码
    /**
     * 获取 Bean 对象类型
     */
     @Override
     @SuppressWarnings("rawtypes")
     public Class<List> getObjectType() {
         return List.class;
     }
    /**
     * 创建 List 集合对象
     */
     @Override
     @SuppressWarnings("unchecked")
     protected List<Object> createInstance() {
         //省略其他代码
         List<Object> result = null;
         //省略其他代码
         Class<?> valueType = null;
         if (this.targetListClass != null) {
             valueType = GenericCollectionTypeResolver
                         .getCollectionType(this.targetListClass);
         }
         if (valueType != null) {
             TypeConverter converter = getBeanTypeConverter();
             for (Object elem : this.sourceList) {
               result.add(converter.convertIfNecessary(elem, valueType));
             }
```

```
        } else {
            result.addAll(this.sourceList);
        }
        return result;
    }
}
```

# 6.11 访问者模式

## 6.11.1 模式定义

**1. 模式定义**

**访问者（Visitor）用于封装施加在聚合体中聚合元素的操作（或算法），从而使该操作（或算法）从聚合对象中分离出来，在不对聚合对象产生影响的前提下实现自由扩展。**

对于由若干类型元素组成的聚合对象进行元素操作时，需要根据元素类型施加不同操作。如果将聚合元素的操作封装在聚合对象中，则代码具有两大缺陷，一是代码复杂度大，因为，对不同类型的聚合元素施加不同的操作，聚合对象不仅要实现聚合元素的管理，还需定义不同元素的操作，导致了聚合对象的代码复杂度增大；二是稳定性差，聚合对象封装了施加在不同聚合元素上的操作，当需要对元素操作进行扩展时，必须修改聚合对象的业务逻辑，才能完成代码扩展。

**2. 使用场景**

访问者模式提供了针对以上代码问题的可行解决方案。即，使用访问者类独立封装施加在聚合元素上的操作，将其从聚合对象的逻辑代码中分离出来。访问者模式应用场景有如下 3 种。

（1）目标聚合对象包含不同的聚合元素类型，开发人员需要实现针对不同的聚合元素类型施加不同的业务操作或算法行为。

（2）目标聚合对象结构稳定，但针对聚合元素的操作需要实现不同的扩展。

（3）有多个单一且不相关的操作施加在聚合元素上，但不想"污染"聚合元素类的代码。

在场景（1）中，针对不同聚合元素定义不同的业务操作或算法行为，将施加在聚合元素上的操作从聚合对象中分离出来后，使用访问者类型封装，这样能够有效简化聚合对象的业务逻辑。

场景（2）中的聚合对象内部结构相对稳定，但施加在聚合元素上的操作不稳定，因此，应将不稳定代码从聚合对象中分离出来，保持聚合体代码的稳定性。对此，访问者模式提供了一种可行的代码分离方案。

在场景（3）中，不同聚合元素类型需要施加不同的操作，而这些操作既不适合封装在聚合体中（因为操作单一且不相关，会降低聚合体代码的内聚度，或导致其代码复杂度增加），也不想"污染"（通常指给目标代码质量带来危害的行为，如降低目标代码的内聚度、使目标代码可读性变差等）聚合元素类的代码。使用访问者接口独立封装那些功能单一且不相关的操作，可以避免代码"污染"问题的出现。

**3. 类结构**

访问者模式类结构如图 6.51 所示。

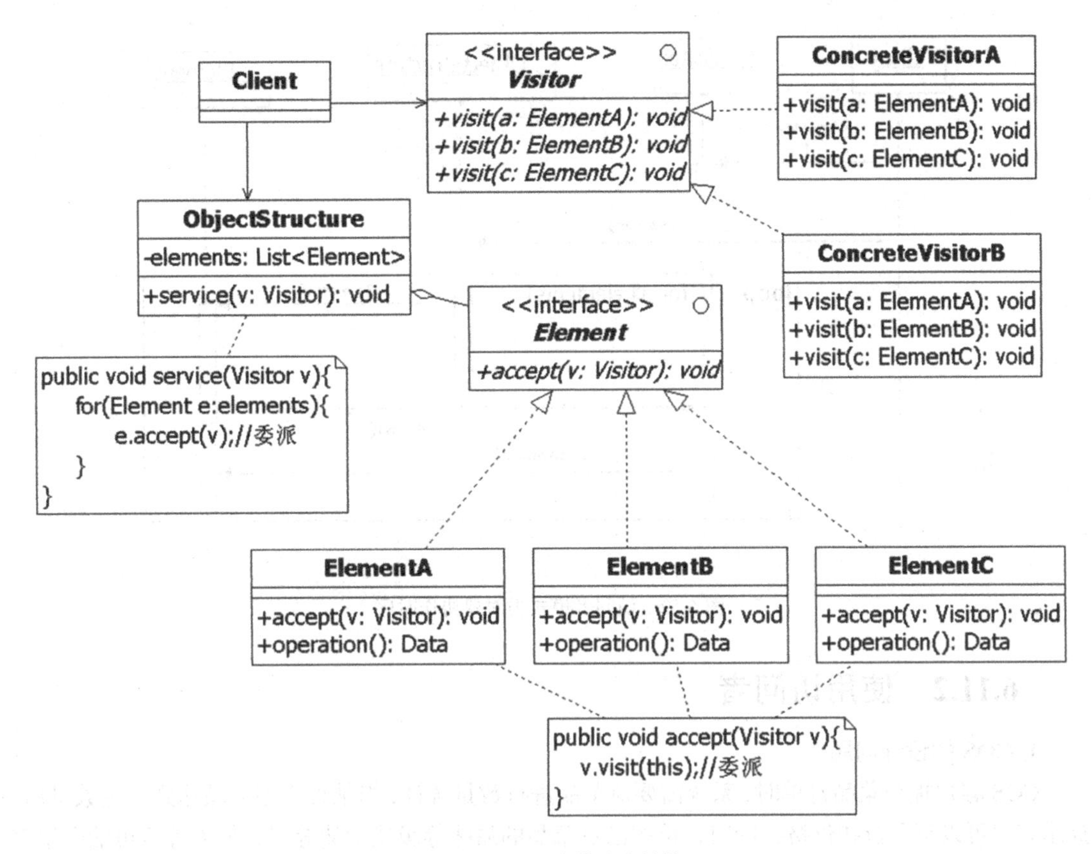


图 6.51　访问者模式类结构

图 6.51 所示结构中，ObjectStructure 是聚合体类型，由 Element 类型的聚合元素聚合而成；Element 是聚合元素的抽象类，有不同的实现类型 ElementA、ElementB 等；接口 Visitor 定义了施加在 Element 上的操作 visit()，针对不同 Element 实现类型定义了不同的 visit()重载方法。由于 Visitor 封装了针对 Element 实现类型的操作行为，所以，当需要扩展新的操作时，定义 Visitor 新的实现类即可。

Client 创建和使用具体的 Visitor 对象，通过 ObjectStructure 定义的接口 service()对聚合元素施加操作。当 ObjectStructure 类型的对象收到客户端请求后，将携带 Visitor 实例的请求通过 accept()方法分发给对应的聚合元素。聚合元素对象收到 ObjectStructure 分发的请求后，通过 visit()方法再次将请求分发至 Visitor 实例，并将自身作为方法参数传入；Visitor 对象收到聚合元素提交的 visit()请求后，根据该请求携带的聚合元素实例施加相对应的重载操作行为，并在需要时访问聚合元素提供的接口 operation()。

其他一些相关资料中将访问者模式作为面向对象语言实现双重分发（Double Dispatch，也译作双重分派，指消息的接收者类型和方法参数类型共同决定了该消息如何被分发至具体的处理方法）技术的一种实施方案，关于双重分发技术，读者可以参考相关资料进一步了解。

访问者模式类对象协作时序如图 6.52 所示。

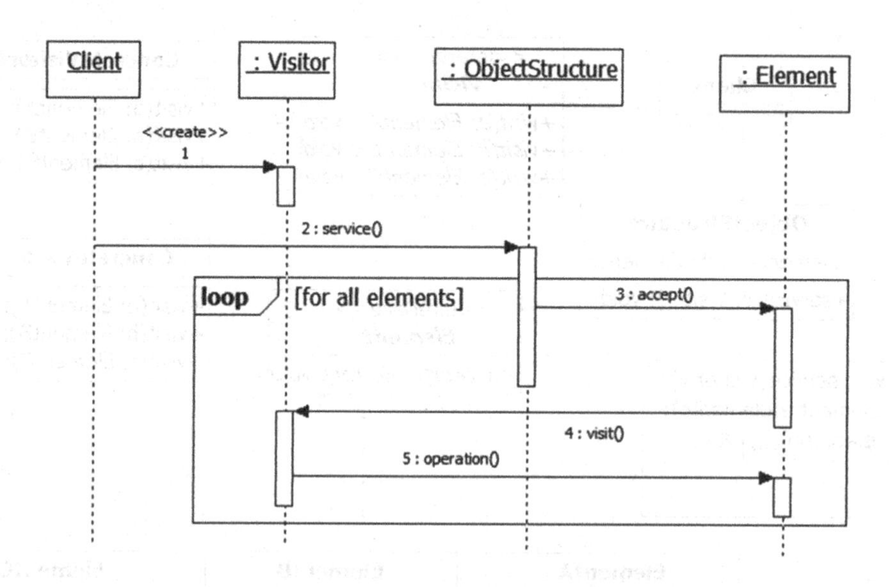


图 6.52　访问者模式类对象协作时序

## 6.11.2　使用访问者

**1. COS 的设计问题**

COS 客户提交菜品订单时，系统需要对菜品进行数量统计，当某种类型菜品达到一定数量后，提示客户可以享受折扣价格；同时，检查已点菜品的甜味等级或辣味等级，如果等级可能会给客户带来健康伤害，明确告知客户相应的服务协议。COS 升级后，可能需要添加新的针对订单菜品的检查操作。

**2. 分析问题**

（1）菜品订单是不同类型菜品的聚合体。

（2）顾客提交订单时，系统对订单中的菜品施加额外的操作，如统计同类型菜品的数量和检查菜品味觉等级等。

（3）如果将对菜品施加的操作封装在订单类中，会使其业务复杂度增大。

（4）施加在菜品上的操作需要具有可扩展性。

**3. 解决问题**

（1）设计 MealOrderVisitor 接口，定义重载方法 visit()，用于封装针对所有菜品类型的操作。

（2）定义 FoodTypeVisitor、FoodLevelVisitor 作为 MealOrderVisitor 接口的实现类，分别实现订单同类型菜品数量统计和菜品味觉等级检查操作。

（3）当客户提交菜品订单时，订单控制器 MealOrderController 使用 MealOrderVisitor 对象向 MealOrder 对象聚合元素施加统计操作或检查操作。

（4）MealOrder 向客户类 MealOrderController 提供接收 MealOrderVisitor 对象的接口 accept()，并将 MealOrderVisitor 对象分发给所有聚合元素。

（5）菜品订单聚合元素 FoodItem 接口定义接收 MealOrderVisitor 的方法 accept()。

（6）菜品子类 SimpleFood 等实现 accept()方法，并触发 MealOrderVisitor 对象针对本类对象的具体操作。

**4. 解决方案**

具体设计方案如图 6.53 所示。

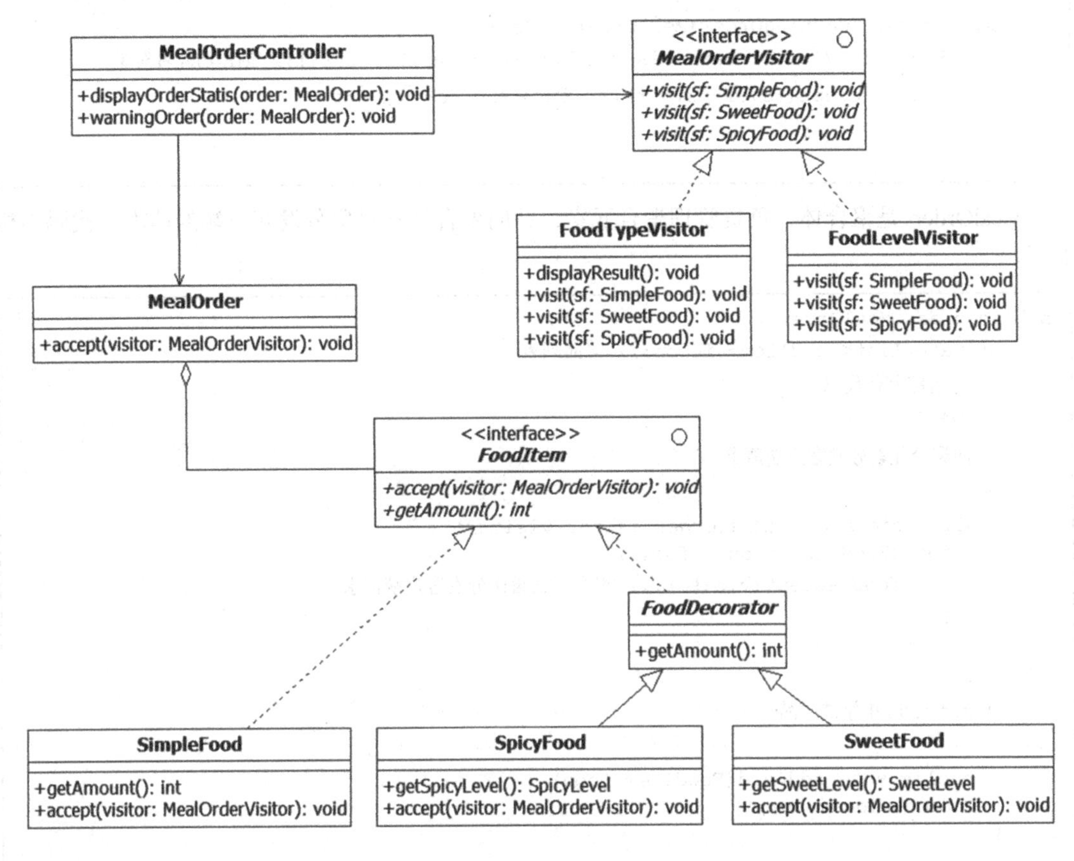


图 6.53 针对菜品订单的访问者模式类结构

图 6.53 所示结构中，MealOrderController 是使用 MealOrderVisitor 访问者对 MealOrder 菜品订单的聚合元素 FoodItem 施加操作的客户类。MealOrder 将客户端请求分发至所有 FoodItem 类型的聚合元素对象，当 FoodItem 类型的菜品对象收到 MealOrder 分发请求后，触发 MealOrderVisitor 施加在本类型对象上的操作 visit()。

MealOrderController 负责创建具体的 MealOrderVisitor 对象，并将其传递到 MealOrder 提供的接口方法 accept()中，示例结构代码如下。

```
public class MealOrderController {
    //省略其他代码
    /**
     * 统计订单菜品
     */
    public void dispayOrderStatis(MealOrder order) {
        FoodTypeVisitor typeVisitor=new FoodTypeVisitor();//创建访问者对象
        order.accept(typeVisitor); //聚合对象 order 分发请求
        typeVisitor.displayResult();//访问者显示操作结果
    }
    /**
```

```
        * 检查菜品味觉等级，并提醒服务协议
        */
       public void warningOrder(MealOrder order) {
           FoodLevelVisitor levelVisitor=new FoodLevelVisitor();//创建访问者对象
           order.accept(levelVisitor);// 聚合对象 order 分发请求
       }
}
```

MealOrder 是聚合体，负责管理聚合元素，并向聚合元素对象分发客户端的请求，代码结构如下。

```
public class MealOrder {
    private List<FoodItem> foods;// 菜品列表
       //省略其他代码
       /**
     * 向聚合元素分发客户端请求
     */
    public void accept(MealOrderVisitor visitor) {
        for (FoodItem food : foods) {
            food.accept(visitor);//聚合元素再次分发客户端请求
        }
    }
       /**
     * 向 foods 中添加菜品
     */
      public void addFood(FoodItem food) {
        foods.add(food);
    }
}
```

FoodItem 接口的实现类实现了 accept()方法接收访问者实例，并触发访问者针对当前对象的具体操作。以 SimpleFood 为例，其代码结构如下。

```
public class SimpleFood implements FoodItem {
    private int amount;//菜品数量
    //省略其他代码
    /**
     * 将客户端请求分发至 visitor
     */
    @Override
    public void accept(MealOrderVisitor visitor) {
        visitor.visit(this);//触发 visitor 施加在当前对象上的具体操作
    }
    /**
      * 获取菜品数量
      */
    @Override
    public int getAmount() {
        return amount;
    }
}
```

MealOrderVisitor 接口定义了针对不同 FoodItem 子类的重载操作，代码结构如下。

```
public interface MealOrderVisitor {
    /**
     * 针对普通菜品的操作
     * @param sf 普通菜品
     */
    public void visit(SimpleFood sf);
    /**
     * 针对甜味菜品的操作
     * @param sf 甜味菜品
     */
    public void visit(SweetFood sf);
    /**
     * 针对辣味菜品的操作
     * @param sf 辣味菜品
     */
    public void visit(SpicyFood sf);
}
```

FoodTypeVisitor 和 FoodLevelVisitor 是 MealOrderVisitor 的实现类，分别实现了菜品数量统计和健康提示。以 FoodTypeVisitor 为例，其代码结构如下。

```
public class FoodTypeVisitor implements MealOrderVisitor {
    private int simple,sweet,spicy;   //不同类型菜品计数器
    //省略其他代码
   /**
     * 统计普通菜品数量
     */
    @Override
    public void visit(SimpleFood sf) {
          simple+=sf.getAmmount();
    }
    /**
    * 统计甜味菜品数量
    */
    @Override
    public void visit(SweetFood sf) {
          sweet+=sf.getAmmount();
    }
    /**
    * 统计辣味菜品数量
    */
    @Override
    public void visit(SpicyFood sf) {
        spicy+=sf.getAmmount();
    }
    /**
    * 显示统计结果
    */
```

```
    public void displayResult(){
        //根据计数器的值进行折扣提醒
    }
}
```

**5. 注意事项**

访问者模式能够简化聚合对象的业务逻辑，在不“污染”聚合元素类的基础上，将操作封装在统一的访问者类中，使得施加在聚合元素上的操作可以自由扩展。

在使用访问者模式时，开发人员需要注意如下问题。

（1）聚合元素类型的变化会使访问者模式的类设计方案付出巨大代价。例如图 6.51 所示的结构，当增加 Element 的子类时，Visitor 接口必须定义针对该子类的操作，这将导致 Visitor 接口和已有的 Visitor 实现类发生变化。

（2）当访问者访问聚合元素私有状态时，可能会破坏聚合元素的封装性。因为，聚合元素需要向访问者对象开放其私有状态的访问接口。

（3）操作聚合体的客户端与访问者实现类型之间有直接的耦合关联。因此，访问者实现类的变化会对客户端的稳定性产生负面影响。

### 6.11.3 行业案例

访问者模式是一种用于独立封装针对聚合体聚合元素操作的代码方案，能够简化聚合体业务逻辑的同时，让针对聚合体聚合元素的操作具有良好的可扩展性。许多开源框架，如 Log4j、ASM、Gson 等，都使用了访问者模式对聚合对象中聚合元素的操作进行独立封装和扩展。

以 Gson 为例，Gson 是 Google 公司发布的一款用于 JSON 文本操作的 Java 开源库。JSON（JavaScript Object Notation，JavaScript 对象标记）是一种轻量级的数据交换格式，JSON 文本结构通常有两种样式，一是键值对集合，在不同的编程语言中可以用对象、结构体等实现；二是有序的值列表，在编程语言中一般使用数组、列表/链表等实现。

JSON 对象是无序的键值对集合，形式如“{key:value,key:value, …}”（key 是字符串类型的名称，value 可以是 JSON 对象、数组、布尔值、数字或字符串等类型中的一种），示意图如图 6.54 所示。

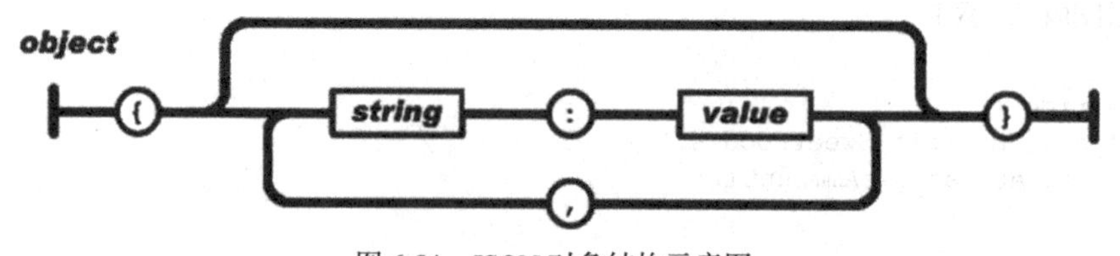


图 6.54 JSON 对象结构示意图

JSON 数组是有序的值集合，形式如“[value,value,…]”，value 可以是 JSON 对象、数组、布尔值、数字或字符串等类型中的一种，示意图如图 6.55 所示。

在 Gson 库中，com.google.gson.JsonElement 是 JSON 文本元素的抽象类，子类有 com.google.gson.JsonArray、com.google.gson.JsonNull、com.google.gson.JsonObject 和 com.google.gson.JsonPrimitive，分别用于实现 JSON 数组、空对象、JSON 对象和值类型。

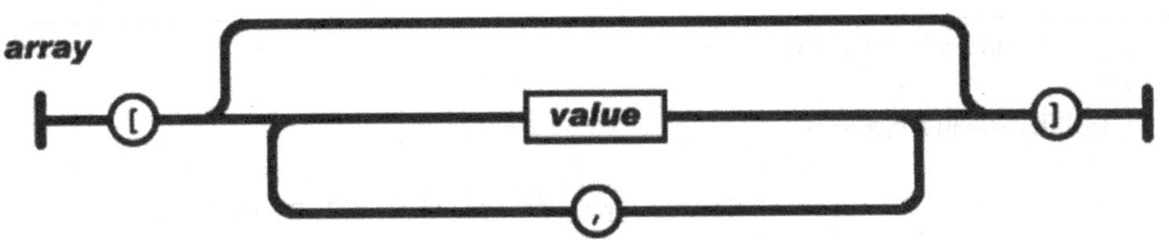


图 6.55　JSON 数组结构示意图

（图片来源：http://www.json.org/，2017）

Gson 开源库在对 JSON 文本格式化时，定义了接口 com.google.gson.JsonFormatter，Json Formatter 接口的实现类有 com.google.gson.JsonCompactFormatter 和 com.google.gson.JsonPrint Formatter，它们分别实现了去除 JSON 文本中多余的空格和设置打印边距的格式化功能。

Gson 设计了 com.google.gson.JsonElementVisitor 接口，用于封装对不同类型的 JSON 文本元素的格式化操作。JsonCompactFormatter 和 JsonPrintFormatter 分别定义了内部类 FormattingVisitor 和 PrintFormattingVisitor，用于实现 JsonElementVisitor 接口。

Gson 格式化 JSON 文本的类结构如图 6.56 所示。

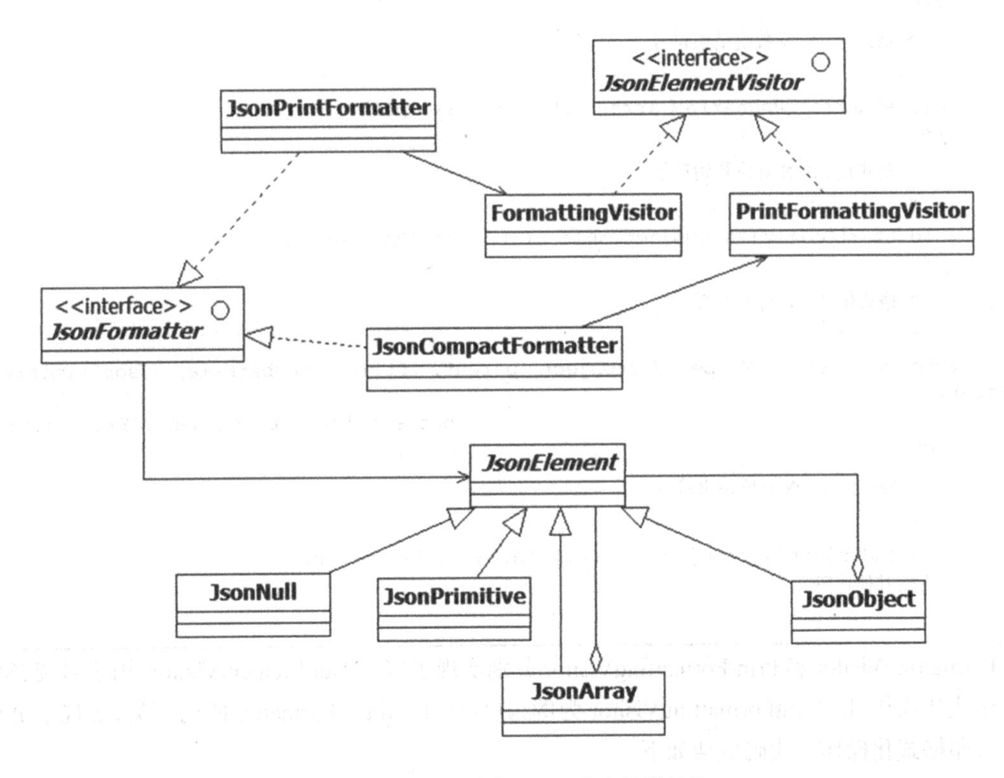


图 6.56　Gson 格式化 JSON 文本的类结构

图 6.56 中的 JsonElementVisitor 接口定义对 JsonElement 不同子类的格式化操作，由实现类 FormattingVisitor 和 PrintFormattingVisitor 分别实现。当 JsonFormatter 类的客户对象格式化 JSON 文本时，由其子类 JsonPrintFormatter 和 JsonCompactFormatter 选择和创建具体的 JsonElementVisitor 对象向目标 JsonElement 对象施加格式化操作。

JsonElementVisitor 接口代码框架如下。

```
interface JsonElementVisitor {
    /**
    * 格式化 JSON 值类型元素
    */
    void visitPrimitive(JsonPrimitive primitive) throws IOException;
     /**
       * 格式化 JSON Null 类型元素
       */
    void visitNull() throws IOException;
     /**
       * 格式化 JSON 数组开始符号
       */
    void startArray(JsonArray array) throws IOException;
     /**
       * 格式化 JSON 数组元素
       */
    void visitArrayMember(JsonArray parent, JsonPrimitive member, boolean isFirst)
                                                          throws IOException;

     /**
       * 格式化 JSON 数组结束符号
       */
    void endArray(JsonArray array) throws IOException;
     /**
       * 格式化 JSON 对象开始符号
       */
    void startObject(JsonObject object) throws IOException;
     /**
       * 格式化 JSON 对象元素
       */
    void  visitObjectMember(JsonObject  parent,  String  memberName,  JsonPrimitive
member,
                                                boolean isFirst) throws IOException;

     /**
       * 格式化 JSON 对象结束符号
       */
    void endObject(JsonObject object) throws IOException;
    //省略其他代码
}
```

FormattingVisitor 和 PrintFormattingVisitor 分别实现了接口 JsonElementVisitor，用于封装 JSON 文本格式化操作。以 PrintFormattingVisitor 为例，其作为 JsonPrintFormatter 的内部类，实现了 JSON 文本打印格式化操作，代码框架如下。

```
//外部类 JsonPrintFormatter
final class JsonPrintFormatter implements JsonFormatter {
   //省略其他代码
   //private class JsonWriter {…}  省略 JSON 文本编辑器类的代码
   //内部类 PrintFormattingVisitor 用于封装 JSON 文本打印格式化操作
   private class PrintFormattingVisitor implements JsonElementVisitor {
      private final JsonWriter writer;//JSON 文本编辑器
```

```
        //省略其他代码
        /**
         * 添加逗号分割符检查
         */
        private void addCommaCheckingFirst(boolean first) throws IOException {
            if (!first) {
                writer.elementSeparator();
            }
        }
        /**
         * 数组开始符号格式化
         */
        public void startArray(JsonArray array) throws IOException {
            writer.beginArray();
        }
        /**
         * 数组元素格式化
         */
        public void visitArrayMember(JsonArray parent, JsonPrimitive member,
                boolean isFirst) throws IOException {
            addCommaCheckingFirst(isFirst);
            writer.value(escapeJsonPrimitive(member));
        }
        /**
         * 数组结束符号格式化
         */
        public void endArray(JsonArray array) {
            writer.endArray();
        }
        /**
         * 对象开始符号格式化
         */
        public void startObject(JsonObject object) throws IOException {
            writer.beginObject();
        }
    }
}
```

JsonPrintFormatter 接口代码省略，不再描述。

JsonPrintFormatter 接口的实现类有 JsonCompactFormatter 和 JsonPrintFormatter。以 JsonPrintFormatter 为例，其实现了 JSON 文本的打印格式化功能，代码框架如下。

```
final class JsonPrintFormatter implements JsonFormatter {
    //省略其他代码
    //内部类 JsonWriter，用于 JSON 文本编辑
    private class JsonWriter {
        private final Appendable writer;//文本编辑器
        private StringBuilder line;//文本构造器
        //省略其他代码
        /**
```

```
     * JSON 文本行结束处理
     */
      private void finishLine() throws IOException {
        if (line != null) {
          writer.append(line).append("\n");
        }
        line = null;
       }
  }
  //内部类 PrintFormattingVisitor，用于封装 JSON 文本打印格式化操作
  private class PrintFormattingVisitor implements JsonElementVisitor {
      //格式化操作
  }
  /**
    * 格式化
    */
  public void format(JsonElement root, Appendable writer,
                                boolean serializeNulls) throws IOException {
      if (root == null) {
        return;
      }
      JsonWriter jsonWriter = new JsonWriter(writer);//JSON 文本编辑器
   //构造访问者
      JsonElementVisitor visitor = new PrintFormattingVisitor( jsonWriter,
                             new Escaper(escapeHtmlChars), serializeNulls);
      JsonTreeNavigator navigator = new JsonTreeNavigator(visitor,
                                        serializeNulls);//JSON 文本树导航
      navigator.navigate(root);//从根节点开始
      jsonWriter.finishLine();//格式化结束
   }
}
```

## 6.12 总　　结

本章主要阐述 GoF 行为型模式的定义、使用方式及行业案例。GoF 行为型模式众多，是解决软件业务行为设计问题（可扩展性、复用性等）的参考解决方案。读者在学习行为型模式时，要注意不同模式的使用场景，而不能以模式类结构区分其不同点。因为，**有许多模式类结构相同或相似，使用场景或解决问题的动机却并不相同。**如，策略模式和状态模式的类结构是一样的，策略模式主要解决算法策略相互替换而不影响使用策略的客户类的设计问题，而状态模式解决的是上下文对象状态行为的多态设计问题。

此外，**开发人员根据具体代码的设计需求，可不必完全按照 GoF 行为型模式给定的结构示例形式实现设计方案。**不同的软件应用领域对代码质量要求不同，例如，金融安全行业需要在保证安全性的前提下兼顾代码效率，而实时数据处理行业则以代码效率优先。**不同的设计模式只展示了目标问题的一种可行的解决方案，但不一定是最优的解决方案。**

GoF 行为型设计模式总结见表 6.1。

表 6.1　GoF 行为型模式总结

| 模式名称 | 定义 | 使用场景 |
| --- | --- | --- |
| 责任链（Chain of Responsibility Pattern） | 处理同一客户端请求的不同职责对象组成的链 | ①动态设定请求处理的对象集合；<br>②处理请求对象的类型有多个，且请求需要被所有对象处理，但客户端不能显式指定具体处理对象的类型；<br>③请求处理行为封装在不同类型的对象中，这些对象之间的优先级由业务决定 |
| 命令（Command） | 将类的业务行为以对象的方式封装，以便实现行为的参数化、撤销、重做等操作 | ①需要对目标类的行为实现撤销或重做的操作；<br>②将目标类的行为作为参数在不同的对象间传递；<br>③需要对目标业务行为及状态进行存储，以便在需要时调用；<br>④在原子操作组成的高级接口上构建系统 |
| 解释器（Interpreter） | 用于表达语言语法树和封装语句的解释（或运算）行为 | ①目标语言的语法规则简单；<br>②目标语言程序效率不是设计的主要目标 |
| 迭代器（Iterator） | 在不暴露聚合体内部表示的情况下，向客户端提供遍历其聚合元素的方法 | ①需要提供目标聚合对象内部元素的遍历接口，但不暴露其内部表示（通常指聚合元素的管理方式或数据结构）；<br>②目标聚合对象向不同的客户端提供不同的遍历内部元素的方法；<br>③为不同聚合对象提供统一的内部元素遍历接口 |
| 仲裁者（Mediator） | 用来封装和协调多个对象之间的耦合交互行为，以降低这些对象之间的紧耦合关系 | ①多个对象之间进行有规律交互，因交互关系复杂导致难以理解和维护；<br>②想要复用多个相互交互的对象中的某一个或多个，但复杂的交互关系使得复用难以实现；<br>③分布在多个协作类中的行为需要定制实现，但不想以协作类子类的方式设计 |
| 备忘录（Memento） | 在不破坏封装特性的基础上，将目标对象内部的状态存储在外部对象中，以备之后恢复状态时使用 | 保持对象的封装特性，实现其状态的备份和恢复功能 |
| 观察者（Observer） | 当目标对象状态发生变化后，对状态变化事件进行及时响应或处理的对象 | ①当目标对象状态发生变化时，需要将状态变化事件通知到其他依赖对象，但并不知道依赖对象的具体数量或类型；<br>②抽象层中具有依赖关系的两个对象需要独立封装，以便复用或扩展 |
| 状态（State） | 指状态对象，用于封装上下文对象特定状态的相关行为，使得上下文对象在内部状态改变时改变其自身的行为 | ①上下文对象的行为依赖于内部的状态，状态在运行时变化；<br>②需要消除上下文对象中状态逻辑的分支语句 |
| 策略（Strategy） | 用于封装一组算法中的单个算法，使得单个算法的变化不影响使用它的客户端 | ①算法需要实现不同的可替换变体；<br>②向使用算法的客户类（或上下文类）屏蔽算法内部的数据结构；<br>③客户类（或上下文类）定义了一组相互替换的行为，需要消除调用这组行为的分支语句；<br>④一组类仅在行为上不同，而不想通过子类方式实现行为多态 |

续表

| 模式名称 | 定义 | 使用场景 |
| --- | --- | --- |
| 模板方法（Template Method） | 用来定义算法的框架，将算法中可变步骤定义为抽象方法，指定子类实现或重定义 | ①当算法中含有可变步骤和不可变步骤的时候，让子类决定可变步骤的具体实现；<br>②当多个类中含有公共业务行为，想要避免定义重复代码；<br>③想要控制子类的扩展行为，只允许子类实现特定的扩展点 |
| 访问者（Visitor） | 用于封装施加在聚合体中聚合元素的操作（或算法），从而使该操作（或算法）从聚合对象分离出来，在不对聚合对象产生影响的前提下，实现自由扩展 | ①目标聚合对象包含不同的聚合元素类型，需要针对不同的聚合元素类型，施加不同的业务操作或算法行为；<br>②目标聚合对象结构稳定，但针对聚合元素的操作需要实现不同的扩展；<br>③有多个单一且不相关的操作施加在聚合元素上，但不想“污染”聚合元素类的代码 |

# 6.13 习　　题

一、选择题

1. JDK 中 javax.servlet.Filter 的工作方式和哪个设计模式提供的方案最接近？（　　）

A. 解释器模式

B. 责任链模式

C. 观察者模式

D. 状态模式

E. 迭代器模式

2. 关于 JDK 的 java.util.ArrayList 说法正确的是（　　）。

A. ArrayList 实现了原型模式方案

B. ArrayList 实现了迭代器模式方案

C. ListItr 类是 ArrayList 内部类，实现了迭代器的职责

D. 使用迭代器迭代 ArrayList 数据元素时，可以使用 ArrayList 的 remove()方法修改 ArrayList

E. ListItr 迭代器类破坏了 ArrayList 的封装特性

3. JDK 的 java.awt.Button 类与 java.awt.event.ActionListener 类的协作方式是观察者模式的一种实现，以下说法错误的是（　　）。

A. ActionListener 是观察者接口

B. Button 可以添加多个 ActionListener 观察者对象

C. Button 是发布事件的角色类

D. Button 依赖 ActionListener 的具体实现类

4. 使用访问者模式时，聚合元素类型的变化会使访问者类违反开放/闭合原则吗？（　　）

A. 正确

B. 错误

5. Hibernate 5 框架中延迟加载（Lazy Loading）机制使用了哪种模式解决方案？（　　）

A. 代理模式

B. 观察者模式

C. 命令模式

D. 策略模式

E. 状态模式

二、简答题

请阅读 Hibernate 5 源码中关于拦截器实现的部分，指出 org.hibernate.Interceptor 的工作原理，绘制对应的时序图；说明 Hibernate 拦截器机制中用到的 GoF 设计模式有哪些，并描述和绘制每个模式对应的类图。

# 附录

# COS需求

自助餐厅订购系统

(Cafeteria Ordering System，COS)

叶晓曦，陈灏，胡杭等整理

# 1 引　　言

## 1.1 系统背景

COS是一个用于取代公司A中食堂提供的人工订餐和电话订餐服务的新系统。它结合了现代网络点菜和传统订餐方式，是餐饮业的一大创新。菜品实时更新等功能使餐厅可以节省菜谱、菜单或其他易耗品成本，还解决了因为管理不善带来的传统菜单的问题，如周期短、菜单脏、菜名混乱等。同时，COS也提高了餐厅的服务质量。

## 1.2 用户

订餐客户（Patron）是A公司的员工，经常从公司食堂订餐。客户有时会一次订购多份套餐（Meal）用于开展活动。客户从自己的办公室内网接入COS。一些客户希望有套餐预订服务（Meal Subscription），每天配送（Deliver）同样的套餐或当日特卖套餐。客户能够重置指定日期的套餐预订。

公司A约有20个餐厅工作人员（Cafeteria Staff），负责COS收订单（Meal Order）、准备菜品（Food Item）、打包、打印配送单（Print Delivery Instruction），并指派配餐员（Deliverer）送货。大部分餐厅工作人员需要接受计算机、网络浏览器以及COS的操作培训。

菜单管理员（Menu Manager）是食堂的员工，也可能是餐厅经理，负责输入和维护餐厅每天提供的菜品和每个菜品的售卖时间。特殊菜品可能无法提供配送服务，菜单管理员要定期编辑菜单，向客户显示不能订购的菜品及价格变动信息。

餐厅工作人员准备订单、打印配送单并指派配餐员，配餐员可以是餐厅的正式员工或者临时工，负责配送订单，通过COS系统打印配送单和确认订单签收。

## 1.3 假设和相关性

AS-1：自助餐厅在工作日提供早餐、午餐和晚餐。

DE-1：该 COS 的操作取决于收款系统上所进行的更改，以接收订餐付款请求。

DE-2：该 COS 的操作取决于食堂库存系统（Inventory System）的变化，当订单成功时，更新菜品的数量。

# 2 COS 功能需求

## 2.1 点餐

### 2.1.1 需求说明和优先级

已被验证身份的餐厅客户可以使用 COS 订餐（选择配送或自取）。未下单前，客户可以取消或更改订单。开发优先级为高（最优先开发功能）。

### 2.1.2 请求/响应流程

请求：客户向系统发送订购一份或多份套餐请求。

响应：系统要求客户设置订餐细节、付款和配送详情。

请求：客户请求修改订单。

响应：如果状态为“已接受”（Accepted），系统允许客户修改先前的订单。

请求：客户请求取消点餐订单。

响应：如果状态为“已接受”，系统会取消指定订单。

### 2.1.3 功能需求

（1）下订单（Place an Order）

COS 允许已登录的客户订购一份或多份套餐。首先，COS 应确认客户是否注册了支付系统（Payment System），如果没有，COS 应让客户选择现在注册并继续下订单，或者下单自取，或者退出系统。COS 保存订单日期，并让客户填配送时间。订单配送有一个截止时间，如果送餐时间是当天，且超过了配送截止时间，系统将告知顾客不能配送。对于当天的订单，可以改变取餐时间或取消订单。

（2）配送（Delivery）

客户设置订单是自取或配送，如果是配送订单，并且对于指定日期还有可用的配送次数，客户应提供有效配送地址；如果指定日期订单没有配送服务，系统要提醒顾客。COS 应显示指定日期剩余的配送次数。COS 允许顾客将订单配送改成自取，或者取消订单。

（3）菜单（Menu）

COS 应显示指定日期的菜单。当天显示的菜品在库存中至少有一份。

（4）设置菜品数量

COS 允许客户设置每个菜品订几份，至多与库存数相等。如果超过了库存数，系统应显示该菜品当前库存数。

（5）确认订单（Confirm Order）

当客户表示不想再点菜了，COS 应显示已点菜品和菜品价格、付款金额，然后提示客户确认订单。客户在确认前，可以编辑或取消订单。系统允许客户为相同或不同日期追加订餐。

（6）支付订单（Pay Order）

当客户下单时，COS 应要求他选择付款方式。无论是否自取，COS 都需要让客户选择工资抵扣系统（Payroll Deduction System）或现金支付订单，然后显示订单中的菜品、支付金额、支付方法和配送信息。客户可以确认、编辑或取消订单。如果客户确认并选择工资抵扣系统支付，系统应向工资抵扣系统发出付款请求。如果支付请求被接受，系统应显示交易成功以及交易号。如果支付请求被拒绝，该系统应显示拒绝原因。此时客户可以取消订单，或者改为现金加自取的方式。

（7）完成订单（Finish Order）

如果客户已下单，系统将以下操作作为一个事务（Transaction）：分配可用的订单号，将订单状态改为“已接受”，发消息到库存系统，告知库存系统订单中的菜品及对应数量；更新订单日期当天的菜单，以反映最新的缺货情况；更新订单日期剩余的可用配送次数；发送电子邮件给客户，告知订单号和付款信息；发送电子邮件给餐厅工作人员，告知订单信息。

如果完成订单的任何一个步骤失败，系统将回滚事务，并通知客户订单失败和失败原因。

（8）历史订单

COS 允许客户查看 6 个月内的历史订单，优先级为中。对于历史订单，客户可以重复下单，只要菜品在客户指定订单日期数量足够即可。

## 2.2 套餐预订

### 2.2.1 说明

预订便于客户下单，例如，如果客户希望未来7天预订套餐，只需填写预订，而不需要每天下一次订单。客户可以创建、查看、修改或删除自己的预订，前提是套餐还未准备好。开发优先级为中。

### 2.2.2 请求/响应序列

请求： 客户请求创建预订一种或多种菜品。
响应： 系统要求客户提供订餐细节、付款和配送信息。完成后，系统会创建预订。
请求： 客户要求查看自己的预订。
响应： 系统允许客户查看自己的预订。
请求： 客户要求修改预订。
响应： 如果状态为“已接受”或“未完成”，系统允许修改预订。
请求： 客户要求删除预订。
响应： 如果状态为“已接受”或“未完成”系统允许删除预订。

### 2.2.3 功能需求

（1）创建套餐预订

客户请求创建套餐预订，如果配送次数和日期满足要求，支付完成后，订单即被创建。

（2）查看套餐预订

客户要求查看他/她的预订，系统展示日期、菜品、地点、付款信息。

（3）修改套餐预订

只有日期在当前日期后，且订单未被配送或自取时，客户才可以修改预订。

（4）删除套餐预订

当客户要求删除预订时，已配送或自取的订单不可删除，其他订单可被删除。

## 2.3 注册支付信息

### 2.3.1 说明和优先级

COS的注册客户需要将账单与支付账号关联，这样他/她可以轻松使用支付系统完成付款。开发优先级为高。

### 2.3.2 请求/响应序列

请求：客户要求关联付款账号。

响应：系统将电子邮件发送到超级管理员（Super Manager，可能是公司的财务部经理），此人根据客户提供的证明给出是否同意的反馈。

请求：客户要求改变付款账号。

响应：如果相关的证明没问题，系统将允许；否则拒绝，并给出拒绝理由。

### 2.3.3 功能需求

（1）注册支付系统

客户提交注册支付系统请求，并提供员工编号、账户号码和身份证号码。COS 提示客户确认请求。要求：一位客户只能绑定一个支付账户。

（2）身份确认

一旦注册请求被送到支付系统，该系统将发送电子邮件到超级管理员，超级管理员将核实该顾客提供的信息。超级管理员联系客户。最后，超级管理员登录支付系统，给出同意与否的反馈。

## 2.4 请求配送

### 2.4.1 说明和优先级

当客户成功订餐后，COS 发消息通知给餐厅工作人员准备订单。准备好订单后，餐厅工作人员发送配送指令。COS 系统向配餐员发送配送指令。餐厅工作人员更改订单状态（如配餐员已取或已签收）。开发优先级为中。

### 2.4.2 请求/响应序列

请求：客户成功订餐（进餐日期是当天或者以后）。

响应：COS 将订单发给员工。

请求：员工选择接收订单，准备好套餐后，请求配送。

响应：COS 给配餐员发配送请求。

### 2.4.3 功能需求

（1）发订单给员工

当订单状态是已接受（Accepted）时，COS 验证进餐日期。当进餐日期与当前日期相同，该订单将送到餐厅工作人员。

（2）请求配送

在成功接收套餐订单后，餐厅工作人员开始准备。准备好后，工作人员更改订单的状态为“已准备（Prepared）”。然后，COS 通知配餐员取餐，根据订单上的地址信息送到目的地。一旦配餐员取餐了，餐厅工作人员会改变订单为“待配送（Delivering）”状态。配餐员配送完后，需告知餐厅工作人员，然后餐厅工作人员更改订单状态为“已配送（Delivered）”。订单状态转换如附录图 1 所示。

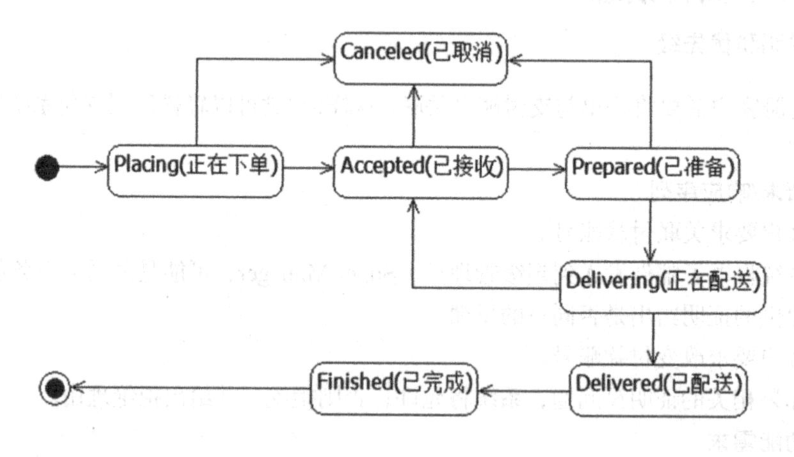


附录图 1　订单状态

## 2.5　创建、查看、修改、删除食堂菜单和菜品

### 2.5.1　说明和优先级

为了节省开发成本，菜单子系统应设计得尽量简单。菜单有各种菜品类型，如海鲜、蔬菜等（可以在互联网上查阅参考）。

根据不同的季节或日期，菜单会有变化。菜单经理可创建菜单或者菜品，如果菜单经理的操作被菜单子系统拒绝，COS 要给出理由。查看、修改、删除等功能类似于创建功能。开发优先级为低。

### 2.5.2　请求/响应序列

请求：菜单经理请求创建、查询、删除、修改菜单。

响应：COS 将通过更改数据库来创建、删除、修改或查询菜单。

### 2.5.3　功能需求

下面描述可以拆分，这意味着创建一个菜单或菜品的功能可以分成创建一个菜单和创建一个菜品两个功能，这里把它们放在一起，以简化描述。

（1）创建一个菜单或菜品

菜单经理请求创建一个新的菜单，提供给客户；一个菜单可以有很多菜品，但一个菜品只能属于一个菜单。

（2）查看菜单或菜品

当创建完一个菜单或菜品，菜单经理可以查看，看是否能满足客户需求。

（3）修改菜单或菜品

当菜单经理查看菜单时，他可以选择修改它（比如菜单日期或其他），但不能修改当天的菜单，因为 COS 正在使用中。

（4）删除菜单或菜品

如果菜单或菜品不再有效，菜单经理需要删除菜单或菜品，而不是修改。当删除菜单时，该菜单中的菜品都被删除。

# 3 数据需求

COS 顶层数据流如附录图 2 所示。

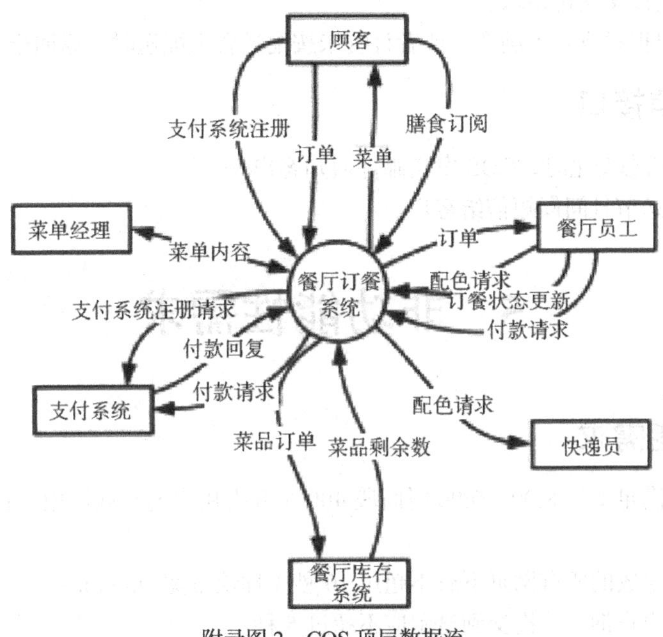


附录图 2　COS 顶层数据流

# 4 接口需求

## 4.1 用户接口

UI-1：COS 的显示应符合互联网应用程序用户界面标准，Html 2.0 版本。

UI-2：COS 应为每一个页面提供帮助链接，来解释如何使用该页面。

UI-3：应提供全局导航。

## 4.2 硬件接口

无。

## 4.3 软件接口

（1）SI-1：库存系统

SI-1.1：COS 应通过编程接口向库存系统发送订购的菜品的数量。

SI-1.2：COS 应查询库存系统，以确定所请求的菜品是否可用。

SI-1.3：当库存系统通知 COS 特定的菜品缺货时，COS 应从当前日期的菜单中删除该菜品。

（2）SI-2：支付系统

COS 应通过以下操作的编程接口与支付系统通信。

SI-2.1：允许客户注册支付系统。

SI-2.2：允许客户注销支付系统。

SI-2.3：检查客户是否注册支付系统。

SI-2.4：为订餐提交支付请求。

SI-2.5：当客户拒餐或者不满意，或者订餐未按配送要求配送时，返回全部或部分费用。

## 4.4 通信接口

CI-1：当订单状态变化时，COS 发送邮件通知客户。

CI-2：COS 发送节日问候短信给客户。

# 5 非功能性需求

## 5.1 性能需求

PR-1：COS 应满足上午 8:00 -10:00 时间段 400 个并发用户的高峰使用，平均会话持续时间约 8 分钟。

PR-2：由系统生成的所有网页下载不超过 10 秒（理论带宽 100kbit/s）。

PR-3：响应用户查询，从提交到显示应不超过 5 秒。

PR-4：用户提交信息后，该系统应在 3 秒内显示确认信息。

## 5.2 安全需求

SR-1：涉及财务信息或个人身份信息的所有网络交易应当被加密。

SR-2：客户应当登录到自助餐厅点菜系统进行除查看菜单外的所有操作。

SR-3：COS 将只允许餐厅工作人员中授权的菜单经理创建或编辑菜单。

SR-4：只有被授权访问公司内部网的才用户可以从非公司位置使用 COS。

SR-5：COS 应允许客户只查看自己以前的订单，不能访问其他客户的订单。

## 5.3 软件质量属性

可用性-1：COS 应提供给企业内网用户使用，早上 5:00 到午夜 99.9%的时间，及午夜到早上 5:00 95%的时间可以访问。

健壮性-1：如果用户与系统之间的连接在订单确认或取消前断开，COS 应允许用户恢复未完成的订单。

平台独立性-1：COS 必须能在不同的平台上运行，并支持不同的数据库管理系统。

可扩展性-1： COS 必须易于扩展,以增加新的功能。

## 5.4 国际化

该系统应适用于汉语系或英语系国家和地区。

# 参考文献

[1] GoF. Design Patterns: Elements of Reusable Object-Oriented Software(英文版)[M]. 北京：机械工业出版社, 2002.

[2] David C. Kung. Object-Oriented Software Engineering: An Agile Unified Methodology[M]. New York: McGraw-Hill, 2014.

[3] Craig Larman. Applyng UML and Patterns: An Introduction to Object-Oriented Analysis and Design and the Unified Process(Second Edition)[OL]. http://www.utdallas.edu/~chung/SP/applying-uml-and-patterns.pdf.

[4] Grady Booch. Object-Oriented Analysis and Design with Applications(Sencond Edition)[M]. Boston: Addison-Wesley, 1994.

[5] Frank Buschmann, Kevlin Henney, Douglas C. Schmidt.Pattern-Oriented Software Architecture: A Pattern Language for Distributed Computing(Volume 4)[M]. New Jersey: Wiley, 2007.

[6] Robert C. Matin.邓辉, 译. Agile Software Development: Principles, Patterns, and Practices[M].北京：清华大学出版社, 2003.

[7] Eric Freeman, Elisabeth Freeman, etc. Head First Design Patterns: Your Brain on Design Patterns[M]. California: O'Reilly Media, 2004.

[8] Richard P. Gabriel. Patterns of Software: Tales from the Software Community[M]. New York: Oxford University Press, 1996.

[9] Uncle Bob. The Principles of OOD[OL]. http://butunclebob.com/ArticleS.UncleBob.PrinciplesOfOod.

[10] Design Patterns[OL]. http://www.oodesign.com/.

[11] Rohit Joshi. Java Design Patterns[OL]. http://enos.itcollege.ee/~jpoial/java/naited/Java-Design-Patterns.pdf.

[12] Jonathan Aldrich. Design Patterns[OL]. https://www.cs.cmu.edu/~aldrich/courses/15-214-12fa/slides/10-12-design-patterns.pdf.

[13] Markus Eisele. Modern Java EE Design Patterns: Building Scalable Architecture for Sustainable Enterprise Development[OL]. http://www.oreilly.com/programming/free/files/modern-java-ee-design-patterns.pdf.

[14] Robert C. Martin. Design Principles and Design Patterns[OL]. http://mil-oss.org/resources/objectmentor_design-principles-and-design-patterns.pdf.

[15] Karen H. JIN. Using Design Patterns with GRASP[OL]. https://web.cs.dal.ca/~jin/3132/lectures/dp-13.pdf.

[16] Jonathan Aldrich, Charlie Garrod. Design: GRASP and Refinement[OL]. http://www.cs.cmu.edu/~aldrich/214/slides/design-grasp.pdf.

[17] Gene Shadrin. Three Sources of a Solid Object-Oriented Design[OL]. http://ima.udg.edu/~sellares/EINF-ES1/OOPrinciplesGShadrin.pdf.

[18] Barbara Liskov. Data Abstraction and Hierarchy[OL]. https://pdfs.semanticscholar.org/36be/babeb72287ad9490e1ebab84e7225ad6a9e5.pdf.

[19] Nato Science Committee. Software Engineering[OL]. http://homepages.cs.ncl.ac.uk/brian.randell/NATO/nato1968.PDF.

[20] Winston W. Royce. Managing the Development of Large Software Systems[OL]. https://www.cs.umd.edu/class/spring2003/cmsc838p/Process/waterfall.pdf.

[21] Steve Macbeth. Software Development Lifecycle[OL]. http://ss.pku.edu.cn/mscourse/lecture/02.pdf.

[22] Ronald Wassermann, Betty H.C. Cheng.Security Patterns[OL]. http://www.cse.msu.edu/~cse870/Public/References/security-patterns-complete-TR.pdf.

[23] Structure Chart[OL]. https://en.wikipedia.org/wiki/Structure_chart.

[24] Data Flow Diagram[OL]. https://en.wikipedia.org/wiki/Data_flow_diagram.

[25] UML[OL]. http://www.uml.org/.

[26] Java Design Patterns At a Glance[OL]. http://javacamp.org/designPattern.

[27] OGNL[OL]. http://commons.apache.org/proper/commons-ognl/.

[28] David Geary. Java Design Patterns[OL]. https://www.javaworld.com/blog/java-design-patterns.

[29] EventBus: Events for Android[OL]. http://greenrobot.org/eventbus/.

[30] iText[OL]. https://itextpdf.com/.

[31] Introducing JSON[OL]. http://www.json.org/.